Betriebswirtschaftliche Forschung zur Unternehmensführung

Band 66

Janna Susanne Ehrlich

Die Entwicklung, Analyse und Replikation eines modifizierten Modells der Kündigungsabsicht

Springer Gabler

Janna Susanne Ehrlich
W-Dekanat
Technische Universität Hamburg
Hamburg, Deutschland

ISSN 0723-7391 ISSN 2512-4412 (electronic)
Betriebswirtschaftliche Forschung zur Unternehmensführung
ISBN 978-3-658-46122-5 ISBN 978-3-658-46123-2 (eBook)
https://doi.org/10.1007/978-3-658-46123-2

Die Deutsche Nationalbibliothek verzeichnet diese Publikation in der Deutschen Nationalbibliografie; detaillierte bibliografische Daten sind im Internet über https://portal.dnb.de abrufbar.

Planung/Lektorat: Karina Kowatsch
Springer Gabler ist ein Imprint der eingetragenen Gesellschaft Springer Fachmedien Wiesbaden GmbH und ist ein Teil von Springer Nature.
Die Anschrift der Gesellschaft ist: Abraham-Lincoln-Str. 46, 65189 Wiesbaden, Germany

Geleitwort

Die vorliegende Dissertation von Frau Janna Ehrlich widmet sich einem äußerst relevanten und hochaktuellen Thema in der Organisationsforschung: der Kündigungsabsicht von Mitarbeitern. Die Arbeit identifiziert Arbeitszufriedenheit und organisationales Commitment als zentrale Einflussfaktoren und baut auf den theoretischen Grundlagen von Mobley und Koautoren aus den 1970er Jahren auf. Frau Ehrlich hat es sich zur Aufgabe gemacht, dieses Modell weiterzuentwickeln und seine Robustheit sowie Generalisierbarkeit über einen Zeitraum von acht Jahren zu überprüfen. Durch die Verwendung von Daten des Schweizer Human-Relations Barometers aus den Jahren 2012 bis 2020 und die Anwendung der Partial-Least-Squares-Kleinstquadrate-Schätzungsmethode (PLS-SEM) gelingt es Frau Ehrlich, fundierte und zuverlässige Ergebnisse zu präsentieren. Diese bestätigen nicht nur die theoretischen Überlegungen, sondern weisen auch nach, dass die Modellschätzungen über die Zeit hinweg stabil und generalisierbar sind. Multigruppenanalysen belegen zudem, dass keine signifikanten Veränderungen über den Untersuchungszeitraum festzustellen sind.

Die Dissertation ist in acht klar strukturierte Kapitel unterteilt, die von der theoretischen Ableitung des modifizierten Kündigungsabsichtsmodells über die empirische Überprüfung bis hin zur abschließenden Diskussion der Ergebnisse reichen. Frau Ehrlich geht dabei detailliert auf die relevanten Einflussvariablen ein, wie erfüllte Erwartungen, Aufgabenmerkmale und Führung (Leader-Member Exchange), und zeigt auf, wie diese die Kündigungsabsicht beeinflussen. Ein besonderer Verdienst der Arbeit liegt in der praktischen Relevanz der Ergebnisse. Unternehmen erhalten wertvolle Hinweise darauf, welche Maßnahmen zur Erhöhung der Arbeitszufriedenheit und des organisationalen Commitments beitragen können, um die Kündigungsabsicht der Mitarbeiter zu reduzieren. Dies ist besonders in Zeiten des Fachkräftemangels und der demografischen Veränderungen von großer Bedeutung.

Die Dissertation überzeugt nicht nur inhaltlich, sondern auch aufgrund ihrer empirisch schlüssigen Befunde. Die Argumentation ist stringent und gut nachvollziehbar, die sprachliche Gestaltung wissenschaftlich angemessen. Zahlreiche Abbildungen und Tabellen veranschaulichen die komplexen Zusammenhänge und tragen zur Verständlichkeit bei. Ein umfangreiches Literaturverzeichnis belegt die gründliche Auseinandersetzung mit dem bestehenden Forschungsstand.

Insgesamt stellt die Arbeit von Frau Ehrlich einen bedeutenden Beitrag zur theoretischen und empirischen Forschung im Bereich der Kündigungsabsicht von Mitarbeitern dar. Sie schließt bestehende Forschungslücken und eröffnet neue Perspektiven für zukünftige Untersuchungen. Es bleibt zu hoffen, dass die gewonnenen Erkenntnisse nicht nur in der Wissenschaft, sondern auch in der Unternehmenspraxis breite Anwendung finden werden.

Wir gratulieren Frau Janna Ehrlich zu dieser überzeugenden wissenschaftlichen Leistung und wünschen ihr für ihre zukünftige Karriere alles Gute.

Prof. Dr. Christian M. Ringle

Vorwort

Mit dem Abschluss meiner Dissertation geht für mich ein lang gehegter Wunsch in Erfüllung. Der Weg dorthin war von verschiedenen Herausforderungen, sowohl gesellschaftlicher (Corona-Krise) als auch persönlicher Natur, geprägt. Ohne die Unterstützung vieler Menschen hätte ich dieses Ziel nicht erreichen können. An dieser Stelle möchte ich diesen Wegbegleiterinnen und Wegbegleitern danken.

Zunächst danke ich meinem Betreuer, Herrn Prof. Dr. Christian M. Ringle. Durch seine Bereitschaft, dieses Thema zu betreuen, wurde meine Promotion an der Technischen Universität Hamburg überhaupt erst möglich. Er stand jederzeit für Fragen zur Verfügung und hat durch zahlreiche Anregungen und Kommentare maßgeblich zum Erfolg dieser Arbeit beigetragen. In vielen konstruktiven Diskussionen unterstützte er mich mit wertvollen inhaltlichen Ideen und methodischer Expertise. Des Weiteren danke ich Herrn Prof. Dr. Thomas Wrona für sein Interesse an der Thematik Kündigungsabsicht und die Übernahme des Zweitgutachtens. Ebenso möchte ich Frau Prof. Dr. Kathrin Fischer danken, die den Vorsitz der Prüfungskommission führte.

Ein besonderer Dank gilt Dr. Kristin Langmann, die mich bereits vor dem Promotionsvorhaben begleitet und beraten hat. Auch während des Promotionsprozesses hat sie mich mit hilfreichen Hinweisen zu Struktur und Forschungsmethodik unterstützt. Ich habe zudem von verschiedenen Wissenschaftlerinnen und Wissenschaftlern auf Fachkonferenzen sehr profitiert, mit denen ich teilweise darüber hinaus in einem fruchtbaren Austausch geblieben bin. Mein Dank gilt auch allen, die mein Manuskript inhaltlich und sprachlich Korrektur gelesen haben.

Ein ganz besonderer Dank gilt meinen Eltern Erika Fichtner-Ehrlich und Max Ehrlich sowie meinem Partner Bastian Hundt. Sie haben mich während der gesamten Promotion, besonders in den schwierigen Zeiten, unterstützt und an meiner Seite gestanden. Mein Dank gilt auch meinen Freundinnen und Freunden, die ich hier zwar nicht namentlich erwähne, denen ich aber umso mehr für ihre Geduld und ihr Verständnis danke.

Janna Susanne Ehrlich

Zusammenfassung

Als zentrale Einflussfaktoren der Kündigungsabsicht gelten seit über 40 Jahren Arbeitszufriedenheit und organisationales Commitment (Hom, Lee, Shaw & Hausknecht, 2017). Diese gehören bis heute zu den prominentesten Konstrukten in der Arbeits- und Organisationspsychologie (Judge, Weiss, Kammeyer-Mueller & Hulin, 2017). Bereits in den 1970er Jahren stellten Mobley, Griffeth, Hand und Meglino (1979) daher ein viel beachtetes Modell der Kündigungsabsicht auf, das die Konstrukte Arbeitszufriedenheit und organisationales Commitment als entscheidende Einflussfaktoren diskutierte. Dieses konzeptionelle Modell bzw. dessen empirische Prüfungen finden heute im Rahmen vieler Untersuchungen große Anerkennung (Currivan, 1999; Judge et al., 2017; Karsh, Booske & Sainfort, 2005). Es wurde in den Jahren nach seiner Veröffentlichung in verschiedenen Studien empirisch geprüft und analysiert (Bluedorn, 1982; Michaels & Spector, 1982; Williams & Hazer, 1986).

In dieser Dissertation wurde auf Grundlage des konzeptionellen Modells von Mobley sowie der empirischen Prüfungen von Michaels und Spector (1982) und Williams und Hazer (1986) ein modifiziertes Modell der Kündigungsabsicht entwickelt und auf seine Robustheit hin überprüft. Hierfür wurden Daten des Schweizer Human-Relations Barometers aus den Jahren 2012, 2014, 2016, 2018 und 2020 herangezogen. Die Wahl dieser Zeiträume ermöglichte eine umfassende Analyse über einen längeren Zeitraum, was zu tieferen und fundierteren Erkenntnissen führte. Die Auswertung erfolgte mithilfe der Partial Least Square Methode, einem weit verbreiteten varianzbasierten Verfahren in der Personal- und Organisationsforschung.

Die vorliegende Arbeit präsentiert reliable und valide Ergebnisse, die aufgrund ihrer Wiederholung und intensiven Analyse weniger anfällig für Zufälligkeiten sind. Die Ergebnisse dieser Arbeit stützen die Gültigkeit und die Robustheit des Modells, was es zu einem wichtigen Beitrag zur Forschung in diesem Bereich macht. Darüber hinaus wurden verschiedene Multigruppenanalysen durchgeführt, um die Homogenität des Modells zu prüfen und seine Robustheit weiter zu bestätigen.

Die Ergebnisse dieser Arbeit bieten nicht nur einen wertvollen Beitrag zur theoretischen Forschung, sondern haben auch unmittelbare praktische Implikationen. Sie tragen dazu bei, das Verständnis für die Bindung von Mitarbeiterinnen und Mitarbeiten zu vertiefen und ermöglichen es Unternehmen, gezielte Maßnahmen zur Mitarbeiterbindung zu entwickeln.

Inhaltsverzeichnis

Abkürzungsverzeichnis

AET	Theorie der affektiven Effekte (engl. „affective events theory“)
AIC	Akaikes Informationskriterium
AM	alternatives Modell
AVE	durchschnittlich erfasste Varianz (engl. „average variance extracted“)
CB	kovarianzbasiert (engl. „covariance based“)
CVPAT	kreuzvalidierter prädiktiver Fähigkeitstest (engl. „cross-validated predicted ability test“)
EM	etabliertes Modell
EN	Entropiekriterium
FIMIX	Finite-Mixtur (engl. finite-mixture)
HR-Barometer	Human Relations-Barometer
HRM	Personalmanagement (engl. „human resource management“)
HTMT	Heterotrait-Monotrait-Verhältnis
IPA	Wichtigkeits-Leistungs-Analyse (engl. „importance-performance analyse“)
IPMA	Wichtigkeits-Leistungs-Karte (engl. „importance performance map“)
ISSP	internationales Programm für Sozialerhebungen (engl. „international social survey programm“)
JCM	Modell der Aufgabenmerkmale (engl. „job characteristics model“)
JCT	Theorie der Aufgabenmerkmale (engl. „job characteristics theory“)

JD-R	Arbeitsanorderungen-Ressourcen (engl. „job demand resources")
JDS	Job-Diagnose-Umfrage (engl. „job diagnostic survey")
LM	lineares (Regressions)modell
LMX	Austausch Führungskraft Mitglieder (engl. „leader-membership exchange")
MAE	mittlerer absolute Fehler (engl. „mean average error")
MDL	minimale Beschreibungslänge
MDM	mehrdimensionale Messung
MGA	Multigruppenanalyse
MICOM	Messmodell Invarianz von Composite-Modellen (engl. „measurement invariance of composite models")
MSQ	Minnesota Fragebogen (engl. „Minnesota questionnaire")
OCB	bürgerschaftliches Verhalten in der Organisation (engl. „organizational citizenship behavior")
OCQ	organisationaler Commitment Fragebogen (engl. „organizational commitment questionnaire")
PLS	partielle kleinste Quadrate (engl. „partial least squares")
POS	Vorhersage-orientierte-Segmentierung (engl. „prediction-oriented-segmented")
RJP	realistische Tätigkeitsvorschau (engl. „realistic job preview")
RMSE	mittlerer quadratische Fehler (engl. „root mean square error")
SEM	Strukturgleichungsmodellierung (engl. „structural equation modeling")
VIE-Theorie	Valenz-Instrumentalität-Erwartungs-Theorie
VIF	Varianzinflationsfaktor
WDQ	Arbeitsgesaltungsfragebogen (engl. „work design questionnaire")

Abbildungsverzeichnis

Tabellenverzeichnis

1 Einführung

1.1 Problemstellung und Zielsetzung der Arbeit

Kündigungen und deren Reduzierung sind ein wichtiges Element des internationalen Personalmanagements, das für Unternehmen im Wettbewerb um hochqualifizierte Mitarbeiterinnen und Mitarbeiter und deren Fähigkeiten immer relevanter wird (Kim & Beehr, 2020, S. 1; Son, Park, Bae & Ok, 2020, S. 2188). Je nach Land und Branche schwankt die Fluktuationsrate in der EU zwischen 3,1 % und 18,8 % (Eurostat, 2022). Im Vergleich zur EU liegt die Gesamtfluktuationsquote der Schweiz mit 12,4 % im mittleren Bereich (Federal Statistical Office, 2022). Die Gründe für den Wechsel des Arbeitsplatzes von Mitarbeiterinnen und Mitarbeitern werden oft diskutiert. Manchmal wird die Führungskraft verantwortlich gemacht, ein anderes Mal sind die Arbeitsbedingungen oder enttäuschte Erwartungen Teil der Erklärung (Hom et al., 2017, S. 533). Gleichzeitig werden die Kosten, die Unternehmen durch Kündigungen entstehen, häufig unterschätzt. Diese entstehen durch die Kosten für den Ersatz von Mitarbeiterinnen und Mitarbeitern, die Produktivitätseinbußen, die finanzielle Ausgaben und in einigen Fällen auch durch die verringerte Wettbewerbsfähigkeit (Hom et al., 2017, S. 535; Moon, Loyalka, Bergemann & Cohen, 2022, S. 3755). Daher ist der Umgang mit oder die Verhinderung von Kündigungen sowohl in der akademischen Forschung als auch in der Praxis ein wichtiges Thema.

J. S. Ehrlich, *Die Entwicklung, Analyse und Replikation eines modifizierten Modells der Kündigungsabsicht*, Betriebswirtschaftliche Forschung zur Unternehmensführung 66, https://doi.org/10.1007/978-3-658-46123-2_1

In der Vergangenheit wurden mehrere konzeptionelle und empirisch geprüfte Modelle vorgeschlagen, um das Phänomen der Kündigungsabsicht zu erklären (Hom, Mitchell, Lee & Griffeth, 2012, S. 838; Humphrey, Nahrgang & Morgeson, 2007, S. 1334; Mobley et al., 1979, S. 517; Williams & Hazer, 1986, S. 227). Gleichzeitig liegen die empirischen Prüfungen dieser Modelle bereits mehrere Jahrzehnte zurück. Es stellt sich daher die Herausforderung, die Gültigkeit der damaligen Annahmen erneut zu untersuchen und aktuelle Forschungsergebnisse zu integrieren. Das Ziel der vorliegenden Arbeit ist es somit, ein modifiziertes Modell der Kündigungsabsicht aufzustellen und dieses auf mögliche Verallgemeinerungen zu prüfen. Die Zielvariable Kündigungsabsicht wird in diesem Modell direkt von der Arbeitszufriedenheit und dem organisationalen Commitment beeinflusst. Als Einflussvariablen dieser beiden Konstrukte werden Erwartungen, Aufgabenmerkmale und Führung betrachtet. Die Relevanz dieser Elemente des modifizierten Modells der Kündigungsabsicht wird im Folgenden kurz erläutert.

Im Rahmen der Kündigungsforschung gilt insbesondere die Arbeitszufriedenheit als zentrales Konstrukt (Judge et al., 2017, S. 357). Arbeitszufriedenheit gilt seit über einem Jahrhundert als ein wichtiger Prädiktor für die Einstellung und das Verhalten von Mitarbeiterinnen und Mitarbeitern. Sie ist eng mit der Motivation, der Leistung und dem allgemeinen Wohlbefinden von Mitarbeiterinnen und Mitarbeitern verbunden (de Juana-Espinosa & Rakowska, 2018, S. 148; Ng, Sorensen & Yim, 2009, S. 775; Rosso, Dekas & Wrzesniewski, 2010, S. 95 ff.). Zufriedene Mitarbeiterinnen und Mitarbeiter sind in der Regel produktiver, haben weniger Fehlzeiten und zeigen eher sogenanntes bürgerschaftliches Verhalten in der Organisation (engl. „organisational citizenship behaviour“; OCB; Ilies, Fulmer, Spitzmuller & Johnson, 2009, S. 949). Gleichzeitig kann eine geringe Arbeitszufriedenheit zu kontraproduktivem Arbeitsverhalten, verminderter Arbeitsleistung und zu einer erhöhten Kündigungsabsicht führen (Dalal, 2005, S. 1248).

In ähnlicher Weise wie die Arbeitszufriedenheit wird das organisationale Commitment, das die psychologische Bindung und das Engagement einer Person gegenüber dem Unternehmen beschreibt, mit einer geringeren Fluktuationsrate und einer verbesserten Gesamtleistung des Unternehmens in Verbindung gebracht. Mitarbeiterinnen und Mitarbeiter mit einem starken organisationalen Commitment bleiben eher im Unternehmen, auch wenn sich ihnen alternative Möglichkeiten bieten (Mercurio, 2015, S. 402 f.). Das Gefühl der Loyalität und Identifikation mit dem Unternehmen fördert die Bereitschaft, sich nach eigenem Ermessen zu engagieren, sich in der Organisation zu engagieren und zur

Erreichung der Unternehmensziele beizutragen. Andererseits sind Mitarbeiterinnen und Mitarbeiter mit geringem organisationalen Commitment anfälliger für Kündigungsabsichten, was eine Herausforderung für die Bindung von Talenten und die Kontinuität des Fachwissens innerhalb des Unternehmens darstellt. Durch die Integration von Arbeitszufriedenheit und organisationalem Commitment in ein modifiziertes Modell der Kündigungsabsicht soll diese Arbeit ein umfassenderes Verständnis des komplexen Zusammenspiels zwischen individueller Arbeitseinstellung und der Neigung, das Unternehmen zu verlassen, ermöglichen. Beide Variablen werden im aufgestellten Modell der Kündigungsabsicht als Mediatoren integriert.

Neben den Mediatoren Arbeitszufriedenheit und organisationales Commitment ist in diesem Zusammenhang das Verständnis von drei Einflussvariablen von Bedeutung: Erwartungen, Aufgabenmerkmale und Führung. Erfüllte Erwartungen, d. h. das Ausmaß, in dem die Erwartungen der Mitarbeiterinnen und Mitarbeiter mit den tatsächlichen Erfahrungen in ihren Rollen übereinstimmen, bilden dabei den ersten Einflussfaktor auf Arbeitszufriedenheit und dem Commitment gegenüber dem Unternehmen (Porter & Steers, 1973, S. 152). Wenn die Erwartungen von Mitarbeiterinnen und Mitarbeitern erfüllt oder sogar übertroffen werden, ist die Wahrscheinlichkeit höher, dass sie ein höheres Maß an Arbeitszufriedenheit und organisationalem Commitment entwickeln (Yang, Johnson & Niven, 2018, S. 74). Obwohl der Erwartungsansatz bereits auf die 70er Jahre zurückgeht, lassen sich nur wenige empirische Untersuchungen zu dem Konstrukt Erwartungen im Bereich der Arbeits- und Organisationspsychologie finden. Die Integration des Konstruktes in das modifizierte Modell der Kündigungsabsicht soll daher wichtige Erkenntnisse über die Zusammenhänge mit Arbeitszufriedenheit, organisationalem Commitment und der Kündigungsabsicht liefern.

Der Zusammenhang zwischen Aufgabenmerkmalen und Arbeitszufriedenheit wird schon sehr lange diskutiert und ist Grundlage verschiedener Modelle (Oldham & Fried, 2016, S. 20). Gleichzeitig gibt es wenige Untersuchungen, die Aufgabenmerkmale in ein komplexeres Modell mit weiteren Einflussfaktoren integrieren. Aufgabenmerkmale bilden somit den zweiten Einflussfaktor. Dabei ist von besonderer Bedeutung zu untersuchen, wie sich der in der bisherigen Forschung angenommene starke Einfluss von Aufgabenmerkmalen auf Arbeitszufriedenheit in einem komplexeren Modell mit verschiedenen Einflussvariablen, in diesem Fall Erwartungen und Führung, verändert.

Als dritte Einflussvariable wird die Beziehung zwischen Führungskraft und Mitarbeiterinnen und Mitarbeitern in das modifizierte Modell der Kündigungsabsicht integriert. „Menschen verlassen Chefs, nicht Jobs" (engl. „People quit bosses, not jobs") ist eine bekannte Management Weisheit, die auf die Bedeutung von Führungskräften in Bezug auf Arbeitszufriedenheit und Kündigungsabsicht hindeutet (Hom, Allen & Griffeth, 2020, S. 186).

Durch die Integration dieser Einfluss- und Mediatorvariablen in das modifizierte Modell der Kündigungsabsicht zielt diese Arbeit darauf ab, ein umfassendes und tiefgehendes Verständnis der Mechanismen zu vermitteln, die die Kündigungsabsicht von Mitarbeiterinnen und Mitarbeitern beeinflussen. Die aus dieser Untersuchung gewonnenen Erkenntnisse haben Auswirkungen auf Unternehmen, die evidenzbasierte Strategien zur Bindung von Mitarbeiterinnen und Mitarbeitern umsetzen und ihre Personalverwaltung optimieren wollen.

Eine weitere Herausforderung der aktuellen Kündigungsabsichtsforschung, neben der Validierung von früheren Erkenntnissen, besteht darin, die Robustheit von Ergebnissen zu gewährleisten. Klassische Querschnittsanalysen haben den Nachteil, dass sie meist nur einen bestimmten Zeitpunkt für eine eingeschränkte Stichprobe Gültigkeit besitzen (Podsakoff, MacKenzie, Lee & Podsakoff, 2003, S. 885). Folglich ist ihre Fähigkeit, die Kündigungsabsicht über verschiedene Zeiträume und demographische Gruppen hinweg konsistent vorherzusagen, kritisch zu betrachten. Die vorliegende Arbeit hat demgegenüber den entscheidenden Vorteil, dass nicht nur eine Querschnittserhebung verwendet wird, sondern insgesamt fünf Erhebungen, die jeweils im Abstand von zwei Jahren vorgenommen worden sind. Die Einführung eines robusten Modells, das diesen Einschränkungen begegnet, ist von hoher Relevanz, um der dynamischen Natur von Kündigungsabsichten gerecht zu werden.

Diese Arbeit verfolgt daher den Ansatz, das aufgestellte Modell mit Daten aus Erhebungen von unterschiedlichen Zeitpunkten in Form von einer Replikation zu testen sowie intensiv auf beobachtbare und unbeobachtbare Heterogenität zu untersuchen. Auf diese Weise soll sichergestellt werden, dass die Ergebnisse nicht nur kontextspezifisch sind, sondern eine breitere Anwendbarkeit haben. Die Replikation des modifizierten Modells über einen längeren Zeitraum hinweg ermöglicht es, seine Gültigkeit zu prüfen, potenzielle Veränderungen zu identifizieren und seine Beständigkeit bei der Vorhersage von Kündigungsabsichten unter sich ändernden Umständen zu ermitteln. Darüber hinaus ermöglicht die Durchführung der Untersuchung in verschiedenen demographischen und kontextbezogenen Gruppen die Bewertung der Fähigkeit des Modells, über demographische Unterschiede hinauszugehen und wertvolle Einblicke in mögliche individuelle Unterschiede bei der Kündigungsabsicht zu geben.

Zusammenfassend verfolgt diese Arbeit daher zwei Hauptziele:

1. Entwicklung und Überprüfung eines modifizierten Modells der Kündigungsabsicht:
Auf Grundlage vorhandener Modelle, wie denen von Michaels und Spector (1982, S. 57); Mobley et al. (1979, S. 517) oder Williams und Hazer (1986, S. 227) wird ein modifiziertes Modell der Kündigungsabsicht aufgestellt und auf Gültigkeit geprüft. Dabei soll der Fokus vor allem auf der Bedeutung der drei Einflussvariablen sowie der Bedeutung der Mediatoren des Modells liegen. Zudem sollen Erkenntnisse für Forschung und Praxis abgeleitet werden.

2. Überprüfung der Generalisierbarkeit der Ergebnisse:
Um sicherzustellen, dass die Erkenntnisse dieser Arbeit nicht auf spezifische Kontexte beschränkt sind, sondern eine breitere Relevanz und Anwendbarkeit haben, wird diese Untersuchung mehrere Replikationsstudien über einen Zeitraum von acht Jahren (2012–2020) durchführen. Diese umfangreichen Prüfungen ermöglichen es, die Zuverlässigkeit und Konsistenz des modifizierten Modells der Kündigungsabsicht zu testen und seine Leistungsfähigkeit in verschiedenen Umgebungen und demographischen Gruppen zu beurteilen. Die Erkenntnisse aus diesen Replikationen werden dazu dienen, die Generalisierbarkeit der Ergebnisse zu beurteilen und damit einen Beitrag zur Entwicklung einer belastbaren und aussagekräftigen Grundlage für die Personalpolitik und Organisationspraxis zu leisten.

1.2 Aufbau der Untersuchung

Um die genannten Forschungsziele zu erreichen, erfolgt im theoretischen Teil dieser Arbeit eine Verknüpfung wesentlicher Erkenntnisse zu den Themenbereichen Kündigungsabsicht, arbeitsbezogene Einstellungen, Erwartungen, Aufgabenmerkmale und Führung, um das modifizierte Modell der Kündigungsabsicht zu entwickeln und theoretisch fundierte Forschungshypothesen abzuleiten. Auf Basis der theoretischen Vorarbeit wird im empirischen Teil mittels der Methode der partiellen kleinsten Quadrate (engl. “partial least squares”; PLS) sowohl die hypothesengestützte als auch die explorative Analyse mit Sekundärdaten des Schweizer Human Relations-Barometers (HR-Barometer) durchgeführt. Die Ergebnisse dieser Analysen bilden schließlich die Grundlage für Implikationen für die Praxis und Ansatzpunkte für zukünftige Forschung. Die genaue Vorgehensweise der Untersuchung wird im Detail im nachfolgenden Text erläutert.

Nach der Einführung (Kapitel 1) wird im Kapitel 2 das modifizierte Modell der Kündigungsabsichten hergeleitet. Dafür erfolgt zunächst die Beschreibung verschiedener Formen des Kündigungsverhaltens und deren Beziehung zur Kündigungsabsicht. Anschließend werden diverse Kündigungsabsichtsmodelle präsentiert, wobei der Fokus insbesondere auf dem konzeptionellen Modell der Kündigungsabsicht von Mobley et al. (1979, S. 517) liegt. Abschließend erfolgen die Entwicklung und Präsentation des modifizierten Modells der Kündigungsabsicht. Dieses Modell berücksichtigt die Einflussvariablen Erwartungen, Aufgabenmerkmale und Führung sowie die Mediatoren Arbeitszufriedenheit und organisationales Commitment.

In Kapitel 3 wird eine eingehende Untersuchung der arbeitsbezogenen Einstellungen Arbeitszufriedenheit und organisationales Commitment durchgeführt. Dazu werden zunächst verwandte arbeitsbezogene Einstellungen wie Motivation, Engagement oder Identifikation beschrieben und von Arbeitszufriedenheit und organisationalem Commitment abgegrenzt. Anschließend folgen Abschnitte zum Thema Arbeitszufriedenheit und Commitment in der Arbeitswelt. Während Arbeitszufriedenheit sich auf die Bewertung des Arbeitsplatzes und der Arbeitstätigkeit bezieht, beschreibt Commitment in der Arbeitswelt die emotionale und kognitive Bindung an Aspekte aus dem beruflichen Kontext, wie die Organisation oder die Karriere. In beiden Abschnitten wird jeweils auf Ursachen und Auswirkungen sowie auf verschiedene Möglichkeiten, diese zu messen, eingegangen. Abschließend erfolgt eine Diskussion über den Zusammenhang zwischen Arbeitszufriedenheit und organisationalem Commitment.

Kapitel 4 beschreibt die drei Einflussvariablen des modifizierten Modells der Kündigungsabsicht: Erwartungen, Aufgabenmerkmale und Führung. Dafür wird als erstes das Konzept der Erwartungen und der Erwartungsansatz, basierend auf Porter und Steers (1973, S. 152), vorgestellt sowie die Rolle von unerfüllten Erwartungen im Rahmen des psychologischen Vertrags. Abschließend werden Möglichkeiten zur Messung von Erwartungen diskutiert. Als zweiter Einflussfaktor werden Aufgabenmerkmale betrachtet. Nach einer historischen Entwicklung und Einordnung erfolgt ebenfalls eine Diskussion über die Möglichkeiten der

Messung des Konstruktes. Als dritte und letzte Einflussvariable wird der Themenbereich Führung sowie verschiedene Führungsstile behandelt, wobei der Fokus insbesondere auf dem Ansatz des Austausches zwischen Führungskräften und Mitgliedern (engl. „leader-membership exchange"; LMX) liegt. Auch hier werden abschließend verschiedene Messmethoden vorgestellt. Das Kapitel endet mit einer Einordnung der drei Konstrukte auf den folgenden Ebenen: Die Ebene des Arbeitskontextes, die soziale Ebene und die motivationale Ebene (Chang, Wang & Huang, 2013, S. 5; Humphrey et al., 2007, S. 1334).

In Kapitel 5 werden zunächst die Hypothesen zur Analyse des Untersuchungsmodells definiert, und es erfolgt eine Beschreibung der unterschiedlichen Formen der Generalisierbarkeit von Forschungsergebnissen. Zudem werden die Datengrundlage und die Operationalisierung des modifizierten Modells der Kündigungsabsicht vorgestellt. Im Anschluss erfolgt die Auswahl eines geeigneten statistischen Analyseverfahrens, um das Untersuchungsmodell sowie die dazugehörigen Hypothesensysteme überprüfen zu können.

Die empirische Analyse der Daten wird in Kapitel 6 durchgeführt. Dabei werden zunächst die Schätzung und die Gütebeurteilung des modifizierten Modells der Kündigungsabsicht vorgenommen, und die Hypothesen werden überprüft. Anschließend werden verschiedene Analysen zur Robustheit des Modells durchgeführt, und abschließend erfolgt eine Interpretation der Ergebnisse.

Auf der Grundlage der empirischen Analyse wird in Kapitel 7 die Diskussion der Ergebnisse durchgeführt. Mittels der Wichtigkeits-Leistungs-Analyse (engl. „importance-performance-analysis"; IPA) wird eine Priorisierung potentieller Fokusbereiche des modifizierten Modells der Kündigungsabsicht für die Praxis abgeleitet. Schließlich werden die Limitationen dieser Arbeit kritisch diskutiert, und es erfolgt ein Ausblick auf zukünftige Forschungsfelder. Abschließend wird der Wertbeitrag dieser Arbeit anhand einer Reflexion der Forschungsziele und Ergebnisse in Kapitel 8 als Schlussfolgerung aufgezeigt. Der beschriebene Aufbau der Arbeit kann zudem in der nachfolgenden Darstellung nachvollzogen werden (Abbildung 1.1).

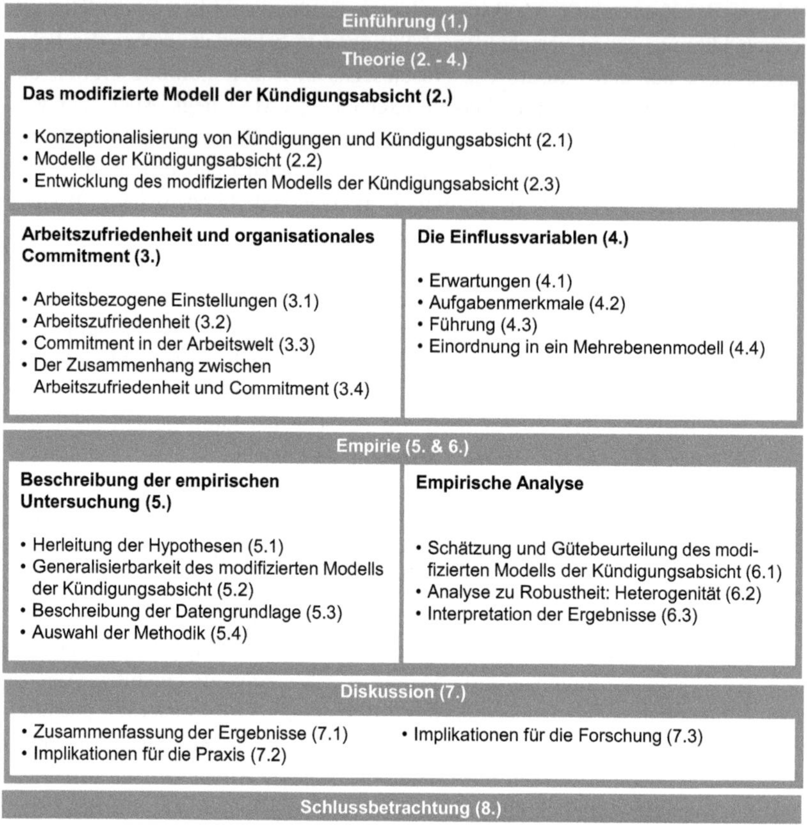

Abbildung 1.1 Darstellung zum Aufbau der Arbeit. (Eigene Darstellung)

Das modifizierte Modell der Kündigungsabsicht

2

2.1 Konzeptionalisierung von Kündigungsabsicht und Kündigungen

2.1.1 Kündigungsverhalten und verwandte Begriffe

Kündigung wird im Allgemeinen als die Abwanderung von Mitarbeiterinnen und Mitarbeitern aus einem Unternehmen betrachtet (Coomber & Barriball, 2007, S. 298). Diese wurde erstmals zu einer Herausforderung, als die Mobilität mit der industriellen Revolution zunahm, da die Menschen nun in der Lage waren, zwischen Ländern, Standorten und Arbeitsplätzen zu wechseln (Douglas, 1918, S. 306). Die Forschung zum Thema Kündigung als Ergebnis von Arbeitseinstellungen begann in den 1950er Jahren (Judge et al., 2017, S. 360), als beispielsweise Ross und Zander (1957, S. 335) einen Zusammenhang zwischen zufriedenstellenden Arbeitsmerkmalen und Kündigung herstellten oder Lundquist (1958, S. 128) einen Zusammenhang zwischen Arbeitszufriedenheit und Kündigung feststellte. Im Zusammenhang mit dem Thema Kündigung bzw. Kündigungsverhalten werden daher häufig noch weitere Begriffe diskutiert, wie Fluktuation oder Fehlzeiten. Im Folgenden sollen diese Begriffe kurz erläutert und in Beziehung zur Kündigungsabsicht gesetzt werden. Während der Ruhestand traditionell als eine Form der unfreiwilligen Kündigung angesehen wurde, ähnelt er zunehmend einer freiwilligen Kündigung, da es mittlerweile immer mehr Altersteilzeitmodelle gibt und Möglichkeiten, auch im Ruhestand erwerbstätig zu bleiben, (Beehr & Bennett, 2015, S. 112). Daher wird in diesem Kapitel auch kurz auf dessen Bedeutung eingegangen.

J. S. Ehrlich, *Die Entwicklung, Analyse und Replikation eines modifizierten Modells der Kündigungsabsicht*, Betriebswirtschaftliche Forschung zur Unternehmensführung 66, https://doi.org/10.1007/978-3-658-46123-2_2

Fluktuation bezieht sich im Arbeitskontext auf die Veränderungen in der Größe der Belegschaft eines Unternehmens aufgrund von Kündigungen, Neueinstellungen oder anderen Faktoren (Rischke, 2021, S. 18). Die Fluktuation des Personalbestands kann verschiedene Ursachen haben, z. B. wirtschaftliche Bedingungen, Veränderungen in der Branche oder auf dem Markt und demographische Veränderungen in der Belegschaft (Allen, Bryant & Vardaman, 2010, S. 276; Steel & Lounsbury, 2009, S. 278). In Zeiten des wirtschaftlichen Abschwungs können Unternehmen zum Beispiel Mitarbeiterinnen und Mitarbeiter entlassen, um Kosten zu sparen (Mitchell, Holtom & Lee, 2001, S. 100). Ebenso können Veränderungen in der Branche, wie beispielsweise technologische Fortschritte oder veränderte Verbraucherpräferenzen, Unternehmen dazu zwingen, ihre Belegschaft umzustrukturieren (Huf, 2012, S. 47).

Eine hohe Mitarbeiterfluktuation kann negative Auswirkungen auf ein Unternehmen haben, wie höhere Kosten für Einstellung und Training neuer Mitarbeiterinnen und Mitarbeiter, niedrigere Produktivität und geringere Motivation bei verbleibenden Mitarbeiterinnen und Mitarbeitern (Allen et al., 2010, S. 51). Darüber hinaus kann eine hohe Mitarbeiterfluktuation auch das Image des Unternehmens bei potenziellen Mitarbeiterinnen und Mitarbeitern sowie Kundinnen und Kunden beeinträchtigen (Makarius, Stevens & Tenhiälä, 2017, S. 1677). Eine besondere Rolle spielt die Fluktuation im Zusammenhang mit Unternehmensübernahmen bzw. Fusionen. Bilgili, Calderon, Allen und Kedia (2017, S. 1969) führten eine Meta-Analyse durch, um die Auswirkungen der Fluktuation im Topmanagement auf den Unternehmenserfolg nach einer Übernahme zu untersuchen. Sie zeigten, dass eine starke Fluktuation im höheren Management negativ mit dem Unternehmenserfolg korreliert, während das Ausscheiden des CEO positiv wirken kann (Bilgili et al., 2017, S. 1981 f.).

Obwohl Kündigungsabsicht und die Fluktuation eng miteinander verbunden sind, handelt es sich um unterscheidbare Konzepte. Im Englischen wird der Begriff „Turnover" zwar häufig synonym verwendet, allerdings bezieht sich dieser lediglich auf das Verlassen von Mitarbeiterinnen und Mitarbeitern aus dem Unternehmen, während die Fluktuation auch die Einstellung neuer Mitarbeiterinnen und Mitarbeiter beinhaltet (Rischke, 2021, S. 20).

Die Kündigungsabsicht bezieht sich auf den Wunsch einer Mitarbeiterin bzw. eines Mitarbeiters, das Unternehmen zu verlassen, und kann ein Indikator für zukünftige Fluktuation sein (Griffeth, Hom & Gaertner, 2000, S. 470). Kündigungsabsicht kann sowohl auf persönlichen Gründen als auch auf Faktoren im Arbeitsumfeld basieren, wie beispielsweise schlechte Arbeitsbedingungen, fehlende Karrierechancen oder eine schlechte Beziehung zu Vorgesetzten oder Kolleginnen und Kollegen (Humphrey et al., 2007, S. 1334). Dieses wird im weiteren Verlauf des Kapitels noch genauer untersucht. Die Mitarbeiterfluktuation hingegen bezieht sich auf die tatsächliche Anzahl der Mitarbeiterinnen und Mitarbeiter, die ein Unternehmen verlassen, unabhängig von den Gründen für ihr Ausscheiden. Die Mitarbeiterfluktuation kann sowohl freiwillig als auch unfreiwillig erfolgen und kann auf verschiedene Faktoren zurückzuführen sein, wie beispielsweise mangelnde Mitarbeiterbindung, schlechte Arbeitsbedingungen, unzureichende Vergütung oder Karrierechancen sowie kulturelle Probleme (Huf, 2012, S. 47).

Der Begriff Rückzugsverhalten beschreibt die Maßnahmen, die Mitarbeiterinnen und Mitarbeiter ergreifen, wenn sie sich von ihrer Arbeit abwenden (Zimmerman, Swider, Woo & Allen, 2016, S. 498). Dieses Verhalten kann sowohl für die Mitarbeiterinnen und Mitarbeiter als auch für die Unternehmen negative Folgen haben, z. B. eine geringere Arbeitszufriedenheit, eine geringere Produktivität und eine höhere Fluktuationsrate (Tian et al., 2021, S. 754). Zum Rückzugsverhalten von Mitarbeiterinnen und Mitarbeitern zählen Fehlzeiten, Verspätungen und Kündigungsabsicht (Zimmerman et al., 2016, S. 498). Letztere wird in Abschnitt 2.1.1 gesondert und ausführlich betrachtet. Zu einer extremen Form des Rückzugsverhalten kann auch das sogenannte kontraproduktive Arbeitsverhalten zählen. Dieses wird im Zusammenhang mit OCB im Abschnitt 3.1 genauer erläutert.

Die Abwesenheit von Mitarbeiterinnen und Mitarbeitern ist ein weit verbreitetes Problem, das Unternehmen weltweit betrifft (Miraglia & Johns, 2021, S. 46). Unter Fehlzeiten wird die gewohnheitsmäßige oder gelegentliche Abwesenheit einer Mitarbeiterin oder eines Mitarbeiters von der Arbeit verstanden, die zu einem erheblichen Produktivitätsverlust, einer geringeren Arbeitsmoral und höheren Kosten für das Unternehmen führen kann (Miraglia & Johns, 2021, S. 37; Schaumberg & Flynn, 2017, S. 982). Dieses Phänomen kann auf verschiedene Gründe zurückgeführt werden, darunter Krankheit, persönliche oder familiäre Notfälle, Stress, Unzufriedenheit mit der Arbeit oder mangelnde Motivation (Hausknecht, Hiller & Vance, 2008, S. 1224; Miraglia & Johns, 2021, S. 40; Schaumberg & Flynn, 2017, S. 988).

Studien haben gezeigt, dass Fehlzeiten erhebliche Auswirkungen auf die Unternehmensergebnisse haben können. Fehlzeiten führen zu Produktionsverlusten (Mason & Griffin, 2003, S. 667; Navarro & Bass, 2006, S. 26). Die Auswirkungen von Fehlzeiten beschränken sich nicht nur auf die finanziellen Kosten, sondern sie können auch die Arbeitsmoral, die Motivation und das Arbeitsumfeld beeinträchtigen (Nguyen, Groth & Johnson, 2016, S. 616).

Eine Strategie zur Verringerung von Fehlzeiten ist die Förderung eines positiven Arbeitsumfelds, das das Wohlbefinden der Mitarbeiterinnen und Mitarbeiter unterstützt (Schaumberg & Flynn, 2017, S. 989 f.). Dazu gehören flexible Arbeitsregelungen wie Telearbeit oder flexible Arbeitszeiten, die Förderung der Vereinbarkeit von Beruf und Privatleben und die Bereitstellung von Möglichkeiten zur beruflichen Entwicklung und zum Wachstum (Brunner, Igic, Keller & Wieser, 2019, S. 1171).

Verspätetes Erscheinen am Arbeitsplatz oder zu Terminen wie Teammeetings wird in der Regel als eine Entscheidung angesehen, die getroffen wird, wenn Mitarbeiterinnen und Mitarbeiter mit einer Situation konfrontiert sind, von der sie annehmen, dass sie emotional befriedigender ist als ihre Arbeit (Koslowsky, Sagie, Krausz & Singer, 1997, S. 79). Andererseits werden ungeplante Abwesenheiten oft als eine Art impulsives Verhalten von Arbeitnehmern betrachtet, die eine vorübergehende Entlastung von einer unbefriedigenden Situation suchen (Martocchio & Jimeno, 2003, S. 228)

Der Ruhestand ist aus Sicht der Unternehmen ein wichtiger Aspekt des Personalmanagements. Wenn sich die Mitarbeiterinnen und Mitarbeiter dem Ende ihrer beruflichen Laufbahn nähern, müssen die Unternehmen deren Ruhestand planen und sicherstellen, dass das Unternehmen angemessen darauf vorbereitet ist (Sullivan & Al Ariss, 2019, S. 263). Die Ruhestandsplanung umfasst die Ermittlung potenzieller Abgänge, die Gewährleistung eines reibungslosen Übergangs und die Erstellung eines Personalplans, der die Fähigkeiten und Erfahrungen berücksichtigt, die mit dem Ausscheiden von Mitarbeiterinnen und Mitarbeitern verloren gehen (Baier & Gruber, 2021, S. 56).

Eine der größten Herausforderungen, mit denen Unternehmen während des Ruhestandsprozesses konfrontiert werden, ist der Verlust des Wissens und der Erfahrung, die die Mitarbeiterinnen und Mitarbeiter im Laufe der Jahre erworben haben (Sullivan & Al Ariss, 2019, S. 263). Für Unternehmen ist es daher wichtig, einen Plan für den Wissenstransfer zu erstellen, der sicherstellt, dass das Wissen und die Erfahrung der ausscheidenden Mitarbeiterinnen und Mitarbeiter an ihre Nachfolgerinnen und Nachfolger weitergegeben werden (Baier & Gruber, 2021, S. 62). Dabei hilft es Ruhestand aus verschiedenen Perspektiven zu betrachten, um entsprechend auf die Bedürfnisse der Mitarbeiterinnen und Mitarbeiter eingehen zu können (Sullivan & Al Ariss, 2019, S. 549).

Ruhestand kann zunächst als eine Abwägungsentscheidung von Mitarbeiterinnen und Mitarbeitern betrachtet werden, wenn sich mit zunehmendem Alter die Bedeutung der Lebensbereiche wie Freizeit, Familie, Arbeitszufriedenheit und Arbeitstätigkeit verändert (Beehr & Bennett, 2015, S. 116). Die Perspektive der Anpassungstheorie des Ruhestands betrachtet diesen als einen langfristigen Entwicklungsprozess (Sullivan & Al Ariss, 2019, S. 550). Dabei ist es wichtiger, die

Merkmale des Übergangsprozesses in den Ruhestand zu verstehen als die Entscheidung selbst (Van Solinge & Henkens, 2008, S. 422). Beim Ruhestand als bewusste Entscheidung gilt es, diesem Lebensbereich im Rahmen des Personal- und Übergangsmanagements eine wertschätzende Bedeutung zu geben, um Mitarbeiterinnen und Mitarbeitern bis zum Eintritt in den eigentlichen Ruhestand an das Unternehmen zu binden (Wang & Wanberg, 2017, S. 550). Eine weitere Perspektive betrachtet Ruhestand als eine Phase der Karriereentwicklung, welche die Chance für Wachstum und Entwicklung von Mitarbeiterinnen und Mitarbeitern bietet (Wang, Olson & Shultz, 2012, S. 17). Werden diese Perspektiven berücksichtigt, ist es möglich, ein sogenanntes Brückenmanagement zu integrieren (Wang & Wanberg, 2017, S. 555). Dieses beschreibt die Erwerbstätigkeit älterer Arbeitnehmerinnen und Arbeitnehmer nach dem Ausscheiden aus dem Beruf (Beehr & Bennett, 2015, S. 115).

Der Ruhestand ist kein klassisches Kündigungsverhalten, da es sich um eine festgelegte Phase in der Karriereentwicklung handelt (Van Solinge & Henkens, 2008, S. 422). Gleichzeitig ist er ein Prozess, der, ähnlich wie die Kündigungsabsicht, vom Unternehmen gesteuert und negativen Konsequenzen, wie der Verlust von Wissen, vorgebeugt werden kann. Die Bindung von Mitarbeiterinnen und Mitarbeitern an das Unternehmen, auch in dieser Phase und möglicherweise darüber hinaus, kann durch ähnliche Einflussfaktoren beeinflusst werden wie die Kündigungsabsicht.

2.1.2 Kündigungsabsicht und Kündigungen

Kündigungen stellen eine dauerhafte Herausforderung für Unternehmen dar und werden daher schon seit über 100 Jahren erforscht (Hom et al., 2017, S. 530). Gleichzeitig wurde erst durch March und Simon (1958, S. 48) die Bedeutung der Kündigung für die Wirksamkeit einer Organisation theoretisch begründet. Sie stellten die These auf, dass die Entscheidungen der Mitarbeiterinnen und Mitarbeiter, Leistung zu erbringen und sich aktiv an der Organisation zu beteiligen, maßgeblich für das erfolgreiche Funktionieren einer Organisation ist (March & Simon, 1958, S. 10). Die Kündigung dient oft als Maßstab zur Überprüfung oder Erweiterung verschiedener Modelle, wie dem Modell der erfüllten Erwartungen (Porter & Steers, 1973, S. 171) oder Modellen zu Arbeitsplatzmerkmalen (Hackman & Oldham, 1976, S. 256).

Die Kündigungsabsicht gilt als Bereitschaft, den Arbeitsplatz zu verlassen, und ist der beste Prädiktor für die tatsächliche Kündigung (Griffeth et al., 2000, S. 470; Porter, Steers, Mowday & Boulian, 1974, S. 606; Tett & Meyer, 1993,

S. 262), da sie die unmittelbare Vorstufe derer ist (Mobley, Horner & Hollingsworth, 1978, S. 410; Price & Mueller, 1981, S. 547). Die Beziehung zwischen der Kündigungsabsicht und der eigentlichen Kündigung scheint empfindlich auf die Zeitspanne zwischen den beiden Konstrukten sowie auf Fluktuation in der allgemeinen wirtschaftlichen Entwicklung zu reagieren, da sich ändernde Umstände Mitarbeiterinnen und Mitarbeiter oft daran hindern, ihre Absichten in die Tat umzusetzen (Cohen, Blake & Goodman, 2016, S. 251; Griffeth et al., 2000, S. 478).

Eine Kündigung bezeichnet üblicherweise die „freiwillige" Trennung einer Mitarbeiterin oder eines Mitarbeiters vom jeweiligen aktuellen Arbeitsverhältnis (Lee, Hom, Eberly, Li & Mitchell, 2017, S. 212; Price, 1977, S. 8). Frühere Forschung konzentrierte sich daher auf selbstinitiiertes Ausscheiden als das wichtigste Kriterium zur Validierung von Theorien über „individuell motiviertes Wahlverhalten" (Campion, 1991, S. 199). Im Folgenden werden drei Klassifizierungen vorgestellt, in die sich Kündigungen unterscheiden lassen: freiwillige und unfreiwillige, funktionale und dysfunktionale sowie vermeidbare und unvermeidbare Kündigung. Das Verständnis für diese Klassifizierungen von Kündigungen kann dabei helfen, kritische Bereiche zu identifizieren und gezielte Strategien zu entwickeln, um die Kündigungen zu verringern und leistungsstarke Mitarbeiterinnen und Mitarbeiter zu halten.

Theorien zur Kündigung gehen größtenteils davon aus, dass Arbeitnehmerinnen und Arbeitnehmer aus eigenem Antrieb das Arbeitsverhältnis beenden, weil sie den Arbeitsplatz als unangenehm empfinden oder andere Stellenangebote attraktiver finden (Hom & Griffeth, 1991, S. 350). Die Standarddefinition sieht freiwillige Kündigungen als Trennung von dem Unternehmen und schließt interne Arbeitsplatzwechsel, Beförderungen oder Versetzungen aus (Lee et al., 2017, S. 212). Ebenso werden Beendigungen der Mitgliedschaft in Organisationen, bei denen keine Bezahlung erfolgt, wie Ehrenämter, Praktika und Gemeindearbeit, in der Regel nicht berücksichtigt (Hom et al., 2020, S. 4).

Die Unterscheidung zwischen freiwilliger und unfreiwilliger Kündigung wird häufig als dichotom angesehen. Eine genaue Unterscheidung ist allerdings schwierig, da sich beispielsweise ändernde Gesetze und Praktiken des Personalmanagements zu einer Neudefinition des freiwilligen Austritts führen können (Wang & Wanberg, 2017, S. 547). Auch Kündigungen im Einvernehmen, enthalten sowohl freiwillige als auch unfreiwillige Aspekte (Campion, 1991, S. 200; Maertz & Campion, 1998, S. 50). Daher wird empfohlen, die Freiwilligkeit einer Kündigung nicht als dichotom, sondern als kontinuierliche Variable zu messen (Maertz & Campion, 1998, S. 50). Dies zeigt auch eine Untersuchung von Batt und Colvin (2011, S. 695 ff.), bei der gezeigt werden konnte, dass einige

Personalmanagement (engl. „human resource management; HRM)-Praktiken die freiwillige und unfreiwillige Kündigung in Callcentern ähnlich beeinflussen.

Zudem sind die Gründe für Kündigungen schwer zu messen und zu klassifizieren, da verschiedene Fehler auftreten können. Oft stützt sich die Kündigungsforschung auf Personalakten und Austrittsgespräche, aber gerade in diesen Situationen zeigen Mitarbeiterinnen und Mitarbeiter ein sozial erwünschtes Antwortverhalten (Campion, 1991, S. 200). Aus ähnlichen Gründen können auch Unternehmen offizielle Angaben verändern, um zum Beispiel Mitarbeiterinnen und Mitarbeiter den Zugang zu Arbeitslosenunterstützung zu ermöglichen. Einerseits schlagen Maertz und Campion (1998, S. 50) vor, alle Kündigungen zunächst als freiwillig zu definieren, bei denen die Mitarbeiterinnen und Mitarbeitern die Chance geboten wird, das Arbeitsverhältnis fortzusetzen. Andererseits wird sowohl in Wissenschaft als auch Praxis eine detaillierte Beurteilung bevorzugt, um nicht nur die Unterscheidung zwischen freiwillig und unfreiwillig treffen zu können, sondern auch Gründe für Kündigungen, um Kündigungen besser vorhersagen und managen zu können (Hom et al., 2017, S. 533; Mobley et al., 1979, S. 496).

Die freiwillige Kündigung ist ein wichtiges Kriterium zur Validierung von Modellen für motivierte Entscheidungen (Mobley et al., 1979, S. 496; Price, 1977, S. 8). Zusätzlich lässt sich eine Kündigung auch in funktional und dysfunktional unterscheiden (Dalton, Krackhardt & Porter, 1981, S. 716; Dalton & Todor, 1979, S. 3). Unter dysfunktionaler Kündigung wird das Ausscheiden von Mitarbeiterinnen und Mitarbeitern verstanden, die hohe Leistungen erbringen oder über wichtige Fähigkeiten oder Kompetenzen verfügen, die nur schwer zu ersetzen sind (Hom et al., 2012, S. 834). Diese Art der Kündigung kann sich negativ auf ein Unternehmen auswirken, da der Verlust wertvoller Mitarbeiterinnen und Mitarbeiter zu geringerer Produktivität, schlechterer Arbeitsmoral und höheren Kosten für die Einstellung und Schulung neuer Mitarbeiterinnen und Mitarbeiter führen kann (Salamin & Hom, 2005, S. 1210; Schiemann, 2009, S. 232; Ton & Huckman, 2008, S. 60). Die funktionale Kündigung hingegen bezieht sich auf das Ausscheiden von Mitarbeiterinnen und Mitarbeitern mit geringer Leistung oder von Mitarbeiterinnen und Mitarbeitern, die nicht gut zur Unternehmenskultur oder zu den Werten des Unternehmens passen (Hom et al., 2012, S. 834). Die funktionale Kündigung kann für ein Unternehmen von Vorteil sein, da sie es ermöglicht, leistungsschwache Mitarbeiterinnen und Mitarbeiter durch potenziell talentiertere und geeignetere Personen zu ersetzen (Hom et al., 2020, S. 6). Diese neue Sichtweise entstand, als in die Forschung begann, die herkömmliche Annahme in Frage zu stellen, dass Kündigungen per se schlecht für Organisationen sind. Es wurde argumentiert, dass funktionale Kündigungen Stagnation verhindern, Aufstiegschancen für Mitarbeiterinnen und Mitarbeiter der unteren Ebenen verbessern und Grenzleistungen verdrängen können (Staw, 1980, S. 253).

Hollenbeck und Williams (1986, S. 608) definierten die Funktionalität der Kündigung als $T_{funct} = T_{freq} \times Z$. T_{freq} steht für den freiwilligen Austritt einer Mitarbeiterin oder eines Mitarbeiters (dabei wird der Wert für verbleibende Mitarbeiterinnen und Mitarbeitert mit + 1 und für ausscheidende Mitarbeiterinnen und Mitarbeiter mit −1 kodiert), während Z ein standardisiertes Leistungsmaß darstellt. T_{funct} ist eine kontinuierliche Variable. Positive Werte stehen für funktionale Kündigung, die einen höheren Austritt beinhaltet (negativer Z-Score multipliziert mit −1). Negative Werte stehen für dysfunktionale Kündigung, d. h. entweder kündigt eine Leistungsträgerin bzw. ein Leistungsträger (positiver Z-Score multipliziert mit 1) oder eine negative Leistungsträgerin bzw. Leistungsträger bleibt (negativer Z-Score multipliziert mit + 1). Ob die Kündigung funktional oder dysfunktional ist, hängt vom Vorzeichen des Hollenbeck-Williams-Index ab.

Die Unterscheidung zwischen funktionaler und dysfunktionaler Kündigung hat die Kündigungsforschung und das Management nachhaltig beeinflusst. Untersuchungen haben gezeigt, dass die Beziehung zwischen Arbeitsleistung und Kündigung davon abhängt, ob die Kündigung funktional oder dysfunktional ist (Allen & Griffeth, 2001, S. 1019; Salamin & Hom, 2005, S. 1210). Unternehmen messen verschiedene Formen der dysfunktionalen Kündigung, wie beispielsweise Kündigungen von Frauen oder Minderheiten (Hom, Roberson & Ellis, 2008, S. 2). Auch wenn der Verlust von Frauen und unterrepräsentierten Minderheiten nicht zwangsläufig die Effektivität des Unternehmens beeinträchtigt, kann ihre vermehrte Kündigung das Unternehmen daran hindern, eine diversifizierte Belegschaft zu erreichen (Hom et al., 2020, S. 6).

Eine weitere Unterscheidung kann zwischen organisatorisch vermeidbarer und unvermeidbarer Kündigung getroffen werden (Abelson, 1987, S. 382). Unvermeidbare Kündigungen sind die, die ein Unternehmen nicht kontrollieren kann, wie beispielsweise eine Kündigung aufgrund eines Umzugs oder einer Krankheit (Hom et al., 2012, S. 834). Bei vermeidbaren Kündigungen handelt es sich um Kündigungen, die aufgrund von Unzufriedenheit der Mitarbeiterinnen und Mitarbeitern getroffen werden (Barrick & Zimmerman, 2005, S. 161). Wenn sich Unternehmen auf vermeidbare Kündigungen fokussieren, kann die Bedeutung von Kündigungen genauer beurteilt werden. In der Kündigungsforschung können vermeidbare Kündigungen mit konventionellen Prädiktoren wie Arbeitseinstellung und wahrgenommener Alternative genauer vorhergesagt werden (Griffeth et al., 2000, S. 466; Rubenstein, Eberly, Lee & Mitchell, 2018, S. 33 ff.).

In der Praxis ist es schwer, genau zu definieren, inwieweit eine Kündigung tatsächlich vermeidbar bzw. unvermeidbar ist, da die Mitarbeiterinnen und Mitarbeiter möglicherweise falsche Angaben zu den Gründen für ihren Austritt aus dem Unternehmen angeben (Dalton et al., 1981, S. 716). Es ist wahrscheinlich, dass unvermeidbare Gründe eher angegeben werden als schlechte Arbeitsbedingungen oder Probleme mit der Führungskraft. Auch die Unternehmen selbst geben in den offiziellen Aufzeichnungen möglicherweise unvermeidbare Gründe zu hoch an, da eine hohe vermeidbare Kündigung dem Image des Unternehmens schaden kann (Makarius et al., 2017, S. 1675). Darüber hinaus haben viele Unternehmen erkannt, dass sie auch scheinbar unvermeidbare Kündigungen reduzieren können, indem auf die Bedürfnisse von Mitarbeiterinnen und Mitarbeiter beispielsweise durch Homeoffice, flexible Arbeitszeiten oder Altersteilzeit eingegangen wird (Hom et al., 2020, S. 7).

Die Einteilung in das Klassifizierungsschema Freiwilligkeit, Funktionalität und Vermeidbarkeit wird im Bereich der Kündigungsforschung häufig empfohlen (Allen et al., 2010, S. 56; Campion, 1991, S. 211). Unternehmen sollten anstelle der reinen Kündigungsrate vor allem die Rate der freiwilligen, dysfunktionalen Kündigungen betrachten, um leistungsstarke oder geschätzte Mitarbeiterinnen und Mitarbeiter davon abzuhalten, aus vermeidbaren Gründen freiwillig zu kündigen.

2.1.3 Ursachen von Kündigungen

Die Ursachen von Kündigungen sind vielfältig und komplex. Daher gibt es verschiedene Theorien und Modelle, die den Prozess von Kündigungen bzw. Kündigungsabsichten zu erläutern versuchen. Auf diese wird im weiteren Verlauf dieses Kapitels noch tiefer eingegangen. Starke, und von der Forschung viel beachtete Einflussfaktoren sind arbeitsbezogene Einstellungen. Diesen widmet sich das Kapitel 3. Neben diesen gibt es allerdings noch weiterführende Einflussfaktoren, die geeignet sind, Kündigungen zu erläutern. Dabei handelt es sich um demographische und persönlichkeitsbezogene Merkmale, organisationale und arbeitsplatzbezogene Merkmale sowie alternative Beschäftigungsmöglichkeiten. Diese werden im Folgenden genauer erläutert.

Das Alter ist ein wichtiger demographischer Faktor, der eine Kündigung beeinflussen kann. Untersuchungen haben gezeigt, dass ältere Mitarbeiterinnen und Mitarbeiter eher bereit sind, ein Unternehmen aus Alters- oder Gesundheitsgründen zu verlassen (Froese, Peltokorpi, Varma & Hitotsuyanagi-Hansel, 2019, S. 616). Dagegen verlassen jüngere Mitarbeiterinnen und Mitarbeiter ein Unternehmen eher, um neue Karrierechancen zu nutzen (Soomro, 2020, S. 10). Auch

Frauen und Männern haben unterschiedliche Motive ein Unternehmen zu verlassen. Während Männer eher mehr Wert auf materialistische Aspekte der Arbeit, wie Gehalt oder Beförderungen, legen, stehen bei Frauen die weniger materialistischen Aspekte, wie das Betriebsklima oder Beziehungen zu Kolleginnen und Kollegen, im Vordergrund (Froese et al., 2019, S. 614). Außerdem sind Frauen häufiger von Diskriminierung oder Belästigung am Arbeitsplatz betroffen, was ebenfalls zur Kündigung beitragen kann (Peltokorpi, Allen & Froese, 2015, S. 295). Schließlich ist das Bildungsniveau ein weiterer demographischer Faktor, der Kündigungen beeinflussen kann. Untersuchungen haben gezeigt, dass Mitarbeiterinnen und Mitarbeiter mit einem höheren Bildungsniveau eher bereit sind, ein Unternehmen zu verlassen, um neue Karrieremöglichkeiten oder höhere Gehälter zu erhalten (Froese et al., 2019, S. 616; Soomro, 2020, S. 9). In zwei verschiedenen Meta-Analysen wurden zudem unter anderem die Zusammenhänge von Kündigungsabsicht zu den Variablen Alter, Geschlecht und Bildung untersucht (Griffeth et al., 2000, S. 465; Rubenstein et al., 2018, S. 33). Griffeth et al. (2000, S. 465) fanden keine signifikanten Korrelationen zwischen den Variablen Kündigungsabsicht und Alter, Geschlecht oder Bildung, diskutierten allerdings Alter als Moderatorvariable. Rubenstein et al. (2018, S. 33) fand eine signifikant negative Korrelation zum Alter ($r_{\text{Alter}} = -0{,}21$), allerdings keine signifikanten Korrelationen zu Geschlecht ($r_{\text{Geschlecht}} = -0{,}00$) und Bildung ($r_{\text{Bildung}} = 0{,}04$).

Neben den demographischen Merkmalen gibt es auch Zusammenhänge zwischen Persönlichkeitsmerkmalen und Kündigungsabsicht. In der Meta-Analyse von Rubenstein et al. (2018, S. 33) wurden neben den Big Five Persönlichkeitsmerkmalen (Neurotizismus, Gewissenhaftigkeit, Extraversion, Verträglichkeit und Offenheit für neue Erfahrungen) auch die Kontrollüberzeugung und die internale Motivation als Einflussfaktor für die Kündigungsabsicht untersucht. Dabei zeigen sich die stärksten Zusammenhänge zum Neurotizismus, hier positiv mit emotionaler Stabilität beschrieben, ($r_{\text{Stabilität.}} = -0{,}19$). Gewissenhaftigkeit ($r_{\text{Gewissenhaftigkeit.}} = -0{,}16$) und internale Motivation ($r_{\text{Motivation.}} = -0{,}16$) sowie Offenheit für neue Erfahrungen ($r_{\text{Offenheit}} = 0{,}14$). Die anderen Variablen zeigen nur einen sehr schwachen Zusammenhang mit Kündigungsabsicht ($r_{\text{Kontrolle}} = -0{,}10$; $r_{\text{Verträglichkeit}} = -0{,}08$; $r_{\text{Extraversion}} = 0{,}02$).

Unter den Bereich organisationale und arbeitsplatzbedingte Merkmale fallen Aspekte wie Vergütung, Beförderungen und Betriebsklima. Die Vergütung bezieht sich auf das Gesamtpaket aus Gehalt, Sozialleistungen und anderen Anreizen, die ein Unternehmen seinen Mitarbeiterinnen und Mitarbeitern bietet (Bryant & Allen, 2013, S. 172; Singh & Loncar, 2010, S. 479). Untersuchungen haben gezeigt, dass zwischen Vergütung und Kündigungen eine starke Korrelation besteht (Hom et al., 2020, S. 53). Entscheidend ist dabei allerdings nicht die reine Bezahlung, sondern vielmehr die Verteilungsgerechtigkeit (Bryant & Allen, 2013, S. 173). Griffeth et al. (2000, S. 466) fanden nur geringe Zusammenhänge zwischen der Zufriedenheit mit dem Gehalt ($r_{Gehalt} = 0{,}08$) und der Verteilungsgerechtigkeit ($r_{Gerechtigkeit} = -0{,}11$). Bei Rubenstein et al. (2018, S. 34) fiel der Zusammenhang zwischen Gehalt und Kündigungsabsicht etwas höher aus ($r_{Gehalt} = -0{,}17$). Es wurde zudem der Zusammenhang mit dem Belohnungssystem untersucht und hier zeigte sich ein moderater Zusammenhang sowohl für das Angebot von Belohnungen ($r_{Belohnung} = -0{,}20$) als auch das kontinuierliche Angebot dieser ($r_{kont.\ Belohnung} = -0{,}20$).

Beförderungen sind ein wichtiger Bestandteil der beruflichen Entwicklung von Mitarbeiterinnen und Mitarbeitern und können einen erheblichen Einfluss auf Kündigungen haben (Weng & McElroy, 2012, S. 257). Sie sind eine Möglichkeit für Mitarbeiterinnen und Mitarbeiter, in ihrer Karriere voranzukommen und neue Herausforderungen anzunehmen, was die Arbeitszufriedenheit und Motivation steigern kann (Kim, 2012, S. 260). Während die Möglichkeiten für eine Beförderung eher mittelmäßigen Einfluss auf eine Kündigung haben, zeigt sich, dass tatsächlich erfolgte Beförderungen einen recht starken Zusammenhang aufweisen (Hom et al., 2020, S. 56). Im Zusammenhang mit Beförderungen spielt auch die organisationale Laufbahnplanung eine Rolle, welche ebenfalls zu einer Verringerung der Kündigungsabsicht beitragen kann (Ehrlich, 2021, S. 58).

Der Begriff Betriebsklima bezieht sich auf die allgemeine Atmosphäre oder Kultur, die in einer Organisation herrscht (Belias & Koustelios, 2014, S. 132; Denison, 1996, S. 622). Ein positives Betriebsklima ist ein Klima, in dem sich die Mitarbeiterinnen und Mitarbeiter wertgeschätzt, unterstützt und in ihrer Arbeit bestärkt fühlen, während ein negatives Organisationsklima ein Klima ist, in dem sich die Mitarbeiterinnen und Mitarbeiter weniger engagieren und nicht unterstützt und unzufrieden fühlen (Alkahtani, 2015, S. 156). Die Meta-Analyse von Rubenstein et al. (2018, S. 35) sieht einen moderaten Zusammenhang zwischen Klima und Kündigungsabsicht ($r_{Klima} = -0{,}24$).

Bereits in frühen Theorien und Modellen wurde der Einfluss von alternativen Beschäftigungsmöglichkeiten bzw. die Wahrnehmung derer diskutiert (Mobley, 1977, S. 238; Mobley et al., 1979, S. 517). Eine Meta-Analyse von Hom und Griffeth (1995, S. 46) zeigt, dass die wahrgenommene Attraktivität ($r_{Attraktivität} = 0{,}11$) anderer Arbeitsplätze die Kündigungsbereitschaft nur in schwachem Maße erhöhen. Spätere Meta-Analysen zeigen eine höhere Korrelation, aber immer noch nicht so stark wie die Beziehung zwischen Arbeitslosenquoten und Kündigungsraten (Griffeth et al., 2000, S. 468; Rubenstein et al., 2018, S. 36). Ein Grund dafür könnte sein, dass die meisten Studien über wahrgenommene alternative Beschäftigungsverhältnisse homogene berufliche Stichproben und niedrige Kündigungsraten verwenden, was die Varianz der wahrgenommenen Alternativen einschränkt und ihre Auswirkungen auf die Kündigung abschwächt. Zudem verwenden die meisten Studien unzuverlässige Skalen für wahrgenommene alternative Beschäftigungsverhältnisse (Griffeth, Steel, Allen & Bryan, 2005, S. 337). Unternehmen können dazu beitragen, die Kündigung durch eine wettbewerbsfähige Vergütung, sinnvolle Tätigkeiten und berufliche Weiterbildungsmöglichkeiten zu verringern (Humphrey et al., 2007, S. 1334). Gleichzeitig können alternative Beschäftigungsmöglichkeiten für Personen, die Flexibilität und Autonomie bei ihrer Arbeit schätzen, wertvoll sein. Gemäß langjährigen sozialpsychologischen Modellen (Ajzen, 1991, S. 179; Bagozzi & Warshaw, 1990, S. 127) ergaben Meta-Analyse, dass Kündigungen aufgrund einer bewussten Abwägung der wahrgenommenen Kosten und Vorteile von Ausstiegshandlungen (z. B. Suche nach einem neuen Arbeitsplatz oder Kündigung) erfolgen (Griffeth et al., 2000, S. 337; Rubenstein et al., 2018, S. 36). Mitarbeiterinnen und Mitarbeiter entscheiden sich nicht impulsiv wegen schlechter Arbeitsbedingungen dazu, zu kündigen, sondern ziehen sich zurück, nachdem sie die möglichen Folgen bedacht haben (Hom et al., 2020, S. 65).

Im Zusammenhang mit wahrgenommenen alternativen Beschäftigungsmöglichkeiten spielt außerdem die sogenannte Beschäftigungsfähigkeit (engl. „employability") eine entscheidende Rolle. Dabei handelt es sich um ein psychologisches Konstrukt, das sich auf die von einer Person wahrgenommene Fähigkeit bezieht, eine Beschäftigung zu erlangen und zu erhalten (Fugate, Kinicki & Ashforth, 2004, S. 16). Sie umfasst ein breites Spektrum von Fähigkeiten, Kenntnissen und Einstellungen, die der Einzelne benötigt, um auf dem Arbeitsmarkt erfolgreich zu sein (McQuaid & Lindsay, 2005, S. 199). Es besteht ein komplexer Zusammenhang zwischen Beschäftigungsfähigkeit und Kündigung (Acikgoz, Sumer & Sumer, 2016, S. 666). Einerseits kann ein hohes Maß an Beschäftigungsfähigkeit die Kündigungsabsicht verringern, da Mitarbeiterinnen und Mitarbeiter, die das Gefühl haben, dass sie über die Fähigkeiten und Kenntnisse verfügen, um bei ihrer Arbeit erfolgreich zu sein, eher bei ihrer derzeitigen Arbeitgeberin bzw. ihrem derzeitigen Arbeitgeber bleiben (Lu, Sun & Du, 2016, S. 46). Andererseits kann die Beschäftigungsfähigkeit auch die Kündigungsabsicht erhöhen, da Mitarbeiterinnen und Mitarbeiter mit einer höheren Beschäftigungsfähigkeit auch leichter eine neue Anstellung finden (Fugate et al., 2004, S. 33).

2.1.4 Auswirkungen von Kündigungen

Wie oben beschrieben verlassen Mitarbeiterinnen und Mitarbeiter ihren Arbeitsplatz aus einer Vielzahl von Gründen. Kündigungen können für diejenigen, die bleiben, und für die Unternehmen, für die sie arbeiten, erhebliche Folgen haben. In diesem Kapitel werden die Folgen von Kündigungen sowohl für die verbleibenden Mitarbeiterinnen und Mitarbeiter als auch für die Unternehmen, für die sie arbeiten, beschrieben. Dabei gilt es sowohl positive als auch negative Aspekte für beide Perspektiven zu betrachten. Zudem kann, gerade aus der Perspektive der Unternehmen, zwischen materiell messbaren Kosten und immateriellen Verlusten unterschieden werden.

Die Entscheidung zu kündigen, erfolgt zwar häufig aus der Perspektive einer einzelnen Person, gleichzeitig ist diese in ein soziales System eingebettet und das Verlassen von diesen hat wiederum Folgen. Die verbleibenden Mitarbeiterinnen und Mitarbeiter werden davon in ihrer Arbeitsweise positiv und negativ beeinflusst (Verbruggen & Van Emmerik, 2020, S. 530). In erster Linie können die erhöhte Arbeitsbelastungen und die gesteigerten Anforderungen, die oft aus Kündigungen resultieren, für die verbliebenen Mitarbeiterinnen und Mitarbeiter belastend sein (Reilly, Nyberg, Maltarich & Weller, 2014, S. 782). Wenn eine Mitarbeiterin oder ein Mitarbeiter ein Unternehmen verlässt, kann es sein, dass die Verantwortung auf die Kolleginnen und Kollegen übergeht, die dann die Arbeit übernehmen müssen (Call, Nyberg, Ployhart & Weekley, 2015, S. 1211). Dies kann zu einer Demoralisierung im Team führen (Hom et al., 2020, S. 23). Gleichzeitig ist es so, dass auch ein stärkerer Zusammenhalt zwischen den bleibenden Mitarbeiterinnen und Mitarbeitern entstehen kann (Laulié & Morgeson, 2021, S. 391). Entscheidend für ein Sinken der Arbeitsmoral von bleibenden Personen ist die Motivation, aus der die anderen Personen gegangen sind (Hom et al., 2020, S. 23).

Zudem kann eine hohe Kündigungsrate es den verbleibenden Mitarbeiterinnen und Mitarbeitern erschweren, enge Arbeitsbeziehungen aufzubauen und zu pflegen (Reilly et al., 2014, S. 771). Wenn Kolleginnen und Kollegen regelmäßig das Unternehmen verlassen und durch neue Mitarbeiterinnen und Mitarbeiter ersetzt werden, kann es schwierig sein, Vertrauen und enge Beziehungen aufzubauen (Laulié & Morgeson, 2021, S. 388). Dies kann dazu führen, dass die verbleibenden Mitarbeiterinnen und Mitarbeiter ebenfalls das Unternehmen verlassen möchten oder zumindest dieses in Erwägung ziehen (Methot, Rosado-Solomon & Allen, 2018, S. 742).

In der Kündigung von Mitarbeiterinnen und Mitarbeitern liegen allerdings auch Chancen und Vorteile für die verbleibenden Mitarbeiterinnen und Mitarbeiter. Es kann angenommen werden, dass sich durch die freigewordenen Positionen neue Karrieremöglichkeiten und eventuell sogar Beförderungen ergeben (Call et al., 2015, S. 1211). Auch wenn neue Mitarbeiterinnen oder Mitarbeiter eingestellt werden, kann dies die Stärkung (engl. „empowerment“) von den erfahreneren Mitarbeiterinnen und Mitarbeitern bekräftigen, indem sie diese einarbeiten und ihr Erfahrungswissen weitergeben können (Laulié & Morgeson, 2021, S. 388).

Eine hohe Kündigungsrate kann erhebliche Folgen für ein Unternehmen haben. Hom et al. (2020, S. 24 f.) unterscheiden Kosten für die Trennung, Kosten für die Neubesetzung und mögliche Vorteile einer Kündigung. Zu den Kosten für die Trennung gehören sowohl materielle (z. B. Abfindungen, Überstundenzahlungen für verbleibende Personen) als auch immaterielle Kosten (z. B. Verlust von Wissen; Allen et al., 2010, S. 42). Die Kosten für die Wiederbesetzung unterteilen sich in allgemeine Kosten, Kosten für das Recruitment, Kosten für die Auswahl, Kosten für die Orientierung und das Training neuer Mitarbeiterinnen und Mitarbeiter. Die Kosten für eine Kündigung von einer Mitarbeiterin oder einem Mitarbeiter liegen zwischen 90 % und 200 % des Jahresgehalts, einschließlich direkter und indirekter Kosten (Cascio, 2006, S. 42). Die mit der Kündigung verbundenen Kosten machen bei einem durchschnittlichen Unternehmen über 12 % des Einkommens vor Steuern aus, bei Unternehmen mit hoher Kündigung sogar mehr (Allen et al., 2010, S. 52). Es gibt keine allgemeingültige Formel für die Berechnung von Kündigungskosten, aber die Verwendung geeigneter Kennzahlen und das Erzielen eines internen Konsenses sind entscheidend für eine glaubwürdige Analyse und für Empfehlungen.

Die bereits angesprochenen immateriellen Kosten können unter anderem einen Produktionsverlust verursachen (Call et al., 2015, S. 1208). Wenn Mitarbeiterinnen oder Mitarbeiter ausscheiden, muss ihre Arbeit auf andere verteilt werden, die mit den Aufgaben möglicherweise nicht so vertraut sind oder die sie nicht so gut erledigen können (Sheehan, 1993, S. 699). Dies kann zu einem Produktivitätsrückgang führen, da die Arbeitsbelastung unausgewogen wird und einige Mitarbeiterinnen und Mitarbeiter Mühe haben können, die zusätzlichen Aufgaben zu bewältigen (Sheehan, 1993, S. 699). Darüber hinaus benötigen neue Mitarbeiterinnen und Mitarbeiter Einarbeitung und Zeit, um sich vollständig in das Unternehmen zu integrieren, was ebenfalls zu einem vorübergehenden Rückgang der Produktivität führen kann (Reilly et al., 2014, S. 770). Eine hiermit einhergehende Folge kann zudem ein Qualitätsverlust sein (Hom et al., 2020, S. 28).

Eine weitere Folge von Kündigungen ist der Verlust von institutionellem Wissen. Mitarbeiterinnen und Mitarbeiter, die schon lange in einem Unternehmen tätig sind, haben Wissen und Erfahrung angesammelt, die nur schwer zu ersetzen sind. Wenn sie das Unternehmen verlassen, gehen ihr Wissen und ihre Erfahrung mit ihnen, und das Unternehmen hat möglicherweise Schwierigkeiten, dieses Wissen zu ersetzen (Reilly et al., 2014, S. 786).

Wie bereits in Abschnitt 2.1.2 thematisiert wurde, kann zwischen funktionalem und dysfunktionalem Kündigungsverhalten unterschieden werden. Funktionales Kündigungsverhalten hat demnach auch positive Auswirkungen auf das Unternehmen. Kündigungen können dazu führen, dass innovative Ideen und neue Perspektiven in das Unternehmen eingebracht werden (Reilly et al., 2014, S. 772). Außerdem kann die Kündigung von leistungsschwachen Mitarbeiterinnen und Mitarbeitern dazu führen, dass Personalkosten gesenkt und die Produktivität gesteigert wird (Allen et al., 2010, S. 51).

2.1.5 Messung von Kündigungsabsicht

Skalen zur Kündigungsabsicht werden in der Forschung häufig als Ersatz für die tatsächliche Kündigung verwendet (Cooper-Hakim & Viswesvaran, 2005, S. 245). Der Grund dafür ist, dass die tatsächlichen Kündigungen schwierig zu messen und mit anderen, zusammenhängenden Variablen, wie Arbeitszufriedenheit oder Kündigungsabsicht, zusammenzubringen ist (Cohen et al., 2016, S. 241). Außerdem können Kündigungsabsichtsskalen verwendet werden, um Veränderungen in den Einstellungen und Absichten von Mitarbeiterinnen und Mitarbeiter im Laufe der Zeit zu verfolgen (Mowday, Koberg & McArthur, 1984, S. 7). Dies kann wertvolle Erkenntnisse über die Wirksamkeit von Maßnahmen und Strategien zur Verbesserung der Mitarbeiterbindung sowie über Veränderungen auf dem Arbeitsmarkt oder im organisationalen Umfeld liefern, die sich auf die Entscheidung von Mitarbeiterinnen und Mitarbeitern, zu bleiben oder zu gehen, auswirken können.

Gleichzeitig ist zu beachten, dass Skalen zur Kündigungsabsicht nur begrenzt aussagekräftig sind und die Komplexität der Entscheidungen von Mitarbeiterinnen und Mitarbeitern, ihren Arbeitsplatz zu verlassen, möglicherweise nicht vollständig erfassen (Cohen et al., 2016, S. 240). Manche Mitarbeiterinnen und Mitarbeiter haben zwar die feste Absicht, ihren Arbeitsplatz zu verlassen, entscheiden sich dann am Ende doch dagegen, während andere ihren Arbeitsplatz verlassen, ohne diese Absicht zu äußern (Dolbier, Webster, McCalister, Mallon & Steinhardt, 2005, S. 39). Dies wurde in Abschnitt 2.1.3 deutlich, wo auch verschiedene externe Faktoren als Einflussfaktoren für eine Kündigung diskutiert wurden.

Es gibt wenig validierte Skalen zur Messung der Kündigungsabsicht. Dies liegt auch daran, dass im Englischen die verschiedenen Begrifflichkeiten schwer voneinander abzugrenzen sind. Kündigungsabsicht wird im Englischen synonym mit „turnover intentions", „intentions to quit" sowie „withdrawal cognitions" übersetzt (Hom et al., 2017, S. 533). Mowday et al. (1984, S. 7) nennen in ihrem

Artikel „intentions to quit“ als Beispiel für „withdrawal cognitions“, was wiederum eher durch „Rückzugsabsichten“ zu übersetzen wäre. Hom et al. (2012, S. 837) beschreiben zudem, dass die Validität der Messung höher ist, je zeitlich näher das Ereignis beschrieben wird („in naher Zukunft“ vs. „ich denke darüber nach“). Beispiele für die Messung von Kündigungsabsichten lassen sich beispielsweise bei Mobley et al. (1978, S. 410), Mowday et al. (1984, S. 7) oder Campion (1991, S. 203) finden.

2.2 Modelle der Kündigungsabsicht

2.2.1 Ursprung der Forschung zu Modellen der Kündigungsabsicht

Nach der intensiven Betrachtung der Themen Kündigung und Kündigungsabsicht soll in diesem Kapitel ein umfassenderer Blickwinkel auf das Konstrukt Kündigungsabsicht gegeben werden. Dazu wird die Kündigungsabsicht nicht mehr als alleinstehendes Konstrukt betrachtet, sondern als Zielvariable von Kündigungsabsichtsmodellen. Diese haben den Anspruch, den gesamten Prozess zur Kündigung abzubilden und zu erklären.

Das Modell von Mobley et al. (1979, S. 517) bzw. dessen empirische Prüfungen finden heute im Rahmen vieler Untersuchungen große Anerkennung (Hom et al., 2017, S. 533; Judge et al., 2017, S. 364; Karsh et al., 2005, S. 1276). Es wurde in den Jahren nach seiner Veröffentlichung in verschiedenen Studien empirisch geprüft und analysiert (Bluedorn, 1982, S. 269; Michaels & Spector, 1982, S. 53; Williams & Hazer, 1986, S. 221).

Die im Modell dargestellten Zusammenhänge wurden in weiteren Studien und Meta-Analysen häufig diskutiert und größtenteils bestätigt (Hom et al., 2017, S. 533). Gleichzeitig basieren die bis heute einzigen Prüfungen des Ursprungsmodells (Bluedorn, 1982, S. 269; Michaels & Spector, 1982, S. 54; Williams & Hazer, 1986, S. 221) jeweils auf den gleichen Datensätzen eines Unternehmens. Dennoch bilden das konzeptionelle Modell von Mobley sowie dessen empirische Prüfungen bis heute die Grundlage von Erweiterungen oder Moderationsanalysen (siehe z. B. Brewer, Kovner, Greene, Tukov-Shuser & Djukic, 2012, S. 522; Kraimer, Seibert, Wayne, Liden & Bravo, 2011, S. 494 f.; Weng & McElroy, 2012, S. 258).

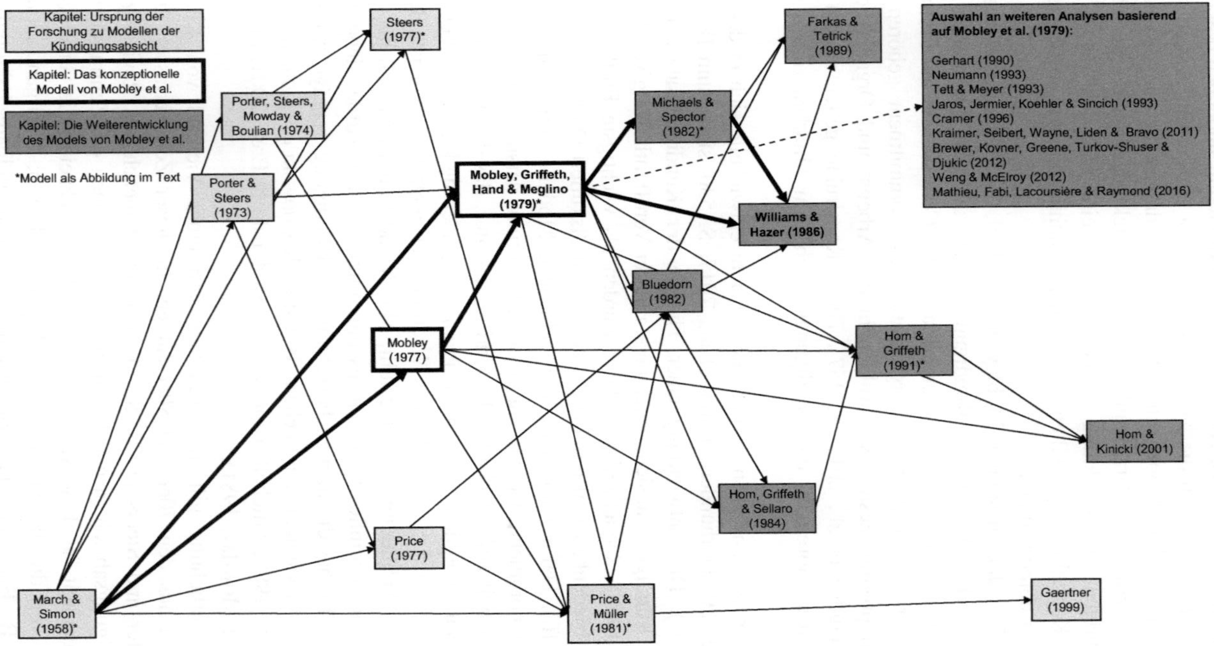

Abbildung 2.1 Literaturübersicht und Zusammenhänge von Kündigungsabsichtsmodellen. (Eigene Darstellung)

Im Folgenden wird zunächst der Ursprung von Kündigungsmodellen beschrieben, in dessen Kontext auch die Modelle von Mobley entstanden. Zudem wird das konzeptionelle Modell noch einmal ausführlich dargestellt und diskutiert. Abschließend werden die darauf aufbauenden Entwicklungen und neuen Tendenzen beschrieben. In Abbildung 2.1 befindet sich eine Übersicht der in den kommenden Kapiteln vorgestellten Kündigungsabsichtsmodellen sowie deren Verknüpfungen untereinander.

In den 1970er Jahren stellten Mobley et al. (1979, S. 517) ein viel beachtetes konzeptionelles Modell der Kündigungsabsicht auf und diskutierten die Konstrukte Arbeitszufriedenheit und organisationales Commitment als Einflussfaktoren. Arbeitszufriedenheit und organisationales Commitment gehören bis heute zu den prominentesten Konstrukten in der Arbeits- und Organisationspsychologie (Judge et al., 2017, S. 357). Diese Konstrukte gelten zudem als zentrale Einflussfaktoren für die Kündigungsabsicht von Mitarbeiterinnen und Mitarbeitern.

Erste Forschung zum Thema Kündigungsabsicht entwickelte sich in der ersten Hälfte des 20. Jahrhunderts (Hom et al., 2017, S. 530, siehe zum Beispiel Diemer (1917)). Die Entwicklung einer Theorie der Kündigungsabsicht und Modellen der Kündigungsabsicht begann erst mit der Veröffentlichung von March und Simon (1958) „Organizations“. Dort wurden als wichtigste Einflussfaktoren Arbeitszufriedenheit und mögliche Alternativen diskutiert (March & Simon, 1958, S. 93 ff.). Dafür wurden zwei verschiedene Modelle aufgestellt. Eines, das die wahrgenommene Attraktivität einer Veränderung darstellt und in dessen Zentrum die Arbeitszufriedenheit steht. Und ein zweites, das die wichtigen Faktoren für die wahrgenommene Leichtigkeit einer Veränderung beschreibt, bei dem die wahrgenommene Leichtigkeit eines Wechsels der zentrale Faktor ist. Beide Modelle sind in Abbildung 2.2 dargestellt. March und Simons Modell hat später Theorien stark beeinflusst, obwohl es nur selten getestet wurde, siehe auch Abbildung 2.1. Es hat die heutige Forschung zur Kündigung geprägt, wie darauf aufbauende Arbeiten zeigen (siehe z. B. Hulin, Roznowski & Hachiya, 1985; Lee & Mitchell, 1994; Mitchell, Holtom, Lee, Sablynski & Erez, 2001; Mobley, 1977; Steers & Mowday, 1981).

Die Veröffentlichung gilt als Grundlage von einer Vielzahl von Kündigungsmodellen aus den 70er und 80er Jahren. In dieser Zeit verfassen unter anderem Porter und Steers (1973, S. 151 ff.) ein vielbeachtetes Review zum Thema Kündigungsabsichten und Erwartungen. Sie betonen die Zentralität von Arbeitszufriedenheit für diese Variablen und stellen gleichzeitig die verschiedenen Faktoren vor, die die Arbeitszufriedenheit beeinflussen: 1. Organisationale Faktoren (z. B. Bezahlung und Beförderung), 2. Unmittelbare Faktoren der

Arbeitsbedingungen (z. B. Führungsstil), 3. Arbeitsinhaltliche Faktoren (z. B. Autonomie) und 4. Persönliche Faktoren (z. B. Alter).

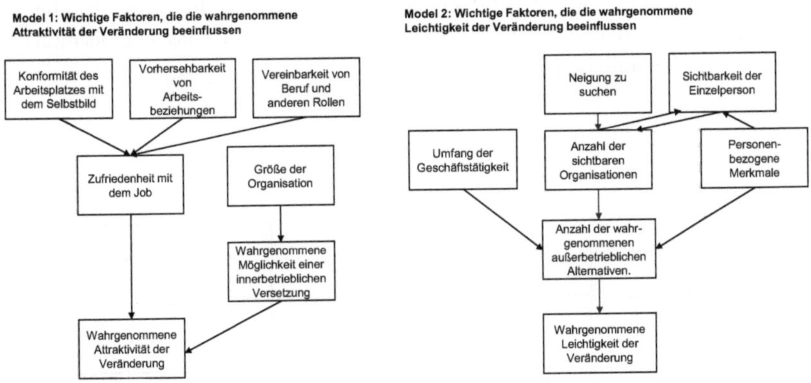

Abbildung 2.2 Modelle zu Faktoren, die die Veränderungen beeinflussen. (March & Simon, 1958, S. 99 & 106)

Das Modell von Porter und Steers (1973, S. 152) war ein bedeutender Fortschritt in der Kündigungsforschung, da es das Konzept der erfüllten Erwartungen einführt, das die Auswirkungen verschiedener arbeitsbezogener Faktoren auf die Fluktuation zusammenfasst. Erfüllte Erwartungen korrelieren am höchsten mit arbeitsbezogenen Einstellungen und werden in Abschnitt 4.1 noch einmal ausführlich erläutert. Allerdings unterscheidet das Porter-Steers Modell nicht zwischen den ursprünglichen Erwartungen, die durch die Arbeit nicht erfüllt werden, und denen, die übertroffen werden.

Die darauffolgende Arbeit von Porter et al. (1974) hat dazu beigetragen, das Verständnis der Zusammenhänge zwischen Arbeitszufriedenheit und Kündigungsabsicht zu erweitern. Der Beitrag bestand darin, dass zusätzlich zu den Konstrukten Arbeitszufriedenheit und Kündigungsabsicht organisationales Commitment als Variable in die Analyse einbezogen wurde (Porter et al., 1974, S. 604). Eine genaue Erläuterung des Konstrukts organisationales Commitment befindet sich in 3.3.2. Die Ergebnisse ihrer Langzeitstudie zeigten, dass das organisationale Commitment eine stärkere Vorhersagekraft für die Kündigungsabsicht der Mitarbeiterinnen und Mitarbeiter hatte als die Arbeitszufriedenheit.

Steers (1977) hat später das Commitment Modell aufgestellt, das sich auf die Faktoren bezieht, die das organisationale Commitment beeinflussen. Das Modell identifiziert persönliche Merkmale wie Alter, Bildung und Erfahrung sowie Aufgabengestaltung wie die Aufgabengeschlossenheit und die freiwillige Interaktion als Faktoren und außerdem Arbeitserfahrungen, die das organisationale Commitment beeinflussen können.

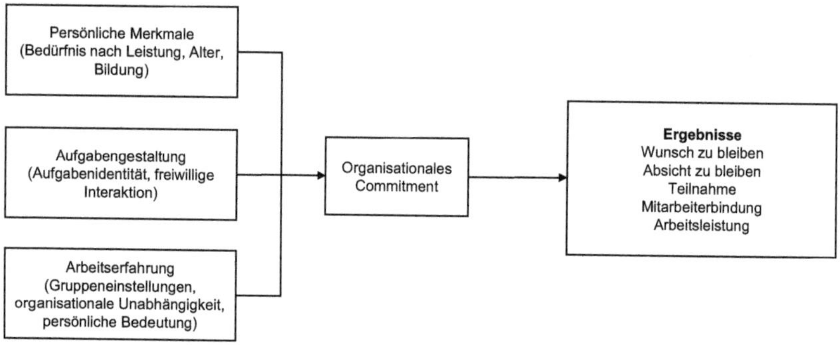

Abbildung 2.3 Hypothesiertes Modell von Einflussfaktoren und Ergebnissen organisationalen Commitments. (Steers, 1977, S. 47)

Eine hohe Arbeitszufriedenheit und eine positive Wahrnehmung der Organisation sind ebenfalls wichtige Faktoren, die das organisationale Commitment fördern können. In diesem Modell kam wiederum Arbeitszufriedenheit nicht vor. Bei den Einflussfaktoren wurde zwischen persönlichen Merkmalen (z. B. Alter), Aufgabengestaltung (z. B. Aufgabengeschlossenheit) und Arbeitserfahrung (z. B. erfüllte Erwartungen) unterschieden. Das Modell ist in Abbildung 2.3 dargestellt.

Price (1977, S. 10) geht in seiner Veröffentlichung „The study of turnover" umfassend auf verschiedene Einflussfaktoren ein. Dabei werden viele, aus anderen Modellen bereits bekannte, Variablen zusammengefasst. Unter anderem Bezahlung, Integration und alternative Beschäftigungsmöglichkeiten. Es dient als Grundlage für einige umfassendere Theorien wie beispielsweise Bluedorn (1982); Martin (1979) oder Price und Bluedorn (1979). Dieses theoretische Modell wurde von Price und Mueller (1981, S. 552) mittels einer multiplen Regression und einer Pfadanalyse untersucht. Dabei wurde das Modell durch Aspekte wie Automatisierung oder Partizipation erweitert. Das Modell befindet sich in Abbildung 2.4. In der Analyse der totalen Effekte des Modells zeigte sich, dass die Bleibeabsicht und die alternativen Möglichkeiten die stärksten Prädiktoren für die Kündigung sind. Die stärksten Einflussfaktoren auf die Arbeitszufriedenheit sind laut dieser Untersuchung Automatisierung und Aufstiegsmöglichkeiten.

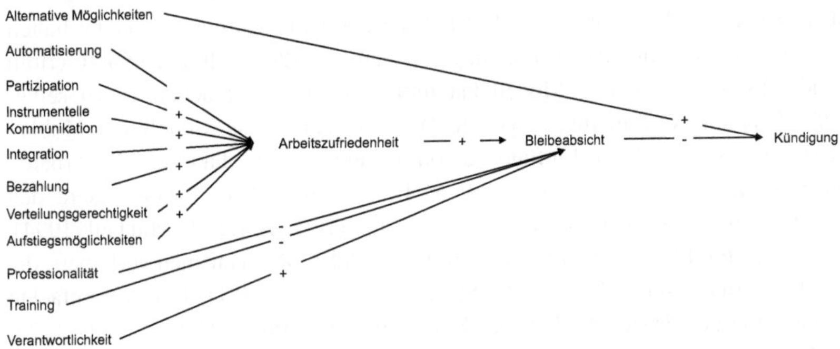

Abbildung 2.4 Das kausale Kündigungsmodell der Kündigungsabsicht. (Price & Mueller, 1981, S. 549)

Price leistete mit seinen Modellen und deren Überprüfungen einen sehr entscheidenden Beitrag zur Kündigungsforschung (siehe Price, 1977; Price & Bluedorn, 1979; Price & Mueller, 1981). Er legte eine Vielzahl von empirisch fundierten Einflussfaktoren fest und war einer der Ersten, der diese mit kausalen Modellierungstechniken prüfte, um strukturelle Netzwerke aufzubauen sowie die nomologische und prädiktive Gültigkeit von Theorien zu prüfen. Gleichzeitig erklärten diese Modelle jedoch nur 18 % der Varianz. Ein Vergleich von verschiedenen Kündigungsmodellen ergab zudem eine bessere Gültigkeit für das Modell von Mobley (1977, S. 23; Hom et al., 2020, S. 82).

2.2.2 Das konzeptionelle Modell

Als „bahnbrechend“ (engl. „ground-breaking“; Hom et al., 2017, S. 533) gilt das konzeptionelle Modell von Mobley et al. (1979, S. 510 f.), das im aktuellen Kapitel vorgestellt und diskutiert wird. Als Grundlage für dieses Modell beschrieb Mobley (1977, S. 238) den Prozess der Kündigung und entwickelte darauf aufbauend ein Prozessmodell der Kündigung. Es stellt den gesamten Ablauf als linearen Prozess mit folgenden Stationen dar: A) Evaluation der aktuellen Arbeit, B) Wahrnehmung von Arbeitszufriedenheit C) Kündigungsgedanken D) Evaluation der Wechselkosten E) Absicht nach anderen Stellen zu schauen F) Suche nach Alternativen G) Evaluation der Alternativen H) Vergleich Alternativen vs. aktuelle Arbeit I) Kündigungsabsicht J) Kündigung/Bleiben.

Auch wenn die Theorie von March und Simon (1958, S. 48) der Wegbereiter der Kündigungsforschung waren, hat das konzeptionelle Modell der Kündigungsabsicht von Mobley et al. (1979, S. 517) deutlich mehr Aufmerksamkeit erhalten und das Verständnis der Kündigungsforschung maßgeblich beeinflusst (Hom et al., 2020, S. 77). Das Modell hat umfangreiche Untersuchungen zu seiner Gültigkeit und Verfeinerung angeregt. Während einige das Modell von Mobley (1977, S. 238) durch die Einführung von weiteren Einflussfaktoren wie Arbeitszufriedenheit erweitert haben (z. B. Mobley et al., 1979), haben andere den Kündigungsprozess neu formuliert oder spezifiziert (z. B. Lee & Mitchell, 1994), und einige Publikationen haben die intervenierenden Mechanismen verfeinert, die zur Unzufriedenheit führen (z. B. Steers & Mowday, 1981). Eine vereinfachte Darstellung des Prozessmodells der Kündigung überprüften Mobley et al. (1978, S. 410).

Mit der Veröffentlichung des konzeptionellen Modells wurde der Aufforderung anderer Publikationen gefolgt, sich nicht weiter auf Replikationen bivariater Korrelationen zu konzentrieren, sondern ein zusammenfassendes Modell zu entwickeln (Mobley, 1977, S. 239; Porter & Steers, 1973, S. 173). Das Modell ist in Abbildung 2.5 dargestellt.

In einem ersten Schritt werden die verschiedenen Einflussfaktoren definiert, die zu Unzufriedenheit am Arbeitsplatz führen können. Diese Faktoren werden unterteilt in organisationale, individuelle und externe Faktoren und basieren unter anderem auf den Veröffentlichungen von Porter und Steers (1973, S. 173) und Price (1977, S. 10). Diese Faktoren können ein Gefühl der Arbeitsplatzunsicherheit hervorrufen, was dazu führen kann, dass die Mitarbeiterinnen und Mitarbeiter nach alternativen Beschäftigungsmöglichkeiten suchen.

Im nächsten Schritt evaluieren die Mitarbeiterinnen und Mitarbeiter alternative Beschäftigungsmöglichkeiten, wobei berufs- und arbeitsmarktbezogene Wahrnehmungen sowie individuelle Werte in den Prozess einbezogen werden. Als empirische Grundlage für diesen Prozess nennen Mobley et al. (1979, S. 519) sowohl die Überlegungen von March und Simon (1958, S. 48) als auch das Prozessmodell der Kündigung von Mobley (1977, S. 283). In dieser Phase wird auch die Arbeitszufriedenheit mit einbezogen. Es wird zudem darauf hingewiesen, dass zwischen den Konstrukten Attraktivitätserwartung aktueller Job, Attraktivitätserwartung alternativer Job sowie Arbeitszufriedenheit durchaus Kovarianzen auftreten können. Bezüglich der Arbeitszufriedenheit wird die Theorie von Locke (1969, S. 316) zu Grunde gelegt. Das organisationale Commitment wurde in der Arbeit von Mobley et al. (1979) ausführlich diskutiert; aufgrund der unklaren Definition allerdings noch nicht als eigenes Konstrukt in das konzeptionelles Modell miteinbezogen.

Für den letzten Schritt, den der eigentlichen Kündigung, gehen Mobley et al. (1979, S. 517) davon aus, dass es mindestens zwei Unterscheidungen gibt: Die Absicht zu suchen und die Absicht zu kündigen, sollte es keine alternativen Beschäftigungsmöglichkeiten geben, wird eine andere Form des Rückzugsverhaltens (siehe Abschnitt 2.1) gezeigt. Der Zusammenhang zwischen der Kündigungsabsicht und der eigentlichen Kündigung sollte stärker sein, je dichter beide Ereignisse zusammenliegen.

Neben dem eigentlichen Kündigungsprozess und den dort enthaltenen Variablen werden auch mögliche Moderatoren diskutiert. Basierend auf Untersuchungen von Dubin, Champoux und Porter (1975, S. 416) und Newman (1974, S. 613) wurden unter anderem die Zentralität der nicht-beruflichen Werte sowie der nicht-beruflichen Konsequenzen des Kündigens als Moderatoren diskutiert. Mobley et al. (1979, S. 520) empfehlen explizit auf diese beiden nicht beruflichen Faktoren zu blicken, da diese ein umfassendes Bild des psychologischen Kündigungsprozesses aufzeigen.

Mobley et al. (1979) haben mit der Betonung von Werten, Erwartungen, arbeitsplatzbezogenen und externen Wahrnehmungen sowie Moderatoren eine wichtige Erklärung des Kündigungsprozesses geliefert. Sie haben die Begriffe des erwarteten Nutzens der gegenwärtigen Rolle und des erwarteten Nutzens von Alternativen bekannt gemacht und betonten die Rolle nicht-arbeitsbezogener Einflüsse auf Ausstiegsentscheidungen (Hom et al., 2020, S. 85). Es bleibt allerdings unklar, ob das Scheitern bei der Suche nach attraktiven Alternativen zu alternativen Formen des Rückzugs führt und ob Arbeitnehmer nach dem Scheitern der Suche nach einer Alternative ihren gegenwärtigen Arbeitsplatz positiver bewerten. Zudem wurden nicht alle Komponenten der drei Gruppen zentraler Ursachen vollständig spezifiziert. Zwei verschiedene Forschungsrichtungen haben die Theorie von Mobley et al. (1979) getestet und erweitert, diese werden im folgenden Kapitel vorgestellt und diskutiert.

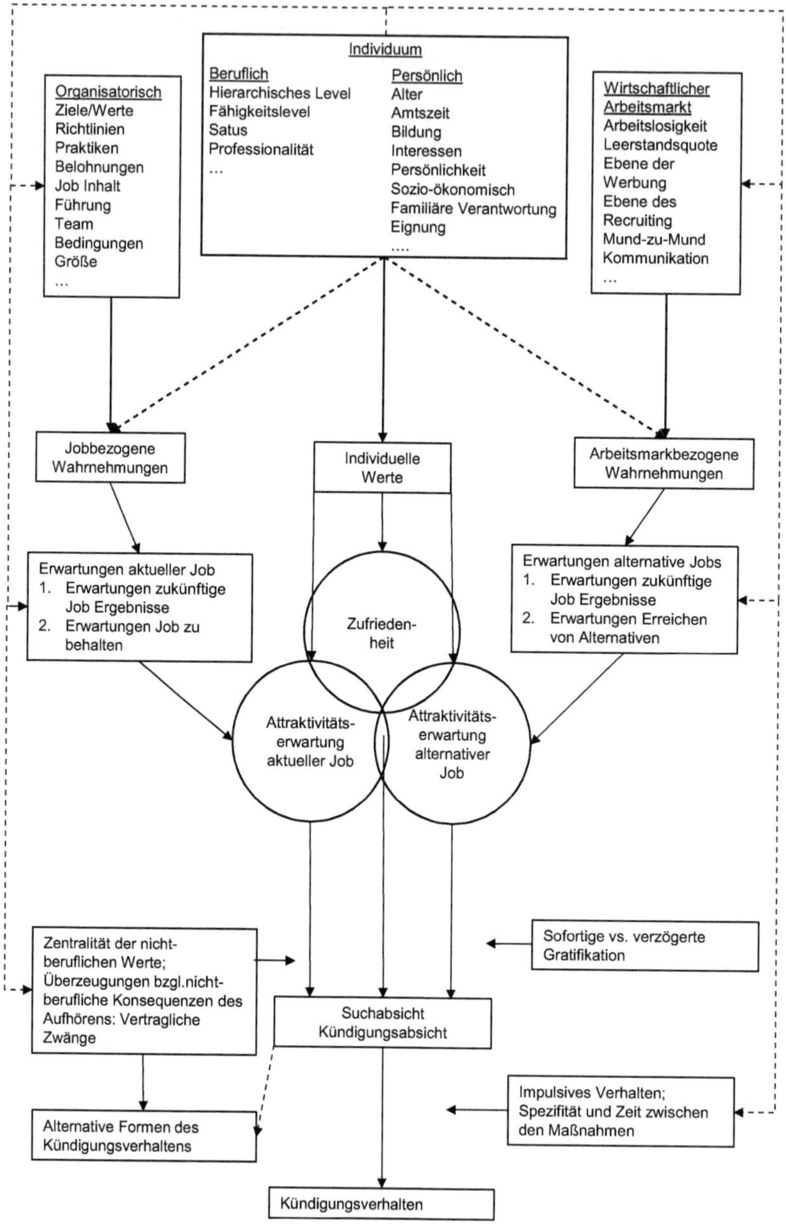

Abbildung 2.5 Das konzeptionelle Modell der Kündigungsabsicht von Mobley et al. (1979, S. 517)

2.2.3 Die Weiterentwicklung des konzeptionellen Modells

Das konzeptionelle Modell der Kündigungsabsicht von Mobley et al. (1979, S. 519) wurde von zwei verschiedenen Richtungen weiterentwickelt und getestet. Hom, Griffeth und Sellaro (1984, S. 141) verwendeten es als Grundlage für die Entwicklung eines alternativen Modells. Ein wichtiger Bestandteil dieses Modells bildete die Untersuchung von Arnold und Feldman (1982, S. 359), die sich ebenfalls auf Mobley et al. (1979) bezieht. Dieses alternative Modell (AM) geht davon aus, dass Unzufriedenheit dazu führt, dass Mitarbeiterinnen und Mitarbeiter über eine Kündigung nachdenken, über die damit verbundenen Kosten und Vorteile abwägen und dann zwischen den Möglichkeiten der direkten Kündigung oder zunächst der Suche nach Alternativen wählen (Hom et al., 1984, S. 151). Hom und Griffeth (1991, S. 357) haben darauf aufbauend das Modell der zwischengestalteten Verknüpfungen aufgestellt, das in Abbildung 2.6 dargestellt ist. Die Kreise in dem Modell stellen die Faktoren und die Boxen die empirischen Indikatoren dar.

Das Modell von Hom und Griffeth (1991, S. 357) wurde zehn Jahre später erneut von Hom und Kinicki (2001, S. 978) geprüft und durch die Konstrukte Rollenkonflikt, Arbeitsvermeidung und Arbeitslosenrate erweitert. Die Ergebnisse der Studie bestätigten eine starke Übereinstimmung zwischen den Daten und dem erweiterten Modell (Hom & Kinicki, 2001, S. 981). Es zeigte sich, dass Rollenkonflikte mit Arbeitszufriedenheit negativ zusammenhängen, während sie mit Rückzugsgedanken positiv zusammenhingen. Die Arbeitszufriedenheit hingegen hing negativ mit Arbeitsvermeidung zusammen. Zudem zeigte sich ein geringer Zusammenhang zwischen Arbeitsvermeidung und Rückzugsgedanken. Die Ergebnisse stärkten die Schlüsse von Hom und Griffeth (1991, S. 359), insbesondere, weil es sich nicht um eine Stichprobe aus dem Pflegebereich handelt, sondern um eine nationale Stichprobe aus den Bereichen Management, Vertrieb und Automechanik.

Die zweite Forschungsrichtung, die sich mit dem Modell von Mobley et al. (1979) befasste, testete und replizierte dieses. Dabei haben unter anderem Bluedorn (1982, S. 269) sowie Michaels und Spector (1982, S. 53) dieses empirisch mittels Pfadanalyse geprüft und organisationales Commitment als eigenständiges Konstrukt integriert. Die beiden Prüfungen unterscheiden sich sowohl bei der Wahl der Einflussvariablen als auch bei der Beschreibung des Wirkungszusammenhangs von Arbeitszufriedenheit und organisationalem Commitment. In dem Modell von Michaels und Spector (1982, S. 53) wurden als Einflussvariablen die Erwartungen der Arbeitnehmerinnen und Arbeitnehmer, die Arbeitsplatzgestaltung, Führung und Alter gewählt. Alle Einflussvariablen in diesem Modell haben einen direkten Einfluss sowohl auf Arbeitszufriedenheit als auch auf das organisationale Commitment. Diese wiederum stehen in keinem direkten Zusammenhang führen aber über die Kündigungsabsicht zur eigentlichen Kündigung. In diesem Modell werden zudem wahrgenommene alternative Arbeitsangebote als Moderator mit einbezogen.

Das Modell von Bluedorn (1982, S. 269) basiert neben dem Modell von Mobley et al. (1979, S. 519) auf den Erkenntnissen von Porter et al. (1974, S. 605 ff.) und Price (1977, S. 84). Bluedorn wählte andere Einflussvariablen als Michaels und Spector (1982, S. 53), unter anderem Aufstiegsmöglichkeiten, Bezahlung und Rollenkonflikte. Es wurde zunächst angenommen, dass die verschiedenen Einflussvariablen nur auf Arbeitszufriedenheit wirken und nur über diese einen indirekten Einfluss auf organisationales Commitment, Kündigungsabsicht und die eigentliche Kündigung haben. In der Pfadanalyse wird deutlich, dass sämtliche Einflussvariablen einen direkten Einfluss auf organisationales Commitment haben.

Um zu prüfen, welcher Wirkungszusammenhang die Kündigungsabsicht am besten erklärt, analysierten Williams und Hazer (1986, S. 221) sowohl die Daten von Michaels und Spector (1982, S. 55) als auch von Bluedorn (1982, S. 270) und stellten für beide Datensätze jeweils vier Modelle sowie jeweils ein Nullmodell auf. Die vier Modelle sind in Abbildung 2.7 dargestellt. Die Überlegung der Integration von alternativen Beschäftigungsmöglichkeiten als Moderator wurde hier nicht mehr mit einbezogen.

Die jeweiligen Modelle unterscheiden sich zum einen in dem Wirkungszusammenhang zwischen den Variablen und darin, ob die Stichproben und somit Einflussvariablen von Michaels und Spector (1982) oder Bluedorn (1982) angewendet wurden. Zusätzlich zu den vier in Abbildung 2.7 dargestellten Modellen wurde ein Nullmodell getestet, in dem keinerlei Verbindungen zwischen den Variablen angenommen wurden (Williams & Hazer, 1986, S. 224). Die beiden A Modelle gehen davon aus, dass alle endogenen Variablen die Arbeitszufriedenheit, organisationales Commitment und Kündigungsabsicht beeinflussen. Es sieht zudem einen direkten Einfluss von Arbeitszufriedenheit auf organisationales Commitment (Michaels & Spector, 1982, S. 55). Die Modelle B und C sind dem Modell A untergeordnet. Die Modelle B und C unterscheiden sich nur in Bezug auf den Zusammenhang zwischen Arbeitszufriedenheit und organisationalem Commitment, dies ermöglicht einen expliziten Test des Verhältnisses dieser beiden Variablen. Das Modell D beschreibt, wie die exogenen Variablen auf Commitment und nur indirekt Einfluss auf die Kündigungsabsicht nehmen. Die vier Modelle wurden jeweils auf verschiedene Fitindizes geprüft, und Williams und Hazer (1986, S. 228) kommen in ihrer Untersuchung zu dem Schluss, dass das

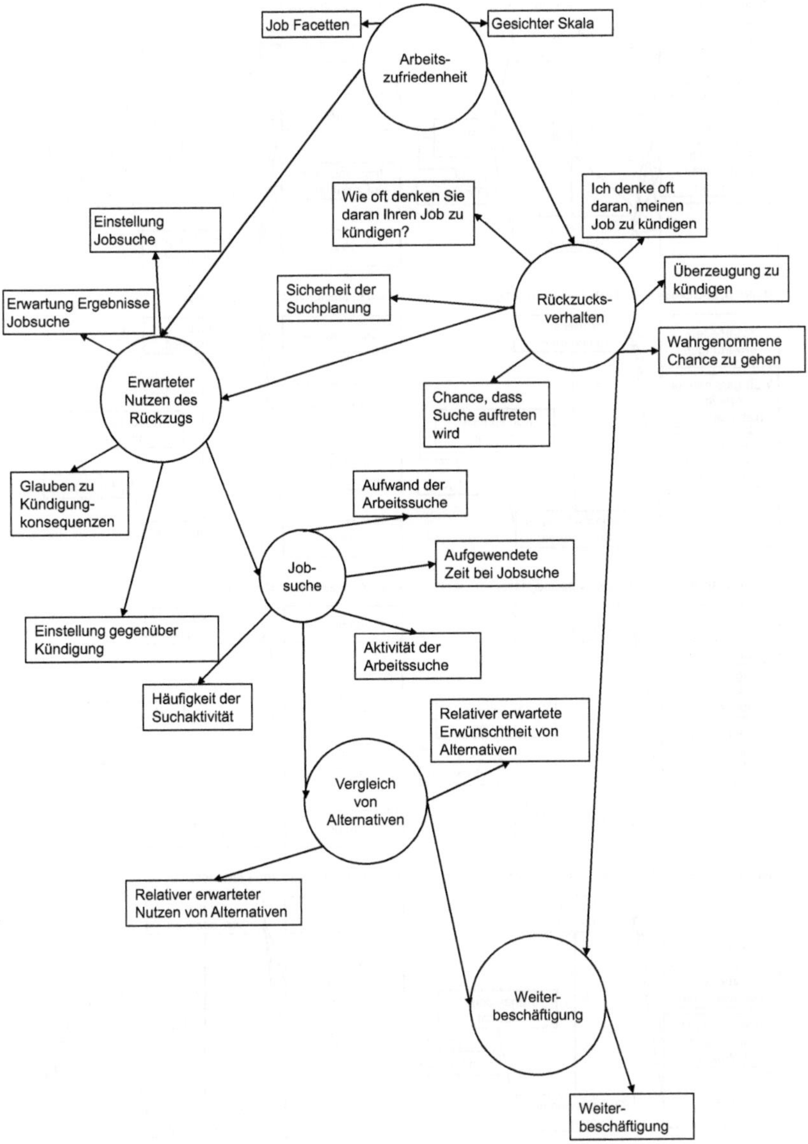

Abbildung 2.6 Modell der zwischengeschalteten Verknüpfungen. (Hom & Griffeth, 1991, S. 357)

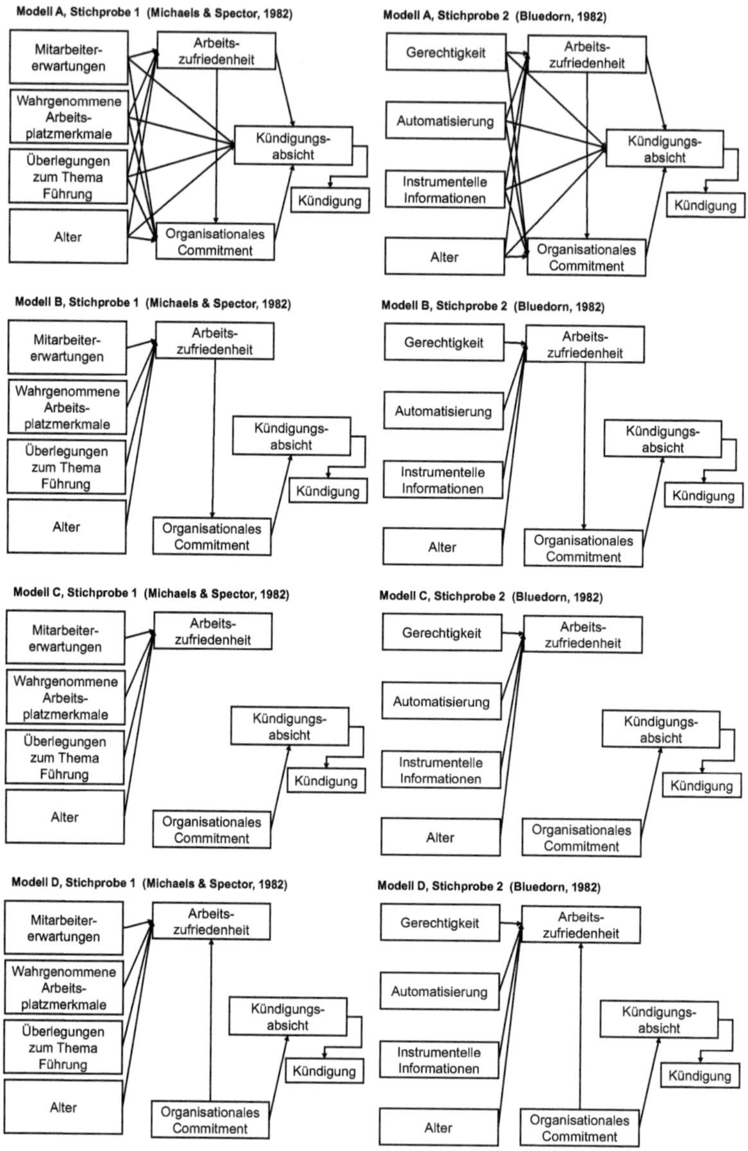

Abbildung 2.7 Getestete Modelle von Williams & Hazer. (Eigene Darstellung in Anlehnung an Williams & Hazer, 1986)

Modell B, Sample 1 mit den Einflussvariablen von Michaels und Spector (1982) den besten Fit hat.

Farkas und Tetrick (1989, S. 855 ff.) setzten sich kritisch mit der Untersuchung von Williams und Hazer (1986, S. 228) auseinander und prüften auf Grundlage der Modelle diesen Zusammenhang erneut in einer Langzeitstudie. Sie konnten wiederum einen reziproken Zusammenhang zwischen Arbeitszufriedenheit und organisationalem Commitment feststellen. Als exogene Variable werden in dieser Untersuchung lediglich erfüllte Erwartungen berücksichtigt. Damit widersprechen sie Williams und Hazer (1986, S. 228), die keinen starken Zusammenhang zwischen Arbeitszufriedenheit und Commitment sehen. Sie gehen gleichzeitig davon aus, dass die exogenen Variablen organisationales Commitment nur indirekt über Arbeitszufriedenheit beeinflussen.

Gerhart (1990, S. 3 f.) setzt sich ebenfalls mit dem konzeptionellen Modell von Mobley et al. (1979, S. 517) auseinander und bezieht sich dabei sowohl auf Michaels und Spector (1982, S. 55) als auch auf Bluedorn (1982, S. 269). In seinem empirischen Test eines freiwilligen Kündigungsmodell setzt er den Fokus allerdings auf andere exogene Variablen als Williams und Hazer (1986, S. 228), wie beispielsweise kognitive Fähigkeiten oder die aktuelle Arbeitslosenquote. Zudem wird in diesem Modell das organisationale Commitment nicht mit einbezogen. Ähnlich wie Gerhart (1990, S. 3 f.) beziehen auch Iverson und Roy (1994, S. 26) mehrere exogene Variablen in ihr „kausales Modell von verhaltensbezogenem Commitment“ mit ein. Dieses basiert auf den Erkenntnissen sowohl von Mobley et al. (1979) als auch auf dessen empirischen Prüfungen von Bluedorn (1982), Michaels und Spector (1982) sowie Williams und Hazer (1986).

Eine Untersuchung von Naumann (1993, S. 165 f.) leitet die Hypothesen direkt aus dem Modell von Mobley et. al (1979) ab. Gleichzeitig bezieht es die Ergebnisse aus den bereits diskutierten Studien mit ein (Bluedorn, 1982; Williams & Hazer, 1986). Die Anwendung erfolgt im Kontext der Kündigungsabsicht von ins Ausland entsandten Angestellten. Die aufgestellten Hypothesen in dieser Untersuchung wurden alle bestätigt und unterstützen somit die bisherigen Ergebnisse, gleichzeitig wurde in diesem Fall kein Strukturgleichungsmodell gerechnet, sondern Regressionen zur Prüfung herangezogen.

Veröffentlichungen von Tett und Meyer (1993, S. 285), Jaros, Jermier, Koehler und Sincich (1993, S. 951) und Cramer (1996, S. 397) beziehen sich ebenfalls auf die bereits behandelten Studien und diskutieren in ihren Untersuchungen lediglich die Beziehung zwischen Arbeitszufriedenheit, organisationalem Commitment und Kündigungsabsicht (Bluedorn, 1982; Michaels & Spector, 1982; Mobley et al., 1979; Williams & Hazer, 1986). Jaros et al. (1993, S. 958 ff.) ersetzen in ihrem Modell zudem Arbeitszufriedenheit durch die verschiedenen Facetten von Commitment. Mögliche Einflussvariablen und somit ein Prozessmodell wird in den Analysen außen vorgelassen. Tett und Meyer (1993, S. 285 f.) führen eine Meta-Analyse durch und kamen zum Schluss, dass Commitment die Kündigungsabsicht über die Arbeitszufriedenheit beeinflusst. Cramer (1996, S. 397) geht, ähnlich wie Farkas und Tetrick (1989, S. 865), von einem reziproken Zusammenhang zwischen Arbeitszufriedenheit und organisationalem Commitment aus. Die Frage nach dem Zusammenhang zwischen Arbeitszufriedenheit und organisationalem Commitment wird viel diskutiert und im Rahmen von Meta-Analysen untersucht (Currivan, 1999, S. 498; Tett & Meyer, 1993, S. 265 ff.; Tnay, Othman, Siong & Lim, 2013, S. 203 f.). Eine abschließende Diskussion über den Zusammenhang zwischen Arbeitszufriedenheit und organisationalem Commitment findet in Abschnitt 3.4 statt.

Weitere Analysen in den folgenden Jahren, die auf dem konzeptionellen Modell von Mobley et al. (1979) basieren, legten den Fokus auf die Erweiterung des Modells mit Mediatoren und Einflussfaktoren wie Gerechtigkeit oder Unternehmenskultur (Brewer et al., 2012, S. 522; Kraimer et al., 2011, S. 488; Weng & McElroy, 2012, S. 258). Es sind nur wenige Modelle bekannt, welche das konzeptionelle Modell bzw. den darauf aufbauenden empirischen Modellen als Grundlage für eine Replikation gewählt haben (Mathieu, Fabi, Lacoursière & Raymond, 2016, S. 114).

Da sich die Forschungen um Williams und Hazer (1986) im Gegensatz zu den Forschungen um Hom et al. (1984) explizit auf das Modell von Mobley et al. (1979) beziehen, dieses replizieren und erweitern und nicht ein eigenes Modell aufstellen, wird auf der Basis dieser Ergebnisse im folgenden Kapitel ein modifiziertes Modell der Kündigungsabsicht aufgestellt. Die wichtigsten, in diesem Kapitel vorgestellten Modelle befinden sich in einer Übersicht in Tabelle 2.1.

Tabelle 2.1 Übersicht Methoden und Variablen Kündigungsabsichtsmodelle

Autoren	Methode	Variablen
March und Simon (1958)	Theoretische Analyse	**Modell 1:** • Konformität des Arbeitsplatzes mit dem Selbstbild • Vorhersehbarkeit von Arbeitsbedingungen • Vereinbarkeit von Beruf und Familie • Zufriedenheit mit Arbeit • Größe der Organisation • Wahrgenommene Möglichkeit einer innerbetrieblichen Versetzung • Wahrgenommene Attraktivität der Veränderung **Modell 2:** • Neigung zu suchen • Sichtbarkeit der Einzelperson • Umfang der Geschäftstätigkeit • Anzahl der sichtbaren Organisationen • Personenbezogene Merkmale • Anzahl der wahrgenommenen außerbetrieblichen Alternativen • Wahrgenommene Leichtigkeit der Veränderung
Porter und Steers (1973)	Literaturübersicht	**Organisationale Faktoren** • Bezahlung & Beförderung • Größe der Organisation • Direkte Arbeitsumgebung • Führung • Feedback • Erfahrung der Führungskraft • Abteilungsgröße • Zufriedenheit mit zwischenmenschlichen Interaktionen **Arbeitsinhalt** • Gesamtreaktion zum Arbeitsinhalt • Arbeitswiederholung • Autonomie & Verantwortung • Rollenklarheit

(Fortsetzung)

Tabelle 2.1 (Fortsetzung)

Autoren	Methode	Variablen
		Personenbezogene Merkmale • Alter • Beschäftigungsdauer • Ähnlichkeit mit Berufsinteressen • Persönlichkeit • Familiengröße & Verantwortung **Erwartungen** **Kündigungsabsicht**
Porter et al. (1974)	Langzeitanalyse	**Arbeitszufriedenheit** • Führung • Kolleginnen und Kollegen • Arbeit • Bezahlung • Beförderung **Kündigungsabsicht** **Organisationales Commitment**
Mobley (1977)	Theoretische Analyse	• Evaluation des aktuellen Jobs • Wahrnehmung von Arbeitszufriedenheit • Kündigungsgedanken • Evaluation der Wechselkosten • Absicht nach anderen Stellen zu schauen • Suche nach Alternativen • Evaluation der Alternativen • Vergleich Alternativen vs. aktueller Job • Kündigungsabsicht • Kündigung/Bleiben
Price (1977)	Literaturübersicht	• Bezahlung • Integration • Instrumentelle Kommunikation • Zentralisation Formale Kommunikation • Arbeitszufriedenheit • Kündigungsabsicht

(Fortsetzung)

Tabelle 2.1 (Fortsetzung)

Autoren	Methode	Variablen
Steers (1977)	Theoretische Analyse	**Persönliche Merkmale** • Bedürfnis nach Leistung • Alter • Bildung **Aufgabengestaltung** • Aufgabengeschlossenheit • freiwillige Interaktion **Arbeitserfahrung** • Gruppeneinstellungen, • Unabhängigkeit • persönliche Bedeutung **Organisationales Commitment** **Ergebnisse** • Der Wunsch zu bleiben • Absicht zu bleiben • Teilnahme • Mitarbeiterbindung • Arbeitsleistung
Mobley et al. (1979)	Literaturübersicht	• Individuum o Beruflich, z. B. Status o Persönlich, z. B. Alter • Organisatorisch, z. B. Ziele/Werte • Wirtschaftlicher Arbeitsmarkt, z. B. Arbeitslosigkeit • Jobbezogene Wahrnehmung • Individuelle Werte • Arbeitsmarktbezogene Wahrnehmungen • Erwartungen aktueller Job • Erwartungen alternative Jobs • Zufriedenheit • Attraktivitätserwartung aktueller Job • Attraktivitätserwartung alternativer Job • Suchabsicht • Kündigungsabsicht

(Fortsetzung)

Tabelle 2.1 (Fortsetzung)

Autoren	Methode	Variablen
Price und Mueller (1981)	Multiple Regression Pfadanalyse	• Alternative Möglichkeiten • Automatisierung • Partizipation • Instrumentelle Kommunikation • Integration • Bezahlung • Verteilungsgerechtigkeit • Aufstiegsmöglichkeiten • Professionalität • Training • Verantwortlichkeit • Arbeitszufriedenheit • Bleibeabsicht • Kündigung
Bluedorn (1982)	Multiple Regression Pfadanalyse	• Instrumentelle Information • Gerechtigkeit • Alter • Potentielle Rollenkonflikte • Aufstiegsmöglichkeiten • Automatisierung • Bildung • Verpasste Möglichkeiten von außen • Möglichkeiten von außen • Arbeitszufriedenheit • Organisationales Commitment • Kündigungsabsicht • Kündigung
Michaels und Spector (1982)	Pfadanalyse	• Mitarbeitererwartungen • Wahrgenommene Aufgabenmerkmale • Überlegungen zum Thema Führung • Alter • Gehalt • Position • Beschäftigungsdauer • Arbeitszufriedenheit • Organisationales Commitment • Wahrgenommene Alternativen • Kündigungsabsicht • Kündigung

(Fortsetzung)

Tabelle 2.1 (Fortsetzung)

Autoren	Methode	Variablen
Hom et al. (1984)	Pfadanalyse	• Erwartungen • Ungleichheit • Arbeitszufriedenheit • Kündigungsgedanken • Erwartete Wechselkosten • Evaluation der Alternativen • Vergleich Alternativen vs. aktueller Job • Kündigungsabsicht • Suchabsicht • Suchverhalten • Kündigung
Williams und Hazer (1986)	Re-Analyse Pfadanalyse	**Re-Analyse Bluedorn:** • Gerechtigkeit • Automatisierung • Instrumentelle Information • Alter • Arbeitszufriedenheit • Organisationales Commitment • Kündigungsabsicht • Kündigung **Michaels & Spector:** • Mitarbeitererwartungen • Wahrgenommene Aufgabenmerkmale • Überlegungen zum Thema Führung • Alter • Arbeitszufriedenheit • Organisationales Commitment • Kündigungsabsicht • Kündigung
Farkas und Tetrick (1989)	Langzeitanalyse	• Organisationales Commitment • Arbeitszufriedenheit • Kündigungsabsicht
Hom und Griffeth (1991)	Konfirmatorische Faktoranalyse Strukturgleichungs-modellierung	• Arbeitszufriedenheit • Erwartete Wechselkosten • Suche • Vergleich von Alternativen • Verbleib im Unternehmen

(Fortsetzung)

Tabelle 2.1 (Fortsetzung)

Autoren	Methode	Variablen
Hom und Kinicki (2001)	Strukturgleichungs-modellierung	• Rollenkonflikt • Arbeitszufriedenheit • Arbeitsvermeidung • Arbeitslosenrate • Erwartete Wechselkosten • Suche • Vergleich von Alternativen • Verbleib im Unternehmen

2.3 Entwicklung des modifizierten Modells der Kündigungsabsicht

Nachdem die bisherigen Forschungen zum Thema Kündigungsabsichtsmodelle vorgestellt wurden, soll nun ein modifiziertes Modell der Kündigungsabsicht aufgestellt werden. Als theoretische Grundlage dafür dient das Modell von Mobley et al. (1979) sowie dessen empirische Prüfungen und Replikation von Michaels und Spector (1982) sowie Williams und Hazer (1986). Ziel ist es, ein sowohl umfassendes als auch ein einfaches Modell zu entwickeln, das für Replikationen und mögliche Erweiterungen geeignet ist.

Im konzeptionellen Modell von Mobley et al. (1979, S. 517) werden eine Vielzahl von Einflussfaktoren diskutiert. In der empirischen Prüfung von Michaels und Spector (1982) werden diese deutlich reduziert auf Erwartungen, wahrgenommene Aufgabenmerkmale, Überlegungen zum Thema Führung, Alter, Gehalt, Position und Beschäftigungsdauer. Williams und Hazer (1986) reduzieren in ihrer Re-Analyse das Modell auf die Konstrukte Erwartungen, wahrgenommene Aufgabenmerkmale, Überlegungen zum Thema Führung und Alter. Allerdings zeigte sich in beiden Analysen, dass Alter nur einen geringen Einfluss auf die Kündigungsabsicht bzw. die beiden Mediatorvariablen Arbeitszufriedenheit und organisationales Commitment hat. Daher wird das Alter im modifizierten Modell ausgeschlossen und als Einflussvariablen Erwartungen, Aufgabenmerkmale und Führung festgelegt. Eine genauere Beschreibung der drei Einflussfaktoren des modifizierten Modells der Kündigungsabsicht befindet sich in Kapitel 4. Den Ergebnissen von Williams und Hazer (1986) folgend wird dabei von einem direkten Einfluss auf die Arbeitszufriedenheit, aber nur von einem indirekten Einfluss auf die Kündigungsabsicht ausgegangen. Gleichzeitig wird die Annahme verfolgt, dass die Einflussfaktoren auch einen direkten Einfluss auf das organisationale Commitment ausüben. Eine tiefergehende Auseinandersetzung mit den Wirkungsbeziehungen zwischen den einzelnen Konstrukten findet in Abschnitt 5.1 statt.

Obwohl das Konstrukt des organisationalen Commitments bereits in vorherigen Kündigungsabsichtsmodellen integriert wurde (siehe z. B. Porter et al., 1974, S. 603; Steers, 1977, S. 47), entschieden sich Mobley et al. (1979) dagegen, dieses in das konzeptionelle Modell der Kündigungsabsicht zu integrieren. Sie kritisierten, dass die Definition in der damals vorliegenden Publikationen noch zu unklar sei (Mobley et al., 1979, S. 508). In der empirischen Prüfung des Modells von Michaels und Spector (1982) sowie der Re-Analyse von Williams und Hazer (1986) ist dieses Konstrukt allerdings im Modell integriert. Die Kritik von Mobley et al. (1979) kann im zeitlichen Kontext geteilt werden, da es damals nur wenige Veröffentlichungen gab und das Konstrukt erst in den 90er Jahren populär und somit tiefergehend definiert wurde (Judge et al., 2017, S. 358). Zudem gilt organisationales Commitment mittlerweile, neben der Arbeitszufriedenheit, zu den bekanntesten Prädiktoren der Kündigungsabsicht (Hom et al., 2017, S. 531; Judge et al., 2017, S. 361). Im modifizierten Modell der Kündigungsabsicht bildet es daher neben der Arbeitszufriedenheit eine Mediatorvariable. Eine genauere Beschreibung der beiden Konstrukte sowie die Diskussion der Beziehung zueinander findet in Abschnitt 3.4 statt.

Die Einbeziehung von alternativen Beschäftigungsmöglichkeiten wird in vielen Modellen der Kündigungsabsicht als wichtiger Einflussfaktor diskutiert, so auch bei Mobley et al. (1979) und Michaels und Spector (1982). Beim modifizierten Modell der Kündigungsabsicht wird auf die Integration von möglichen alternativen Beschäftigungsmöglichkeiten verzichtet, da dieses bei der Re-Analyse des Modells von Williams und Hazer (1986) ebenfalls nicht einbezogen wurden. Das modifizierte Modell der Kündigungsabsicht ist in Abbildung 2.8 dargestellt. Die Wirkungszusammenhänge und die daraus abgeleiteten Hypothesen werden in Abschnitt 5.1 diskutiert.

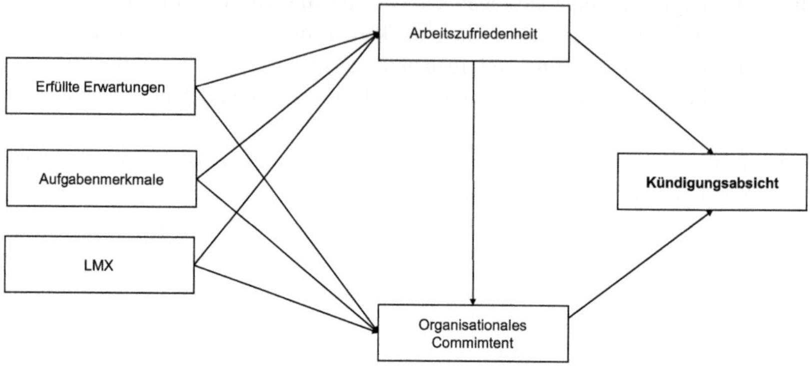

Abbildung 2.8 Das modifizierte Modell der Kündigungsabsicht. (Eigene Darstellung)

3 Arbeitsbezogene Einstellungen: Arbeitszufriedenheit und organisationales Commitment als Kernkonstrukte

3.1 Arbeitsbezogene Einstellungen

Arbeitsbezogene Einstellungen spielen eine wichtige Rolle für die Arbeitsleistung und das Wohlbefinden von Mitarbeiterinnen und Mitarbeitern. Sie sind bereits seit langem von zentraler Bedeutung für die arbeitspsychologische Forschung (Judge et al., 2017, S. 357). Allgemein können diese als psychologische Zustände beschrieben werden, die sich auf die Beziehung zwischen Mitarbeiterinnen und Mitarbeitern und ihrem Arbeitsplatz beziehen. Die beiden zentralen Konstrukte in diesem Bereich sind Arbeitszufriedenheit und organisationales Commitment. Diese sind im modifizierten Modell der Kündigungsabsicht (siehe Abschnitt 2.3) die Mediatorvariablen.

Zu arbeitsbezogenen Einstellungen gehören neben den Kernkonstrukten Arbeitszufriedenheit und organisationales Commitment auch weitere ähnliche Konstrukte, die oft mit Arbeitszufriedenheit und Commitment verwechselt oder vermischt werden, wie zum Beispiel Motivation, Engagement oder Identifikation. Selbst wenn sich auf die Betrachtung der wichtigsten arbeitsbezogenen Einstellungen konzentriert wird, gibt es noch eine Vielzahl von Begriffen, die damit in Verbindung stehen und teilweise auch synonym verwendet werden (Judge et al., 2017, S. 357). Um eine klare Abgrenzung und Definition der einzelnen Begriffe zu ermöglichen, werden in diesem Kapitel die Konstrukte Wohlbefinden, Motivation, OCB, Engagement und Identifikation beschrieben. Diese Begriffe haben nicht nur eine wissenschaftliche Bedeutung, sondern spielen auch eine entscheidende Rolle in der Praxis der Personalentwicklung und -führung. Die folgenden

J. S. Ehrlich, *Die Entwicklung, Analyse und Replikation eines modifizierten Modells der Kündigungsabsicht*, Betriebswirtschaftliche Forschung zur Unternehmensführung 66, https://doi.org/10.1007/978-3-658-46123-2_3

Abschnitte werden helfen, die Unterschiede und Gemeinsamkeiten zwischen diesen Begriffen zu verstehen und ihre Bedeutung für die Arbeitsbeziehungen zu verdeutlichen.

Wohlbefinden beschreibt die Gesamtqualität des Lebens einer Person, die sowohl das subjektive Erleben von Glück und Zufriedenheit als auch objektive Messungen der körperlichen und geistigen Gesundheit umfasst (Schulte & Vainio, 2010, S. 423 f.). Das Wohlbefinden wird durch eine Reihe von Faktoren beeinflusst, einschließlich arbeitsbezogener Faktoren wie Arbeitsanforderungen, Arbeitsressourcen, Work-Life-Balance, soziale Unterstützung und Arbeitsplatzsicherheit (Sonnentag, 2015, S. 267).

Wohlbefinden wird auf der hedonistischen und der eudaimonischen Dimension unterschieden (Rothausen & Henderson, 2019, S. 457). Hedonistisches Wohlbefinden umfasst das subjektive Erleben positiver Emotionen wie Glück, Freude und Zufriedenheit (Sonnentag, 2015, S. 261). Eudaimonisches Wohlbefinden beschreibt ein Gefühl von Zweck, Sinn und Erfüllung im Leben und ist oft durch Aktivitäten gekennzeichnet, die persönlich lohnend sind oder mit den eigenen Werten und Interessen übereinstimmen (Sonnentag, 2015, S. 261).

Die Organisationsforschung untersucht verschiedene Aspekte des Wohlbefindens, sowohl aus einer hedonistischen als auch aus einer eudaimonischen Perspektive. Während der überwiegende Teil sich auf das affektive und psychosomatische Wohlbefinden fokussiert (Fisher, 2010, S. 385; Nixon, Mazzola, Bauer, Krueger & Spector, 2011, S. 10), werden auch eudaimonische Aspekte wie der Sinn und das Wachstum bei der Arbeit berücksichtigt (Rosso et al., 2010, S. 95 ff.; Sonenshein, Dutton, Grant, Spreitzer & Sutcliffe, 2013, S. 1). Es wird zudem versucht, spezifische Symptome des Wohlbefindens und auch des Burnouts vorherzusagen, wobei Burnout durch emotionale Erschöpfung, Zynismus und verminderte Leistungsfähigkeit gekennzeichnet ist (Demerouti, Bakker, Nachreiner & Schaufeli, 2001, S. 509; Maslach, Schaufeli & Leiter, 2001, S. 398; Shirom & Melamed, 2006, S. 177). Wohlbefinden hängt stark mit weiteren Konstrukten aus dem Bereich Arbeitseinstellungen zusammen wie Engagement (Bailey, Madden, Alfes & Fletcher, 2017, S. 41; Rich, Lepine & Crawford, 2010, S. 629) oder wahrgenommene Unterstützung (Gillet, Vallerand & Lafrenière, 2012, S. 87).

Wohlbefinden ist ein umfassenderes Konstrukt als Arbeitszufriedenheit. Es beschreibt die Zufriedenheit einer Person mit ihrem Leben als Ganzes, nicht nur mit ihrer Arbeit (Rothausen & Henderson, 2019, S. 359). Auch wenn Arbeitszufriedenheit eine Komponente des Wohlbefindens sein kann, ist es möglich, dass jemand mit seiner Arbeit zufrieden ist, aber dennoch ein geringes Wohlbefinden empfindet, wenn andere Bereiche des Lebens nicht zufriedenstellend sind. Ebenso kann jemand ein hohes Maß an Wohlbefinden haben, obwohl sie oder er mit ihrer bzw. seiner Arbeit nicht zufrieden ist, wenn andere Bereiche des Lebens erfüllend und positiv sind.

Die Motivation von Mitarbeiterinnen und Mitarbeitern ist ein Schlüsselaspekt der Arbeitseinstellung, der sich erheblich auf die Leistung, Produktivität und Arbeitszufriedenheit der Mitarbeiterinnen und Mitarbeiter auswirken kann (Kanfer, Frese & Johnson, 2017, S. 338). Motivation bezieht sich auf die treibende Kraft, die den Einzelnen dazu bringt, Maßnahmen zu ergreifen, bei diesen Maßnahmen zu verharren und die erforderlichen Anstrengungen zu unternehmen, um ihre oder seine Ziele zu erreichen (Vroom, 1964, S. 36).

Es kann zwischen extrinsischer und intrinsischer Motivation unterschieden werden (Cerasoli, Nicklin & Ford, 2014, S. 980). Extrinsische Motivation wird durch externe Faktoren wie Belohnungen, Anerkennung und Anreize ausgelöst, während intrinsische Motivation durch interne Faktoren wie persönliches Interesse, Freude und ein Gefühl von Zweck oder Bedeutung hervorgerufen wird (Kanfer et al., 2017, S. 340). Vor allem das Konzept der intrinsischen Motivation findet in der Arbeitspsychologie hohe Beachtung, da mehrere Studien zeigen, dass diese einen stärkeren Einfluss auf organisationale Zielkonstrukte, wie Leistung, Engagement oder Arbeitszufriedenheit hat (de Juana-Espinosa & Rakowska, 2018, S. 148). Es wurde zudem diskutiert, ob extrinsische Anreize die intrinsische Motivation verringern. Eine Meta-Analyse konnte allerdings zeigen, dass sich diese Hypothese nicht belegen lässt (Cerasoli et al., 2014, S. 996; Eisenberger, Pierce & Cameron, 1999, S. 686).

Die Konstrukte organisationales Commitment und Motivation beschreiben jeweils unterschiedliche Aspekte des Arbeitsverhaltens. Eine Abgrenzung ist dennoch schwierig, da beide Konstrukte teilweise als Handlungsmotivation definiert werden (Herscovitch & Meyer, 2002, S. 475; Latham & Pinder, 2005, S. 486). Organisationales Commitment als eigentliche Handlungsmotivation zu definieren, wird allerdings kritisiert, da die Motivation von Mitarbeiterinnen und Mitarbeitern eher als primäres Ergebnis von organisationalem Commitment betrachtet werden kann (Becker, Klein & Meyer, 2009, S. 426). Ein hohes organisationales Commitment kann also dazu beitragen, dass eine Mitarbeiterin bzw. ein Mitarbeiter eine hohe Motivation einbringen kann, es sich dabei allerdings nicht um die einzige Ursache der Motivation handelt. Weitere Begründungen der Motivation könnten Kontextvariablen oder Persönlichkeitseigenschaften sein (Kanfer et al., 2017, S. 341).

OCB erläutert das Verhalten von Mitarbeiterinnen und Mitarbeitern, das über formale Aufgabenanforderungen hinausgeht (LePine, Erez & Johnson, 2002,

S. 53). Es handelt sich dabei um freiwillige Verhaltensweisen, die nicht explizit in der Tätigkeitsbeschreibung enthalten sind, aber dennoch dazu beitragen, die Effektivität und Effizienz der Organisation zu verbessern (Bolino, Hsiung, Harvey & LePine, 2015, S. 56).

Beim OCB wird unterschieden in interpersonales Verhalten und organisationsunterstützendes Verhalten (Podsakoff, Whiting, Podsakoff & Blume, 2009, S. 124). Interpersonales Verhalten umfasst Verhaltensweisen, die sich auf den Umgang mit anderen Mitarbeiterinnen und Mitarbeitern beziehen, beispielsweise Hilfeleistung, Kooperationsbereitschaft, Respekt, Freundlichkeit oder auch die Förderung eines positiven Arbeitsklimas. Organisations-unterstützendes Verhalten umfasst Verhaltensweisen, die sich auf die Unterstützung der Organisation beziehen, beispielsweise das Übernehmen von zusätzlichen Aufgaben, die Bereitschaft zur Weiterbildung oder auch die Einhaltung von Regeln und Vorschriften. Die Ergebnisse der Analyse von Podsakoff et al. (2009, S. 128) zeigen, dass sowohl das interpersonale OCB ($r_c = 0{,}55$) als auch das organisationale OCB ($r_c = 0{,}63$) einen signifikanten Zusammenhang mit Leistungsbeurteilungen hat. Variablen des Kündigungsverhalten zeigen zudem einen negativen Zusammenhang mit OCB. Die Kündigungsabsicht hängt sowohl mit interpersonalen OCB ($r_c = -0{,}11$) als auch beim organisationalen OCB ($r_c = 0{,}20$) zusammen. Zur eigentlichen Kündigung zeigen sich zwar ebenfalls negative Korrelationen, diese sind allerdings signifikant. Abwesenheit dagegen, zeigt für das Gesamtkonstrukt OCB einen signifikanten Zusammenhang ($r_c = 0{,}16$), hingegen nicht für die beiden Facetten.

Eine grundlegende Erläuterung für die Entwicklung von OCB ist die soziale Austauschtheorie (Anggraeni, 2018, S. 68). Diese geht davon aus, dass OCB auf einem Austausch von Leistungen und Gegenleistungen basiert, bei dem Mitarbeiterinnen und Mitarbeiter durch ihre positiven Verhaltensweisen den Austausch von Leistungen mit anderen Mitarbeiterinnen und Mitarbeitern oder der Organisation verstärken und dadurch auch selbst von anderen Mitarbeiterinnen und Mitarbeitern oder der Organisation unterstützt werden (Anggraeni, 2018, S. 68). Als Einflussfaktoren für OCB gelten Persönlichkeitseigenschaften, arbeitsbezogene Einstellungen, die Fairnesswahrnehmung von Mitarbeiterinnen und Mitarbeitern, Führungsverhalten und Aufgabenvielfalt (Podsakoff et al., 2009, S. 122 f.).

In Abgrenzung zur Arbeitszufriedenheit und organisationalem Commitment beschreibt OCB Verhaltensweisen, die über die formalen Anforderungen des Jobs hinausgehen und dem Unternehmen zugutekommen, wie beispielsweise das Teilen von Wissen mit Kolleginnen und Kollegen oder das Unterstützen von neuen Mitarbeiterinnen und Mitarbeitern bei der Einarbeitung (Anggraeni, 2018, S. 68).

In den letzten zwei Jahrzehnten hat das Thema Mitarbeiterengagement sowohl in der Wissenschaft als auch in der Praxis viel Aufmerksamkeit in Form von zahlreichen Forschungs- und Übersichtsartikeln sowie von Meta-Analysen und Büchern erhalten (Saks & Gruman, 2020, S. 242). Dieses breite Interesse ist auf mehrere Faktoren zurückzuführen. Zum einen zeigen Untersuchungen, dass nur ein kleiner Prozentsatz der Mitarbeiterinnen und Mitarbeiter aktiv engagiert ist und die meisten Mitarbeiterinnen und Mitarbeiter eher weniger engagiert sind (Albrecht, Bakker, Gruman, Macey & Saks, 2015, S. 8; Kowalski, 2003, S. 62). Zum anderen steht das Mitarbeiterengagement in engem Zusammenhang mit Arbeitsergebnissen wie Arbeitsleistung, Organisationsverhalten, Fluktuationsabsicht, Arbeitszufriedenheit, Burnout und Wohlbefinden (Bailey et al., 2017, S. 40 ff.; Crawford, LePine & Rich, 2010, S. 841; Halbesleben, 2010, S. 109; Saks, 2006, S. 611). Schließlich wird das Engagement von Mitarbeiterinnen und Mitarbeitern auch mit der Unternehmensleistung in Verbindung gebracht (Harter, Schmidt & Hayes, 2002, S. 274; Schneider, Yost, Kropp, Kind & Lam, 2018, S. 474).

Es gibt verschiedene Definitionen von Engagement in der Literatur (Christian, Garza & Slaughter, 2011, S. 95; Kahn, 1990, S. 694; Rich et al., 2010, S. 619; Schaufeli, Salanova, González-Romá & Bakker, 2002, S. 74). Die beiden am häufigsten verwendeten Definitionen von Kahn (1990, S. 694) und Schaufeli et al. (2002, S. 74) unterscheiden sich insofern, als dass letztere sich auf das Engagement bei der Arbeit konzentriert, während die Definition von Kahn (1990, S. 694) eher ein rollenspezifisches Konstrukt ist. Allerdings umfassen beide Definitionen die Faktoren Absorption, Vitalität und Hingabe entsprechend den kognitiven, physischen und emotionalen Dimensionen von Kahn (1990, S. 694). Die Mehrheit der Definitionen verweist darauf, dass Engagement von Mitarbeiterinnen und Mitarbeitern ein komplexer Zustand der Motivation ist. Es umfasst die Investition des gesamten Selbst und der persönlichen Ressourcen eines Individuums in die Ausübung einer Rolle und die eigene Arbeit.

In Abgrenzung zu anderen Konstrukten wie Arbeitszufriedenheit und organisationalem Commitment handelt es sich beim Engagement um eine umfassendere Darstellung des Selbst. Dies wird auch als „Irrtum der Klänge“ (engl. „jangle fallacy“) bezeichnet (Macey & Schneider, 2008, S. 4). Hallberg und Schaufeli (2006, S. 124) setzen sich in ihrem Artikel explizit mit der Abgrenzung von Engagement zu anderen Konstrukten, wie dem organisationalem Commitment, auseinander. Die konfirmatorische Faktoranalyse zeigt eine klare Abgrenzung der beiden Konstrukte voneinander, gleichzeitig scheinen sie mit ähnlichen Konstrukten zusammenzuhängen (Hallberg & Schaufeli, 2006, S. 124). Vorherige

Studien zeigen, dass Arbeitsengagement hauptsächlich durch individuelle Faktoren bestimmt wird (Lawler & Hall, 1970, S. 309; Lodahl & Kejnar, 1965, S. 29), während organisationales Commitment durch die Umgebung beeinflusst wird (Meyer, Stanley, Herscovitch & Topolnytsky, 2002, S. 31).

Identifikation beschreibt, wie sehr sich Mitarbeiterinnen und Mitarbeiter mit einer Organisation identifizieren und den Einfluss auf ihre Arbeitsmotivation, Einstellungen und Verhalten (Ashforth, Harrison & Corley, 2008, S. 328). Bereits in frühen Management-Untersuchungen wurde davon ausgegangen, dass ein Zusammenwachsen zwischen Mitarbeiterinnen und Mitarbeitern und der Organisation Motivation fördert (Barnard, 1938/1968, S. 88). Die Theorie der sozialen Identifikation bildet die wissenschaftliche Fundierung des Konstrukts (Ashforth & Mael, 1989, S. 22). Diese geht davon aus, dass Personen ihre soziale Identität über die Gruppe, der sie angehören, definieren (Wu, Weisman, Yoshikawa & Lee, 2020). Unter Organisation wird in diesem Kontext eine Gruppe beschrieben, die gemeinsam arbeitet, um bestimmte Ziele zu erreichen. Sie kann als strukturierte soziale Einheit betrachtet werden. Mitarbeiterinnen und Mitarbeiter können sich mit dieser Einheit identifizieren und eine soziale Identität aufbauen. Aus dieser Perspektive betrachtet, kann die Identifikation mit einem Unternehmen als Zugehörigkeitsgefühl zu diesem beschrieben werden (Mael & Ashforth, 1992, S. 104). Diese Identifikation umfasst kognitive, evaluative und affektive Komponenten (Ashforth & Schinoff, 2016, S. 113).

Eine Herausforderung bei der Definition und Messung des Konstrukts ist die Unterscheidung zu anderen verwandten Begriffen, wie dem organisationalem Commitment (Ashforth et al., 2008, S. 326; Mael & Ashforth, 1992, S. 105). Dies gilt insbesondere in Bezug auf die affektive Form des organisationalen Commitments, das die emotionale Bindung des Einzelnen an die Organisation und den Wunsch, dort zu bleiben, widerspiegelt (Allen & Meyer, 1996, S. 253). Allerdings gibt es Unterschiede zwischen organisatorischer Identifikation und Engagement. Insbesondere die kognitive Komponente – die Übereinstimmung zwischen dem Selbstbild der Mitarbeiterin bzw. des Mitarbeiters und der Zugehörigkeit zur Organisation – ist für die organisationale Identifikation von entscheidender Bedeutung, nicht jedoch für das organisationale Commitment (Klein & Park, 2020, S. 159). Im Gegensatz zur Identifikation bezieht sich organisationales Commitment hauptsächlich auf die emotionale Reaktion oder positive Einstellung der Mitarbeiterin bzw. des Mitarbeiters zur Organisation und umfasst nicht das kognitive Element. Mehrere Studien haben außerdem gezeigt, dass organisationale Identifikation und organisationales Engagement voneinander unterscheidbare Konstrukte sind (Cole & Bruch, 2006, S. 599; Herrbach, 2006, S. 640; Ng, 2015, S. 161).

3.2 Arbeitszufriedenheit

3.2.1 Entwicklung der Arbeitszufriedenheitsforschung

Als entscheidender Faktor für das Wohlbefinden von Mitarbeiterinnen und Mitarbeitern sowie eine wichtige Erfolgsgröße für Unternehmen ist Arbeitszufriedenheit eines der am intensivsten untersuchten Konstrukte in der Arbeits- und Organisationspsychologie (Judge et al., 2017, S. 357). Die bekannteste Definition stammt von Locke (1969, S. 316), der Arbeitszufriedenheit als angenehmen emotionalen Zustand beschreibt, der sich aus der Einschätzung ergibt, dass die eigene Arbeit das Erreichen der eigenen beruflichen Werte ermöglicht oder erleichtert. Diese Definition bezieht sich stark auf die affektive Perspektive von Arbeitszufriedenheit. Weiss (2002, S. 190) gibt eine allgemeinere Definition, die Arbeitszufriedenheit als Gesamturteil einer Person über ihre Arbeit. Es geht dabei um die Einschätzung der Attraktivität des Jobs, welche üblicherweise entlang einer Skala von positiv bis negativ eingestuft wird. In dieser Arbeit wird der allgemeineren Definition von Weiss (2002, S. 190) gefolgt.

In der Arbeits- und Organisationspsychologie wird zudem unterschieden, ob Arbeitszufriedenheit als Ganzes oder als ein Konstrukt mit mehreren Facetten angesehen wird (Highhouse & Becker, 1993, S. 117; Ironson, Smith, Brannick, Gibson & Paul, 1989, S. 193; Judge, Zang & Glerum, 2020, S. 211). In dieser Arbeit steht die Arbeitszufriedenheit als zentrales Konstrukt im Vordergrund. Es fungiert dabei sowohl als Zielvariable, Einflussvariable als auch als Mediator.

Die ersten Artikel, die sich mit dem Phänomen der Arbeitszufriedenheit befassten, erschienen bereits zu Beginn des 20. Jahrhunderts (Fisher & Hanna, 1931; Thorndike, 1917). Damals standen weniger die Verallgemeinerbarkeit und die theoretische Entwicklung des Konstrukts im Vordergrund. Es wurde mehr die Vorstellung von zufriedenen Mitarbeiterinnen und Mitarbeitern und deren Bedeutung in der Arbeitswelt diskutiert (Judge et al., 2017, S. 360). Diese ersten Ansätze zur Arbeitszufriedenheit wurden in der Mitte des 20. Jahrhunderts weiterentwickelt (Brayfield & Crockett, 1955, S. 396). Erste Untersuchungen setzten sich mit Messungen sowie Einflussfaktoren und Auswirkungen der Arbeitszufriedenheit auseinander (Brayfield & Crockett, 1955, S. 398; Brayfield & Rothe, 1951, S. 307). Die erste konzeptionelle Theorie zur Arbeitszufriedenheit war die Zwei-Faktoren-Theorie von Arbeitszufriedenheit von Herzberg, Mausner und Synderman (1959, S. 113 ff.). Die Zwei-Faktoren-Theorie von Herzberg, auch als Motivations-Hygiene-Theorie bekannt, beschreibt zwei Gruppen von Faktoren, die die Arbeitszufriedenheit und -unzufriedenheit von Mitarbeiterinnen und Mitarbeitern beeinflussen. Die erste Gruppe, bezeichnet als Hygiene-Faktoren, sind grundlegende Bedingungen, die erfüllt sein müssen, damit eine Mitarbeiterin oder ein Mitarbeiter nicht unzufrieden mit ihrer bzw. seiner Arbeit ist. Die zweite Gruppe von Faktoren sind sogenannte Motivations-Faktoren. Diese erhöhen die Arbeitszufriedenheit und wirken motivierend auf Mitarbeiterinnen und Mitarbeiter. Die Zwei-Faktoren-Theorie besagt, dass die Erfüllung von Hygiene-Faktoren zwar dazu beitragen kann, dass Mitarbeiterinnen und Mitarbeiter nicht unzufrieden sind, aber um die Arbeitszufriedenheit zu erhöhen, müssen auch Motivations-Faktoren vorhanden sein. Um Mitarbeiterinnen und Mitarbeiter langfristig zufrieden und motiviert zu halten, müssen Unternehmen sowohl Hygiene-Faktoren als auch Motivations-Faktoren berücksichtigen und verbessern. Allerdings wurde diese Theorie von verschiedenen Seiten kritisiert und widerlegt (Hackman & Oldham, 1976, S. 251; Hulin & Smith, 1964, S. 88).

Neben der Theorie von Herzberg war in den 50er Jahren auch die humanistische Perspektive auf Arbeitszufriedenheit verbreitet. Nach dieser entstehen Einstellungen am Arbeitsplatz, wenn die Bedürfnisse des Einzelnen nach Wachstum, Entwicklung und Sinn durch die Arbeitsbedingungen erfüllt werden (McGregor, 1960, S. 247 ff.). Locke (1969, S. 314) argumentierte, dass emotionale Reaktionen auf eine Arbeit das Resultat der Übereinstimmung von Werten und Arbeitsmerkmalen sind. Die Theorie der Aufgabenmerkmale (engl. „job characteristics theory: JCT; Siehe Abschnitt 4.2.2) enthält Merkmale des humanistischen Ansatzes und geht davon aus, dass befriedigende Arbeit durch Autonomie, Aufgabenvielfalt, Aufgabengeschlossenheit und Feedback und Bedeutung der Aufgabe entsteht (Hackman & Oldham, 1976, S. 256).

In den 60er bis hin zu den 80er Jahren dominierte die kognitive Perspektive die Diskussion der Arbeitszufriedenheitsforschung (Judge et al., 2020, S. 208). Die Arbeitszufriedenheit wurde eher aus einer kalkulatorischen Perspektive betrachtet, wie beispielsweise beim Cornell-Modell der Arbeitszufriedenheit (Smith, Kendall & Hulin, 1969, S. 40 ff.) oder dem Wert-Wahrnehmungs-Modell von Locke (1969, S. 330). Locke (1969, S. 330) beschreibt in seiner einflussreichen Theorie, dass das Empfinden einer Diskrepanz zwischen dem, was eine Person möchte, und dem, was sie hat, zur Unzufriedenheit führt. Dies gilt allerdings nur, wenn dies für die die Person von Bedeutung ist. Aus dieser Perspektive betrachtet, zeigt sich ein deutlicher Zusammenhang zu der Theorie der erfüllten Erwartungen (Porter & Steers, 1973), die in Abschnitt 4.1 als Einflussfaktor für Arbeitszufriedenheit beschrieben werden.

Seit den 70er Jahren findet zudem eine enge Verknüpfung der Arbeitszufriedenheitsforschung mit der Forschung zur Kündigungsabsicht statt (Judge et al., 2017, S. 360). In dieser Phase beginnen auch erste Forschungen zum organisationalem Commitment, das ebenfalls eng mit Arbeitszufriedenheit verknüpft ist.

Mitte der 80er Jahre verstärkt sich zudem die Forschung zum Zusammenhang zwischen Persönlichkeitseigenschaften und Arbeitszufriedenheit. Es entwickelte sich die Annahme, dass die Arbeitszufriedenheit über einen längeren Zeitraum und in unterschiedlichen Situationen stabil sein kann (Staw & Ross, 1985, S. 476), was die Frage nach dem Grund für diese Stabilität weiter aufwirft. Arvey, Bouchard, Segal und Abraham (1989, S. 190) fanden beispielsweise eine genetische Komponente der Arbeitszufriedenheit. Andere folgen dem dispositionellen Ansatz. Dieser unterscheidet zwischen positiver und negativer Affektivität als einer allgemeinen Tendenz, auf die Umwelt in einer auf Affekt basierenden Weise zu reagieren, die sich auch auf Arbeitssituationen übertragen lässt (Connolly & Viswesvaran, 2000, S. 273 f.; Judge & Hulin, 1993, S. 417). Später wurde eine innerpersonelle Variabilität in der Arbeitseinstellung nachgewiesen, die mit den Stimmungen des Einzelnen im Alltag schwankt (Judge et al., 2017, S. 367).

Die affektive Perspektive beschreibt die emotionalen Reaktionen, die eine Person auf ihre Arbeitserfahrungen zeigt, und hat sich bis heute etabliert (Judge et al., 2020, S. 209). In diesem Zusammenhang wird Arbeitszufriedenheit als das Maß an positiven Emotionen und Freude betrachtet, die eine Person bei der Arbeit empfindet, sowie das Maß an negativen Emotionen und Stress, die sie erlebt. Die emotionale Reaktion einer Person auf ihre Arbeitserfahrungen ist ein wichtiger Faktor, der ihre Zufriedenheit am Arbeitsplatz beeinflusst. Positive Emotionen wie Freude, Stolz und Erfüllung können zu einer höheren Arbeitszufriedenheit führen, während negative Emotionen wie Frustration, Ärger und Enttäuschung zu einer niedrigeren Arbeitszufriedenheit führen können (Thoresen, Kaplan, Barsky, Warren & Chermont, 2003, S. 916).

3.2.2 Faktoren des Einflusses auf Arbeitszufriedenheit

Die Einflussfaktoren auf Arbeitszufriedenheit werden nach dispositionellen, kontextuellen und ereignisbezogenen Ansätzen unterschieden (siehe Abbildung 3.1; Judge et al., 2020, S. 215). Der dispositionelle Ansatz besagt, dass die Arbeitszufriedenheit durch persönliche Eigenschaften und Merkmale der Arbeitnehmerin bzw. des Arbeitnehmers beeinflusst wird. Dazu können beispielsweise die Persönlichkeit, das Temperament oder die Grundhaltung einer Person gehören. Der kontextuale Ansatz beschreibt, dass die Arbeitszufriedenheit durch die Bedingungen und Umstände am Arbeitsplatz beeinflusst wird. Dazu gehören beispielsweise die Arbeitsbedingungen, das Gehalt, die Arbeitsaufgaben oder die Beziehung zur

Führungskraft. Der ereignisbezogene Ansatz bezieht sich auf spezifische Ereignisse oder Situationen am Arbeitsplatz, die die Zufriedenheit der Arbeitnehmer beeinflussen können.

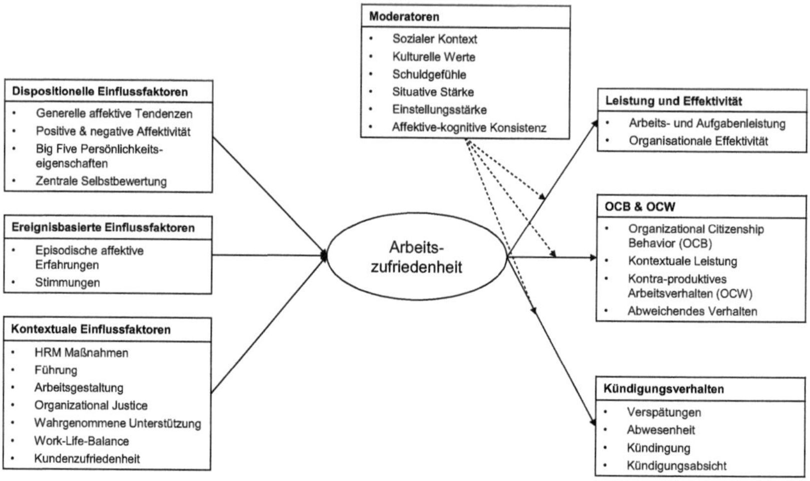

Abbildung 3.1 Das nomologische Netzwerk der Arbeitszufriedenheit (Judge et al., 2020, S. 218)

Judge, Heller und Mount (2002b, S. 533) haben in einer Meta-Analyse den Einfluss des Fünf-Faktoren-Modell der Persönlichkeitsmerkmale auf die Arbeitszufriedenheit untersucht. Dieses wurde von McCrae und Costa (1987, S. 86 ff.) entwickelt und beschreibt die Persönlichkeit einer Person anhand von Ausprägungen auf fünf Persönlichkeitsdimensionen. Dabei zeigten sich folgende Ergebnisse:

Neurotizismus: Neurotizismus im Fünf-Faktoren-Modell beschreibt die Tendenz zu emotionaler Instabilität, Ängstlichkeit, Unruhe und Stimmungsschwankungen. Hier zeigt sich eine erhöhte negative Korrelation mit Arbeitszufriedenheit (r = -0,29; Judge et al., 2002b, S. 533). Personen mit hohem Neurotizismus können sich durch Stress, Unsicherheit und Angst am Arbeitsplatz leicht gestresst und unzufrieden fühlen (Hlatywayo, Mhlanga & Zingwe, 2013, S. 550).

Gewissenhaftigkeit: Die Dimension Gewissenhaftigkeit wird durch eine Tendenz zur Selbstorganisation, Zielstrebigkeit und Sorgfalt erklärt. Hier zeigt sich eine signifikant positive Korrelation mit Arbeitszufriedenheit (r = 0,26 Judge et al., 2002b, S. 533). Personen, die hohe Werte in Gewissenhaftigkeit aufweisen, sind meist zufriedener mit ihrer Arbeit, da eine gewissenhaft ausgeführte Arbeit auch zu einer höheren Wertschätzung von Vorgesetzten führt (Lapierre & Hackett, 2007, S. 540).

Extraversion: Im Fünf-Faktoren-Modell wird Extraversion durch einen Hang zu Geselligkeit, Dominanz und Aktivität beschrieben. Sie zeigt eine signifikant positive Korrelation mit Arbeitszufriedenheit (r = 0,25Judge et al., 2002b, S. 533). Extravertierte Personen tendieren dazu, soziale Interaktionen zu genießen und sich bei der Arbeit wohl zu fühlen, insbesondere in beruflichen Situationen, in denen Teamwork und Zusammenarbeit gefragt sind.

Verträglichkeit: Personen mit hohen Werten in Verträglichkeit tendieren dazu, harmonische Beziehungen zu ihren Kolleginnen und Kollegen zu bevorzugen und sich in einem positiven Arbeitsklima wohl zu fühlen. Hier zeigt sich eine signifikant positive Korrelation mit Arbeitszufriedenheit (r = 0,17; Judge et al., 2002b, S. 544).

Offenheit für neue Erfahrungen: Diese Dimension beschreibt die Neigung zu Kreativität und Aufgeschlossenheit gegenüber neuen. Sie zeigt keine bedeutsame Korrelation mit Arbeitszufriedenheit (r = 0,02 Judge et al., 2002b, S. 533). Allerdings sind Personen mit hoher Offenheit für Erfahrungen oft neugierig und suchen nach Herausforderungen, was dazu führen kann, dass sie sich in der Arbeit zufriedener fühlen, wenn ihnen abwechslungsreiche und kreative Aufgaben gestellt werden.

Neben dem etablierten Fünf-Faktoren-Modell weist auch das Konstrukt der Selbstbewertung einen deutlichen Einfluss auf die Arbeitszufriedenheit auf, wie eine Meta-Analyse von Judge und Bono (2001, S. 83) zeigt. Dabei wurden die Beziehungen zwischen den Dimensionen des übergeordneten Konstrukts „zentrale Selbstbewertung“ und der Arbeitszufriedenheit sowie Arbeitsleistung erörtert. Die vier gemessenen Dimensionen der zentralen Selbsteinschätzung waren: Selbstwertgefühl, generalisierte Selbstwirksamkeit, Kontrollüberzeugung und emotionale Stabilität. Die Meta-Analyse umfassten 135 Studien zur Arbeitszufriedenheit und 81 zur Arbeitsleistung. Die Ergebnisse stützen die Hypothese, dass es Zusammenhänge zwischen allen vier Dimensionen und der Arbeitszufriedenheit und der Arbeitsleistung gibt. Die Ergebnisse für die Arbeitsleistung waren etwas schwächer als die für die Arbeitszufriedenheit. Die durchschnittliche korrigierte Korrelation zwischen verallgemeinerter Selbstwirksamkeit und Arbeitszufriedenheit beträgt 0,45 (die unkorrigierte Korrelation beträgt 0,38). Die durchschnittliche korrigierte Korrelation zwischen verallgemeinerter Selbstwirksamkeit und Arbeitsleistung beträgt 0,23 (die unkorrigierte Korrelation beträgt

0,19). Die verallgemeinerte Selbstwirksamkeit weist eine deutlich höhere Korrelation mit der Arbeitszufriedenheit auf als die drei anderen Merkmale. Sie weist auch die stärkste Korrelation mit der Arbeitsleistung auf.

Eine weitere Analyse von Viel-Ruma, Houchins, Jolivette und Benson (2010, S. 230) diskutiert die Beziehung zwischen kollektiver Selbstwirksamkeit, Selbstwirksamkeit und Arbeitszufriedenheit. Die kollektive Selbstwirksamkeit konzentriert sich auf die Überzeugungen und Bemühungen der eigenen Gruppe und wird mit der Skala für kollektive Wirksamkeit gemessen. Dabei wurde festgestellt, dass sich die Selbstwirksamkeit direkt auf die Arbeitszufriedenheit auswirkt und dass die kollektive Wirksamkeit sich direkt auf die Selbstwirksamkeit auswirkt, aber keine Auswirkungen auf die Arbeitszufriedenheit hat. Weitere Studien zeigen einen signifikant positiven Effekt zwischen Selbstbewertungsvariablen (z. B. Selbstwertgefühl, interne Kontrollüberzeugung) und Arbeitszufriedenheit (Chang & Edwards, 2015, S. 40; Nguyen & Stinglhamber, 2021, S. 836; Zhang, Wu, Miao, Yan & Peng, 2014, S. 815).

Die Forschung zum Zusammenhang zwischen Alter und Arbeitszufriedenheit hat sich hauptsächlich auf zwei Fragen konzentriert: Ob ältere Mitarbeiterinnen und Mitarbeiter im Durchschnitt zufriedener sind als jüngere, und welchen mathematischen Verlauf dieser Zusammenhang nimmt (Hochwarter, Ferris, Perrewé, Witt & Kiewitz, 2001, S. 1225). Eine der ersten Veröffentlichungen zu diesem Thema stammt von Herzberg et al. (1959, S. 99 f.). Dieser ging davon aus, dass Arbeitszufriedenheit einen U-förmigen Verlauf nimmt: Zu Beginn der beruflichen Laufbahn ist diese hoch, nimmt in der Mitte ab und steigt zum Ende wieder. Eine Meta-Analyse von Rhodes (1983, S. 332) zeigt, dass in einem überwiegenden Teil der Studien ein positiv linearer Zusammenhang zu beobachten ist. Diese Annahme wird von weiteren Studien gestützt (Gibson & Klein, 1970; Hulin & Smith, 1965; Hunt & Saul, 1975; Lee & Wilbur, 1985). Andere Studien wiederum stützen die Theorie des U-förmigen Zusammenhangs von Herzberg et al. (1959) (Clark, 1996; Hochwarter et al., 2001; Kacmar & Ferris, 1989; Snyder & Dietrich, 1992). Die Diskussion zu diesem Thema ist noch nicht endgültig abgeschlossen. Zusammenfassend kann aber von einem grundsätzlich positiven Zusammenhang zwischen Alter und Arbeitszufriedenheit ausgegangen werden, auch wenn dieser eher gering ist (Drabe, 2015, S. 102).

Im Folgenden werden die kontextuellen Einflussfaktoren soziale Beziehungen, organisationale Gerechtigkeit und Praktiken aus dem HRM beschrieben. Die am meisten untersuchten kontextuellen Einflussfaktoren sind die der Aufgabenmerkmale (Judge et al., 2020, S. 219). Diese werden in Abschnitt 4.2 ausführlich beschrieben. Weitere Einflussfaktoren sind Führung (siehe Abschnitt 4.3) und erfüllte Erwartungen (siehe Abschnitt 4.1).

Soziale Beziehungen bei der Arbeit zu Führungskräften, Kolleginnen und Kollegen sowie Kundinnen und Kunden können die Arbeitszufriedenheit beeinflussen (Judge et al., 2020, S. 220). Die wahrgenommene Unterstützung durch andere Personen am Arbeitsplatz steht in einem signifikanten Zusammenhang mit Arbeitszufriedenheit (Humphrey et al., 2007, S. 1343). Eine Meta-Analyse von Chiaburu und Harrison (2008, S. 1090) ergab, dass sowohl positive als auch negative Beziehungsmuster einen signifikanten Einfluss auf die Arbeitszufriedenheit haben. Auch Konflikte im Arbeitsumfeld können die Zufriedenheit der Mitarbeiterinnen und Mitarbeiter negativ beeinflussen, wobei Beziehungskonflikte einen stärkeren Effekt haben als Aufgabenkonflikte (De Dreu & Weingart, 2003, S. 743). Die Auswirkungen von Konflikten auf die Arbeitszufriedenheit hängen jedoch unter anderem von der Konfliktintensität ab (Todorova, Bear & Weingart, 2014, S. 460). Auch externe soziale Faktoren wie die Schnittstelle zwischen Arbeit und Familie und die Einstellung der Kundinnen und Kunden können einen Einfluss auf die Arbeitszufriedenheit haben. Eine Meta-Analyse ergab eine negative Korrelation zwischen Arbeitszufriedenheit und Konflikten zwischen Arbeit und Familie sowie zwischen Familie und Arbeit (Shockley & Singla, 2011, S. 870).

Mit dem Begriff organisationale Gerechtigkeit wird die Wahrnehmung von Fairness und Gerechtigkeit in der Arbeitsumgebung beschrieben, einschließlich der Verteilung von Ressourcen, der Bezahlung und der Entscheidungsfindung (Martínez-Tur, Moliner & Maniezki, 2020, S. 45). Wenn Mitarbeiterinnen und Mitarbeiter das Gefühl haben, dass sie fair behandelt werden und dass ihre Meinungen und Bedürfnisse berücksichtigt werden, sind sie wahrscheinlich zufriedener mit ihrer Tätigkeit. (Colquitt, Conlon, Wesson, Porter & Ng, 2001, S. 436; Williams, McDaniel & Nguyen, 2006, S. 402). In einer Meta-Analyse von Colquitt et al. (2001, S. 436) mit 100 Studien wurde ein starker positiver Zusammenhang zwischen organisationaler Gerechtigkeit und Arbeitszufriedenheit gefunden. Eine weitere Meta-Analyse von Williams et al. (2006, S. 402) ergab einen starken Zusammenhang von Lohnzufriedenheit zur Verteilungsgerechtigkeit ($p = 0{,}79$) und zur Verfahrensgerechtigkeit ($p = 0{,}42$). Es stellte sich zudem heraus, dass die Verteilungsgerechtigkeit von den Gerechtigkeitsdimensionen (prozedurale Gerechtigkeit, Verteilungsgerechtigkeit, zwischenmenschliche Gerechtigkeit, informatorische Gerechtigkeit) den stärksten Einfluss auf die Arbeitszufriedenheit hat.

Ein weiterer kontextueller Einflussfaktor sind HRM-Maßnahmen. Bei Studien in diesem Zusammenhang werden Praktiken des Personalmanagements auf Gruppen- oder Organisationsebene untersucht und deren Auswirkungen auf die individuelle Arbeitszufriedenheit analysiert (Judge et al., 2020, S. 222). Zum

Beispiel haben Takeuchi, Chen und Lepak (2009, S. 17 ff.) herausgefunden, dass leistungsfähige Arbeitssysteme auf Abteilungsebene die Arbeitszufriedenheit positiv beeinflussen, indem sie das Klima für Mitarbeiterinnen und Mitarbeiter verbessern. Eine Meta-Analyse von Hong, Liao, Hu und Jiang (2013, S. 245) ergab, dass dienstleistungsorientierte HRM-Praktiken positiv mit Arbeitszufriedenheit zusammenhängen und dass diese Beziehung durch die Wahrnehmung des Dienstleistungsklimas mediiert wird. Ein Ergebnis einer Untersuchung von (Piening, Baluch & Salge, 2013, S. 11) war, dass Veränderungen in der Wahrnehmung der HR-Systeme im Laufe der Zeit mit Veränderungen in der Arbeitszufriedenheit einhergehen und dass die Wirkung der Systemwahrnehmungen im Laufe der Zeit abnimmt. Dies weist darauf hin, dass es einen Anpassungseffekt gibt, bei dem HRM-Anreize die Einstellung der Mitarbeiterinnen und Mitarbeiter zu ähnlichen Anreizen in der Zukunft reduzieren.

Arbeitszufriedenheit besteht aus affektiven, kognitiven und verhaltensbezogenen Komponenten (Judge et al., 2020, S. 223). Obwohl Arbeitseinstellungen auch eine affektive oder emotionale Komponente haben, unterscheidet sich die Theorie der affektiven Effekte (engl. „affective events theory"; AET; Weiss & Cropanzano, 1996) konzeptionell von affektiven Reaktionen und Zuständen. Die AET beschreibt, wie affektive Ereignisse den emotionalen Reaktionen vorausgehen, die wiederum zur Entwicklung von Arbeitseinstellungen wie der Arbeitszufriedenheit führen (Wagner, 2020, S. 30). Um die Entfaltung von Emotionen und Stimmungen innerhalb einer Person sowie die Ereignisse, die diese Stimmungen auslösen, zu erfassen, wird das Erlebnis-Stichprobenverfahren verwendet (Judge et al., 2020, S. 221). Dadurch konnte gezeigt werden, dass ein wesentlicher Teil der Varianz der Arbeitszufriedenheit innerhalb einer Person liegt (Podsakoff, Spoelma, Chawla & Gabriel, 2019, S. 736) und dass tägliche affektive Ereignisse und Stimmungen der Arbeitszufriedenheit vorausgehen (Weiss, Nicholas & Daus, 1999, S. 11). Positive Ereignisse hängen also positiv mit Arbeitszufriedenheit und negative Ereignisse negativ mit Arbeitszufriedenheit zusammen (Thoresen et al., 2003, S. 929). Thoresen et al. (2003, S. 929) gehen davon aus, dass die aktuelle Stimmung zudem den Einfluss zwischen positiver bzw. negativer Affektivität und Arbeitszufriedenheit beeinflusst. Dies zeigt sich auch in anderen Studien (siehe z. B. Nemanick & Munz, 1997; Watson & Clark, 1997).

3.2.3 Auswirkungen von Arbeitszufriedenheit

Neben den Einflussfaktoren auf die Arbeitszufriedenheit werden auch die Auswirkungen von Arbeitszufriedenheit weitreichend diskutiert. In dem Modell aus

Abbildung 3.1 werden als Oberbegriffe Leistung und Effektivität genannt, die im folgenden Kapitel beschrieben werden. Es folgt die Diskussion von den Auswirkungen in Bezug auf OCB und kontraproduktives Arbeitsverhalten. Kündigungsverhalten, als dritte im nomologischen Netzwerk der Arbeitszufriedenheit genannte Auswirkung, wurde bereits in Abschnitt 2.1 ausführlich diskutiert und wird im Folgenden daher nicht mehr genauer betrachtet.

Die Annahme, dass Leistung und Arbeitszufriedenheit positiv miteinander zusammenhängen, scheint intuitive Gültigkeit zu besitzen, gleichzeitig zeigen erste Studien zunächst einen sehr geringen Zusammenhang, der zudem stark variierte (Brayfield & Crockett, 1955, S. 396; Vroom, 1964, S. 186). Allerdings wurden diese frühen Studien stark für ihr methodisches Vorgehen kritisiert (Ng et al., 2009, S. 763; Ostroff, 1992, S. 965). Spätere Arbeiten zu dem Thema zeigen signifikant positive Zusammenhänge zwischen $r = 0{,}3$ und $0{,}4$ (Judge, Thoresen, Bono & Patton, 2001, S. 385; Ng et al., 2009, S. 775).

Bezüglich des Zusammenhangs zwischen Arbeitszufriedenheit und Leistung gibt es keine einheitliche Antwort (Judge et al., 2001, S. 377). Beide Faktoren können sich gegenseitig beeinflussen und es kann schwierig sein, eine klare Kausalität zu identifizieren. Einige Forschungsergebnisse legen nahe, dass eine höhere Arbeitszufriedenheit zu einer höheren Leistung führt (Keaveney & Nelson, 1993, S. 113; Riketta, 2008, S. 478; Wright & Cropanzano, 2000, S. 84). Eine höhere Zufriedenheit kann die Motivation und das Engagement der Mitarbeiterinnen und Mitarbeiter steigern, was zu höheren Leistungen und Produktivität führen kann (Cerasoli et al., 2014, S. 995). Zufriedene Mitarbeiterinnen und Mitarbeiter neigen auch dazu, eine höhere Loyalität gegenüber der Arbeitgeberin bzw. dem Arbeitgeber zu haben und seltener krankheitsbedingte Ausfälle zu haben, was sich auch positiv auf die Leistung auswirken kann (Rich et al., 2010, S. 627).

Auf der anderen Seite kann eine höhere Leistung auch zu einer höheren Arbeitszufriedenheit führen (Birnbaum & Somers, 1993, S. 1; Lawler & Porter, 1967, S. 23; MacKenzie, Podsakoff & Ahearne, 1998, S. 87). Wenn Mitarbeiterinnen und Mitarbeiter ihre Arbeit erfolgreich erledigen und das Gefühl haben, dass sie einen wertvollen Beitrag für das Unternehmen leisten, kann dies ihr Selbstvertrauen und ihre Zufriedenheit steigern (Alessandri, Borgogni, Schaufeli, Caprara & Consiglio, 2015, S. 779). Eine höhere Leistung kann auch dazu führen, dass Mitarbeiterinnen und Mitarbeiter befördert oder besser bezahlt werden, was wiederum ihre Zufriedenheit steigern kann (Williams et al., 2006, S. 402). Nach Judge et al. (2001, S. 387) kann davon ausgegangen werden, dass es verschiedene Moderatoren gibt, die den Zusammenhang zwischen Arbeitszufriedenheit und Leistung beeinflussen. Diese wären beispielsweise die affektive-kognitive Konsistenz (Schleicher, Watt & Greguras, 2004, S. 168), kulturelle Werte (Ng et al., 2009, S. 775) oder situative Stärke (Bowling, Khazon, Meyer & Burrus, 2015, S. 94).

Neben der Leistung spielt auch die Effektivität für Unternehmen eine entscheidende Rolle (Judge et al., 2020, S. 225). Eine Meta-Analyse von Harter et al. (2002, S. 274 f.), die von 7.939 Geschäftseinheiten in 36 Unternehmen unter Verwendung des Gallup Workplace Audit erhoben wurden, fand einen wesentlichen Zusammenhang zwischen der Arbeitszufriedenheit auf Ebene der Geschäftseinheit und Unternehmensergebnissen wie Produktivität und Gewinn.

Sirota (2014, S. 301) argumentiert auf der Grundlage von Daten aus über 800 Unternehmen, dass Unternehmen, die sich auf Arbeitszufriedenheit ihrer Mitarbeiterinnen und Mitarbeiter konzentrieren, in der Regel erfolgreicher sind (Judge et al., 2020, S. 225). Eine umfassendere Meta-Analyse zur Untersuchung des Zusammenhangs zwischen kollektiver Arbeitszufriedenheit und makroebenen Ergebnissen ergab, dass die Zufriedenheit auf Abteilungsebene signifikante Zusammenhänge mit strategisch ausgerichteten Kriterien aufweist (Whitman, Van Rooy & Viswesvaran, 2010, S. 64).

OCB bezieht sich, wie bereits in Abschnitt 3.1 beschrieben, auf Verhaltensweisen von Mitarbeiterinnen und Mitarbeitern, die über ihre formalen Aufgabenanforderungen hinausgehen und zum Nutzen der Organisation beitragen, wie beispielsweise die freiwillige Übernahme zusätzlicher Aufgaben, die Unterstützung von Kolleginnen und Kollegen, das Einbringen von innovativen Ideen und die Umsetzung von Veränderungen.

Es hat sich gezeigt, dass Arbeitszufriedenheit zu den stabilsten Einflussfaktoren von OCB zählt (Ilies et al., 2009, S. 949). Wenn Mitarbeiterinnen und Mitarbeiter mit ihrer Arbeit und ihrem Arbeitsumfeld zufrieden sind, sind sie eher bereit, zusätzliche Anstrengungen zu unternehmen, um der Organisation zu helfen, auch wenn dies über ihre formale Arbeitsrolle hinausgeht (Indarti et al., 2017; Ziegler, 2012). Eine hohe Arbeitszufriedenheit kann auch das Gefühl der Identifikation mit der Organisation erhöhen, was zu einem stärkeren Engagement und einer höheren Motivation führen kann, sich in positiver Weise für die Organisation einzusetzen (Ashforth & Schinoff, 2016, S. 127),

Als kontraproduktives Arbeitsverhalten wird ein Verhalten beschrieben, das den Zielen eines Unternehmens schadet und gegen dessen Regeln verstößt (Marcus, Taylor, Hastings, Sturm & Weigelt, 2016, S. 204). Dieses beschreibt beispielsweise verschiedene Handlungen von der unrechtsamen Mitnahme von Materialien oder bis hin zu Sabotage oder gewalttätigen Handlungen (Spector et al., 2006, S. 447). Nach einer Meta-Analyse von Dalal (2005, S. 1248) hat Arbeitszufriedenheit einen stärkeren (negativen) Effekt auf kontraproduktives Arbeitsverhalten ($p = -0{,}37$) als auf OCB ($=0{,}16$). Mount, Ilies und Johnson

(2006, S. 606) unterscheiden in ihrer Untersuchung zwischen kontraproduktivem Verhalten, das sich gegen Personen richtet, und kontraproduktivem Verhalten, welches sich gegen die Organisation richtet. Beide haben eine signifikant negative Korrelation mit Arbeitszufriedenheit (r_{Person} = -0,40; $r_{Organisation}$ = -0,41), allerdings ist nur der Pfadkoeffizient von Arbeitszufriedenheit auf das kontraproduktive Verhalten gegen die Organisation signifikant (ß = -0,23). Abweichendes Verhalten ist ein Konstrukt, welches dem kontraproduktiven Verhalten stark ähnelt (Marcus et al., 2016, S. 209). Auch hier zeigt sich ein negativer Einfluss von Arbeitszufriedenheit (Judge, Scott & Ilies, 2006, S. 131).

3.2.4 Messung von Arbeitszufriedenheit

Bei der Messung von Arbeitszufriedenheit ist die zentrale Fragestellung, ob global oder mehrdimensional, mittels verschiedener Indikatoren, gemessen werden sollte (Judge et al., 2020, S. 212). Eine globale Messung erfasst allgemeine Reaktionen auf die Arbeitszufriedenheit oder die Arbeit im Allgemeinen (Fisher, Matthews & Gibbons, 2016, S. 8), siehe Tabelle 3.1. Beispiele für globale Maße sind sowohl Einzel-Item-Skalen (engl. „single-item"; Fisher et al., 2016, S. 8) als auch Mehr-Item-Skalen wie aus dem Michigan Organizational Assessment (Lawler, Cammann, Nadler & Jenkins, 1975). Obwohl Einzel-Item-Messungen weniger zuverlässig sind und die zugrunde liegende Struktur von Arbeitseinstellungen nicht erfassen, haben sich viele Wissenschaftlerinnen und Wissenschaftler aus praktischen Gründen für die Verwendung von diesen im Bereich der Arbeitseinstellungen entschieden, da diese einfacher, weniger zeitintensiv, weniger teuer, valider und flexibler sind (Dolbier et al., 2005, S. 39; Fisher et al., 2016, S. 4). Verschiedene Arbeiten deuten zudem darauf hin, dass Einzel-Item-Messungen bei dem Konstrukt der Arbeitszufriedenheit mit Mehr-Item-Messungen gut übereinstimmen und eine akzeptable Validität und Reliabilität aufweisen (Highhouse & Becker, 1993, S. 125; Wanous, Reichers & Hudy, 1997, S. 250).

Eine mehrdimensionale Messung geht davon aus, dass Arbeitszufriedenheit ein latentes Konstrukt ist, das auf Indikatorebene gemessen werden sollte (Hackman & Oldham, 1975, S. 162; Weiss, 2002, S. 186). Beispiele für Indikatormessungen sind der Minnesota Fragebogen (engl. Minnesota questionnaire; MSQ) oder die Job-Diagnose-Umfrage (engl. job diagnostic survey; JDS), siehe Tabelle 3.1.

Tabelle 3.1 Übersicht Messungen Arbeitszufriedenheit

Autoren	Name	Messung	Beispielitem/Indikatoren
Globale Messungen			
Brayfield und Rothe (1951)	Index of Job Satisfaction	18 Items	Mein Beruf ist wie ein Hobby für mich
Lawler et al. (1975)	Michigan Organizational Assessment Questionnaire – General Job Satisfaction	3 Items	Im Allgemeinen mag ich meine Arbeit nicht.
Daly und Dee (2006)	Job Satisfaction Measure	4 Items	Ich habe Freude an meiner Arbeit
Fisher et al. (2016)	Global Job Satisfaction Measure	1 Item	Alles in allem bin ich zufrieden mit meinem Job
Indikatormessung			
Weiss, Dawis und England (1967)	Minnesota Questionnaire long	100 Items	Nutzbarkeit eigener Fähigkeiten Beruflicher Erfolg Aktivität Entwicklungsmöglichkeiten Autorität Unternehmenspraktiken Vergütung Kolleginnen und Kollegen Kreativität Unabhängigkeit Moralische Werte Anerkennung Verantwortung Sicherheit Sozialer Einfluss Tätigkeit Sozialer Status Tätigkeit Menschliche Führungskompetenz Technische Führungskompetenz Vielfältigkeit der Arbeit Arbeitsbedingungen
Weiss, Dawis, England und Lofquist (1977)	Minnesota Questionnaire short	20 Items	
Smith et al. (1969)	Job Description Index	72 Items	Arbeitstätigkeit Vorgesetzte Kolleginnen und Kollegen Entwicklungsmöglichkeiten Lohn/Gehalt

(Fortsetzung)

Tabelle 3.1 (Fortsetzung)

Autoren	Name	Messung	Beispielitem/Indikatoren
Churchill, Ford und Walker (1974)	Measuring the Job Satisfaction of Industrial Salesmen	85 Items	Die Arbeit allgemein Kolleginnen und Kollegen Führung Unternehmenspolitik und -unterstützung Gehalt Entwicklungsmöglichkeiten Kundinnen und Kunden
Hackman und Oldham (1975)	Job Diagnostic Survey	5 Items	Arbeitssicherheit Sozial Führung Bezahlung Wachstum
Neuberger und Allerbeck (1978)	Arbeitsbeschreibungsbogen	97 Items	Arbeitstätigkeit Vorgesetzte Kolleginnen und Kollegen Entwicklungsmöglichkeiten Lohn/Gehalt Arbeitsbedingungen Organisation und Führung Arbeitszeit Arbeitsplatzsicherheit
Spector (1997)	Job Satisfaction Survey	36 Items	Arbeitstätigkeit Vorgesetzte Kolleginnen und Kollegen Entwicklungsmöglichkeiten Lohn/Gehalt Arbeitsbedingungen Kommunikation leistungsabhängige Vergütung Umfang der Vergütungszulagen
Fischer und Lück (2014)	Allgemeine Arbeitszufriedenheit	37	Selbstverwirklichung Resignation Bezahlung Firma

Das Zusammenfassen verschiedener Indikatoren von Arbeitszufriedenheit mittels einer mehrdimensionalen Messung wird aufgrund der hohen Korrelationen der Indikatoren miteinander kritisiert (Borg, 2003, S. 2; Judge & Hulin, 1993, S. 398; Vandenberg & Scarpello, 1990, S. 60). Borg (2003, S. 2) geht davon aus, dass es ein dahinterliegendes Konstrukt der Arbeitszufriedenheit gibt, was wiederum für eine globale Messung spricht. Ein weiterer Kritikpunkt betrifft die Auswahl der Aspekte der Arbeitszufriedenheit, die oft als willkürlich angesehen wird (Bosau, 2009, S. 20; Weiss, 2002, S. 186). Dafür sprechen auch die unterschiedliche Anzahl und die nur teilweise inhaltliche Einheitlichkeit der Indikatoren, siehe Tabelle 3.1.

3.3 Commitment in der Arbeitswelt

3.3.1 Das Prozessmodell des Commitments

In diesem Kapitel wird das Konzept des Commitments näher erläutert. Es handelt sich dabei um eine emotionale und kognitive Bindung, die eine Person zu einem bestimmten Kontext aufweist. Dies kann sich auf verschiedene Bereiche beziehen, wie zum Beispiel die berufliche Tätigkeit, eine Organisation, eine Beziehung oder eine Überzeugung (Choi et al., 2015, S. 1542). Commitment kann sowohl als Verhalten als auch als Einstellung verstanden werden (Currivan, 1999, S. 497; Mowday et al., 1979, S. 225). Das bedeutet, dass es sich nicht nur um die tatsächliche Handlung, sondern auch um die innere Haltung gegenüber dem betreffenden Kontext handelt. In diesem Sinne kann Commitment als ein tiefgreifendes Gefühl der Verbundenheit und Verpflichtung beschrieben werden. Andere Sichtweisen gehen von Commitment als eine Art Austausch oder einer Investition aus (Brockner, 1992, S. 40). Diese Betrachtungsweise wird allerdings dahingegen kritisiert, dass Austausch oder Investition zwar zu Commitment führen können, allerdings nicht das Konstrukt selbst beschreiben (Klein & Park, 2020, S. 159).

Es gibt weitere Definitionen von Commitment, die mit dem Konstrukt Identifikation vergleichbar sind (Allen & Meyer, 1996, S. 253; Ashforth et al., 2008, S. 238; Mael & Ashforth, 1992, S. 105). Allerdings wird von dieser Perspektive, die einen kognitiven Schwerpunkt hat, Abstand genommen, und Commitment eher als emotionale Bindung betrachtet. Eine genauere Abgrenzung hat bereits in Abschnitt 3.1 stattgefunden. Die Abgrenzung zur verwandten Perspektive der Motivation wird ebenfalls in Abschnitt 3.1 behandelt. Hier wird betont, dass Commitment sich nicht nur auf die Motivation bezieht, sondern auch auf die

Bereitschaft, sich für eine Sache oder ein Ziel zu engagieren und diese Verpflichtung langfristig aufrechtzuerhalten (Kanter, 1968, S. 504). Allerdings kann auch hier davon ausgegangen werden, dass dieses eher eine Auswirkung als eigentliches Commitment darstellt.

Eine besondere Rolle spielt Commitment in der Arbeitspsychologie und gehört hier, neben der Arbeitszufriedenheit, zu den am meisten untersuchten Konstrukten (Judge et al., 2017, S. 361). Dabei werden mehrere Arten von Commitment unterschieden, zum Beispiel das organisationale, karrierebezogene, ethische oder das gemeinschaftliche Commitment (Cooper-Hakim & Viswesvaran, 2005, S. 247). Organisationales Commitment bildet das Kernkonstrukt dieses Kapitels und wird im weiteren Verlauf genauer beschrieben. Das karrierebezogenen Commitment wird häufig in Berufsbezogen und Tätigkeitsbezogen unterteilt (Cooper-Hakim & Viswesvaran, 2005, S. 244). Das arbeitsethische Commitment beschreibt den Glauben der Mitarbeiterin oder des Mitarbeiters an die Bedeutung der Arbeit (Morrow, 1983, S. 486). Das gemeinschaftliche Commitment wurde von Morrow (1983) zwar nicht in das Rahmenmodell des Commitments einbezogen, stellt aber dennoch eine wichtige Perspektive dar (Cooper-Hakim & Viswesvaran, 2005, S. 245).

Zwar wird grundsätzlich davon ausgegangen, dass stärkeres Commitment erstrebenswert ist. Gleichzeitig besteht bei einer sehr starken Ausprägung die Gefahr, dass dieses zu einer Art „Übereifer" führen kann, was sich negativ auf das Urteilsvermögen auswirken kann (Klein & Park, 2020, S. 174). Es kann sogar zu organisationsschädigendem Verhalten führen, wenn beispielsweise fehlerhafte Entscheidungen oder irrelevante Ziele weiterverfolgt werden. Die extreme Form dessen beschreibt die sogenannte „Eskalation des Commitments" (Benschop et al., 2021, S. 136). Dies bezieht sich auf die Tendenz einer Person, ihre Entscheidungen oder ihr Verhalten trotz Beweisen ihrer Unwirksamkeit oder Falschheit beizubehalten. Dies kann zu einer Verzögerung oder Vermeidung von notwendigen Veränderungen führen und letztendlich zu ineffektiven oder sogar kontraproduktiven Ergebnissen. Im Folgenden wird zunächst das Prozessmodell des Commitments vorgestellt. Anschließend wird das Konstrukt des organisationalen Commitments genauer betrachtet.

Sowohl die Einflussfaktoren als auch die Auswirkungen von Commitment wurden bereits breit erforscht. Die Einflussfaktoren lassen sich in individuelle Charakteristiken, Zielcharakteristiken, interpersonelle Faktoren, organisationale Faktoren und soziale Faktoren unterteilen (Klein & Park, 2020, S. 168). Diese wiederum beeinflussen die Wahrnehmung des Ziels und der Umwelt. Dies führt zum eigentlichen Commitment, was wiederum von Commitment zu anderen Zielen beeinflusst wird. Als allgemeine Auswirkungen gelten Kontinuität und

Motivation, die wiederum zu einer Handlung führen. Dargestellt ist dieser Prozess des Commitments in Abbildung 3.2.

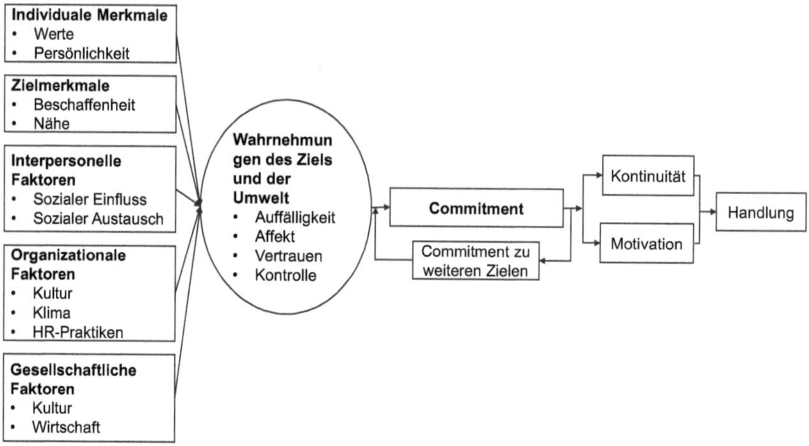

Abbildung 3.2 Konzeptkarte des affektiven Engagements als Herzstück des organisationalen Commitments (Mercurio, 2015, S. 406)

Individuelle Merkmale betreffen die Persönlichkeit und Werte. Vor dem Eintritt in ein Unternehmen bringt eine Mitarbeiterin bzw. ein Mitarbeiter eine gewisse Disposition zur Entwicklung von organisationalem Commitment mit und entwickelt später ein konkretes Commitment für das spezifische Unternehmen (Cohen, 2007, S. 342).

Untersuchungen zeigen zudem, dass alle Persönlichkeitsmerkmale aus dem Fünf-Faktoren-Modell mit organisationalem Commitment zusammenhängen (Erdheim, Wang & Zickar, 2006, S. 966; Farrukh, Ying & Mansori, 2017, S. 26). Darüber hinaus kommen Individuen mit bestimmten Bedürfnissen, Wünschen und Fähigkeiten zu Organisationen und erwarten, dass sie ein Arbeitsumfeld vorfinden, in das sie bestmöglich passen (Ababneh, 2020, S. 320; Wanous, Poland, Premack & Davis, 1992, S. 291). Wenn diese Anforderungen erfüllt sind, ist die Wahrscheinlichkeit eines organisationalem Commitments größer, obwohl die ersten Arbeitserfahrungen oft nicht den Erwartungen der Mitarbeiterinnen und Mitarbeiter entsprechen. Der Einfluss von Erwartungen auf Commitment, insbesondere auf das affektive Commitment, wird in Abschnitt 3.3.3 noch ausführlicher erläutert.

Zielmerkmale beschreiben die spezifischen Ziele, die eine Mitarbeiterin oder ein Mitarbeiter in der Organisation erreichen möchte (Klein & Park, 2020, S. 166). Wenn eine Mitarbeiterin oder Mitarbeiter Ziele hat, die mit den Zielen und Werten der Organisation übereinstimmen, kann dieses dazu beitragen, dass die Mitarbeiterin bzw. der Mitarbeiter sich stärker an die Organisation bindet und sich für den Erfolg der Organisation einsetzt (Klein, Cooper, Molloy & Swanson, 2014, S. 223). Eine Mitarbeiterin oder ein Mitarbeiter, die bzw. der sich für die Erreichung von Zielen engagiert, die auch für die Organisation von Bedeutung sind, kann sich mit der Organisation identifizieren und stolz darauf sein, für diese Organisation zu arbeiten. Wenn die Organisation die Ziele und Ambitionen ihrer Mitarbeiterinnen und Mitarbeiter unterstützt und anerkennt, kann dieses das Commitment der Mitarbeiterinnen und Mitarbeiter zur Organisation weiter stärken. Zielmerkmale können beispielsweise die Erreichbarkeit, Legitimität oder die Reputation des Ziels beeinflussen (Becker, et al, 1996; Mueller & Lawler, 1999).

Interpersonale oder auch *soziale Faktoren* beziehen sich auf die Qualität der Beziehungen zwischen Mitarbeiterinnen und Mitarbeitern sowie deren Führungskräfte. Wenn Mitarbeiterinnen und Mitarbeiter positive und unterstützende Beziehungen zu ihren Kolleginnen und Kollegen und Vorgesetzten haben, kann dieses dazu beitragen, dass sie sich stärker an die Organisation binden und sich für den Erfolg der Organisation einsetzen (Klein & Park, 2020, S. 169). Eine genauere Erläuterung der Bedeutung der Austauschbeziehung zwischen Mitarbeiterinnen und Mitarbeitern und deren Führungskräften befindet sich in Abschnitt 4.3.2. Darüber hinaus können auch die Beziehungen zwischen Mitarbeiterinnen und Mitarbeitern untereinander einen Einfluss auf das Commitment zur Organisation haben (Lawler, Thye & Yoon, 2000, S. 640; Morrison, 2002, S. 1156).

Zu den *organisationalen Faktoren,* die sich auf Commitment auswirken, zählen außerdem die Unternehmenskultur und das Teamklima. Unter Unternehmenskultur werden die Werte, Überzeugungen, Normen und Verhaltensweisen einer Organisation verstanden, die von den Mitarbeiterinnen und Mitarbeitern geteilt werden (Belias & Koustelios, 2014, S. 132; Denison, 1996, S. 622). Eine starke Organisationskultur, die von den Mitarbeiterinnen und Mitarbeitern als positiv wahrgenommen wird, kann das Commitment ihrer Mitarbeiterinnen und Mitarbeiter stärken (O'Reilly, Chatman & Caldwell, 1991, S. 493). Eine solche Kultur kann auch dazu beitragen, dass Mitarbeiterinnen und Mitarbeiter sich mit ihrer Organisation identifizieren und stolz auf ihre Arbeit sind (Felfe, 2020, S. 156; Klein & Park, 2020, S. 168). Das Betriebsklima beschreibt die Qualität der Beziehungen und Interaktionen zwischen den Mitgliedern einer Abteilung

(Denison, 1996, S. 624). Ein positives Klima kann dazu beitragen, dass Mitarbeiterinnen und Mitarbeiter sich wohler fühlen und sich eher engagieren (Carr, Schmidt, Ford & DeShon, 2003, S. 611). Wenn ein Teamklima von gegenseitigem Vertrauen, Unterstützung und Zusammenarbeit geprägt ist, kann dieses dazu beisteuern, dass die Mitarbeiterinnen und Mitarbeiter ihre Arbeit besser erledigen und sich eher mit der Organisation identifizieren.

Auch auf der gesellschaftlichen Ebene existieren verschiedene Faktoren, die das sozioökonomische Umfeld widerspiegeln, in dem sowohl Individuen als auch Organisationen agieren. Eine wichtige Rolle spielt hierbei die nationale Kultur, da kulturelle Faktoren, wie beispielsweise der Grad der Machtdistanz und der Kollektivismus die Wahrnehmung von Kontrolle und Vertrauen beeinflussen können (Lok & Crawford, 2004, S. 331; Meyer et al., 2012, S. 231 f.). Neben der nationalen Kultur können auch makroökonomische Faktoren wie die wirtschaftlichen Bedingungen eines Landes oder einer Region sowie Merkmale des Geschäftssystems und des Arbeitsmarktes Einfluss auf die Wahrnehmung und Commitment haben (Klein & Park, 2020, S. 169). So können beispielsweise die Segmentierung, Stärke und Rolle der Gewerkschaften eine Rolle spielen (Hult, 2005, S. 258).

Gemäß dem Prozessmodell von Klein und Park (2020, S. 168) hat Commitment direkte Auswirkungen auf Kontinuität und Motivation. Dieses führt wiederum zu Handlungen und Konsequenzen, wie beispielsweise einer gesteigerten Leistung. Kontinuität umfasst in diesem Zusammenhang zwei Aspekte: die Intention, ein Ziel weiterzuverfolgen, sowie die kontinuierliche Aufrechterhaltung des entsprechenden Verhaltens (Mathieu & Zajac, 1990, S. 173; Meyer et al., 2002, S. 26). Eine direkte Folge davon ist zum Beispiel die Verringerung der Kündigungsabsicht. Motivation wiederum führt dazu, dass Mitarbeiterinnen und Mitarbeiter ein höheres Niveau an Anstrengung und Ressourcen in ihre Arbeit stecken, was wiederum zu einer höheren Leistung führt (Cooper-Hakim & Viswesvaran, 2005, S. 254).

3.3.2 Organisationales Commitment: Bedeutung und Facetten

Organisationales Commitment beschreibt die Bindung von Mitarbeiterinnen und Mitarbeitern an deren jeweiliges Unternehmen (Choi, Oh & Colbert, 2015, S. 1542). Es entsteht, wenn die Werte und Normen des Unternehmens verinnerlicht wurden und so das Bedürfnis entsteht, bei diesem Unternehmen bleiben zu wollen (Mowday, Porter & Steers, 2013, S. 225; Tnay et al., 2013, S. 203). Dies ist Teil des Sozialisationsprozesses, den Mitarbeiterinnen und Mitarbeiter während ihrer Karriere in einem Unternehmen durchlaufen (Saks, Uggerslev & Fassina, 2007, S. 414). Durch das Kennenlernen des Unternehmens, der Verinnerlichung der Ziele und Werte dessen und einer Übereinstimmung damit entsteht eine wachsende Verbundenheit. Wenn dieses nicht geschieht wird die Mitarbeiterin bzw. der Mitarbeiter mittelfristig das Unternehmen verlassen oder mindestens kontraproduktive Arbeitsweisen zeigen (Tnay et al., 2013, S. 206).

In den 1960er Jahren wurden die ersten Publikationen zum organisationalen Commitment veröffentlicht, aber erst in den 1990er Jahren entwickelte es sich zu einem prominenten Konstrukt der Organisationsforschung (Judge et al., 2017, S. 358). Der erste bekannte Ansatz stammt von Becker (1960, S. 38), der die Nebenwetten-Theorie (engl. „side-bet-theory") entwickelte. Becker (1960, S. 38) argumentierte, dass Mitarbeiterinnen und Mitarbeiter durch versteckte Investitionen, die sie in ihre Organisation tätigen, an diese gebunden werden. Wenn sie die Organisation verlassen, gehen diese Investitionen verloren (Cohen, 2007, S. 338). Obwohl die Nebenwetten-Theorie später nicht mehr als führende Theorie angesehen wurde, beeinflusste sie viele spätere Konzeptualisierungen von organisationalem Commitment.

Nach der Nebenwetten-Theorie hat sich der Fokus von den materiellen Aspekten des Arbeitslebens auf die psychologische Bindung einer Mitarbeiterin oder eines Mitarbeiters an die Organisation verlagert (Cohen, 2007, S. 338). Mowday, Steers und Porter (1979, S. 228) betrachten das organisationale Commitment als eine eindimensionale Konstruktion in Form von einstellungsbezogenem Commitment, was ausdrückt, dass sich eine Person mit der Organisation und deren Zielen identifiziert. Sie entwickelten dafür den Fragebogen zum organisationalen Commitment (Mowday et al., 1979, S. 228; Porter et al., 1974, S. 605), der hauptsächlich die affektive Dimension des organisationalen Commitments erfasst (Dunham, Grube & Castañeda, 1994, S. 377). Mowday et al. (1979, S. 226) beschreiben das organisationale Commitment durch drei Faktoren: (1) starke Überzeugung von den Zielen und Werten der Organisation, (2) Bereitschaft, sich für die Organisation einzusetzen, (3) starker Wunsch, Mitglied der Organisation zu bleiben.

Eines der am häufigsten verwendeten Modelle, das das organisationale Commitment einbezieht, ist das Drei-Komponenten-Modell von Meyer und Allen (1991, S. 61), das die Beziehung zwischen einer Mitarbeiterin oder einem Mitarbeiter und der Organisation und ihre Auswirkungen auf die Aufrechterhaltung der Mitgliedschaft in dieser Organisation beschreibt. Es werden drei verschiedene Facetten beschrieben (Cooper-Hakim & Viswesvaran, 2005, S. 243; Ehrlich, 2022, S. 90):

Kalkulatives oder fortsetzungsbezogenes Commitment: Der Aufwand für das Verlassen des Unternehmens wird von den Mitarbeiterinnen und Mitarbeitern als zu hoch eingeschätzt.

Affektives oder einstellungsbezogenes Commitment: Die Mitarbeiterinnen und Mitarbeiter identifizieren sich mit dem Unternehmen und möchten aus intrinsischen Antrieben heraus bleiben.

Normatives Commitment: Die Mitarbeiterinnen und Mitarbeiter bleiben, weil sie sich verpflichtet fühlen. Es handelt sich um ein Gefühl der Treue, das aus Dankbarkeit entsteht.

Das fortsetzungsbezogene Commitment basiert auf dem Nebenwetten-Ansatz von Cohen, der besagt, dass Mitarbeiterinnen und Mitarbeiter in einem Unternehmen „Nebenwetten" abschließen, um ihre Loyalität zu zeigen und langfristige Vorteile zu erzielen (Cohen, 2007, S. 338). Der Begriff der „Nebenwetten" stammt von Becker (1960, S. 38) und beschreibt die Aktivitäten, die eine Mitarbeiterin oder ein Mitarbeiter investiert und die im Falle einer Kündigungen verloren gehen.

Durch Meta-Analysen wurde festgestellt, dass die fortsetzungsbezogene und affektive Komponente empirisch unterscheidbare Konstrukte sind und die affektive und die normative Komponente in gewissem Maße zusammenhängen (Cooper-Hakim & Viswesvaran, 2005, S. 249; Ko, Price & Mueller, 1997, S. 966), weshalb das normative Commitment lange Zeit als überflüssig abgetan wurde (Meyer & Parfyonova, 2010, S. 283). Es ist möglich, dass die drei Dimensionen in einem Individuum in unterschiedlichem Maße koexistieren. Zum Beispiel kann eine Mitarbeiterin oder ein Mitarbeiter, die bzw. der aus kalkulativen Gründen bei einem Unternehmen anfängt, aus normativen oder affektiven Gründen bleiben. Verschiedene Untersuchungen zeigen zudem, dass affektives und normatives Commitment hoch miteinander korrelieren, während es deutliche Unterschiede zu kalkulativem Commitment gibt (Cooper-Hakim & Viswesvaran, 2005, S. 251). Meta-Analysen zeigen gleichzeitig, dass sich zwar einzelne Facetten durchaus unterscheiden lassen, es aber ein dahinter liegendes Gesamtkonstrukt gibt (Meyer et al., 2002, S. 28; Yahaya & Ebrahim, 2016, S. 201).

Das Hauptaugenmerk in der Forschung liegt auf dem affektiven Commitment (Cohen, 2007, S. 342; Mercurio, 2015, S. 405). Mercurio (2015, S. 405) beschreibt es in seinem Review als Herzstück (engl. „core essence") des organisationalen Commitments. Die ersten Studien (siehe z. B. Mowday et al. (1979); Kanter (1968); Sheldon (1971)) beschreiben affektives Commitment, ohne dieses so zu benennen. Kanter (1968, S. 500) beschrieb die Kohäsion als eine Facette von Commitment und als Bindung an soziale Beziehungen. Die dafür verwendete Kernvariable beschreibt als Grundlage das Bestreben, Teil eines Ganzen zu werden, und findet sich bis heute in der Forschung zu affektivem Commitment wieder (Kanter, 1968, S. 508; Mercurio, 2015, S. 398). Sheldon (1971, S. 143) baute auf den Forschungen von Kanter (1968) auf. Sie stellte fest, dass Mitarbeiterinnen und Mitarbeiter eher kündigen, wenn diese weniger in soziale Beziehungen innerhalb der Organisation investieren. Commitment wird in diesem Zusammenhang als Einstellung beschrieben, durch die die Identität der Person mit der der Organisation verknüpft (Buchanan, 1974, S. 344; Sheldon, 1971, S. 144). Diese frühen Untersuchungen sind entscheidend für die Bedeutung des affektiven Commitment in der Forschung. Organisationales Commitment wird, wie oben bereits beschrieben, als dreidimensionales Konstrukt konzeptualisiert, gleichzeitig ist das affektive Commitment über die Jahre hinweg zentral und stabil geblieben (Choi et al., 2015, S. 1552; Mathieu & Zajac, 1990, S. 183). Mercurio (2015, S. 405) hat daher eine Konzeptkarte des affektiven Commitments erstellt, siehe Abbildung 3.2. Affektives Commitment bildet dabei das Zentrum und wirkt sich sowohl auf das individuelle Verhalten als auch auf die individuellen Gefühle aus. Es formt individuelle Wahrnehmungen und mediiert die Reaktionen einer Person auf die Transaktionen eines Unternehmens (Mercurio, 2015, S. 406). Die komplementären Beziehungen, die zwischen den Transaktionen sowie den individuellen Gefühlen, Wahrnehmungen und Verhalten bestehen, haben ihre Grundlage in dem Drei-Komponenten-Modell von Meyer und Allen (1991, S. 61). Affektives Commitment kann zudem durch die anderen Komponenten verstärkt werden, was im Modell durch die gestrichelten Linien dargestellt wird.

Affektives Commitment ist aussagekräftiger für wichtige organisationale Konsequenzen, wie Fluktuation, Fehlzeiten und OCB, als verhaltensorientierte oder transaktionale Konstrukte des organisationalen Commitments (Mercurio, 2015, S. 402 f.). Studien zeigen, dass Arbeitserfahrungen zu den stärksten Einflussvariablen des organisationalen Commitments zählen (Cooper-Hakim & Viswesvaran, 2005, S. 250; Mathieu & Zajac, 1990, S. 175). Dazu gehören soziale Beziehungen, wie die zwischen Mitarbeiterinnen und Mitarbeitern zu Kolleginnen und Kollegen oder Führungskräften, motivationale Faktoren, wie Aufgabengestaltung und Kontextvariablen, wie erfüllte Erwartungen (Chang et al., 2013, S. 5; Humphrey et al., 2007, S. 1334).

3.3.3 Das Prozessmodell des Commitments

In diesem Kapitel wird das Konzept des Commitments näher erläutert. Es handelt sich dabei um eine emotionale und kognitive Bindung, die eine Person zu einem bestimmten Kontext aufweist. Dies kann sich auf verschiedene Bereiche beziehen, wie zum Beispiel die berufliche Tätigkeit, eine Organisation, eine Beziehung oder eine Überzeugung (Choi et al., 2015, S. 1542). Commitment kann sowohl als Verhalten als auch als Einstellung verstanden werden (Currivan, 1999, S. 497; Mowday et al., 1979, S. 225). Das bedeutet, dass es sich nicht nur um die tatsächliche Handlung, sondern auch um die innere Haltung gegenüber dem betreffenden Kontext handelt. In diesem Sinne kann Commitment als ein tiefgreifendes Gefühl der Verbundenheit und Verpflichtung beschrieben werden. Andere Sichtweisen gehen von Commitment als eine Art Austausch oder einer Investition aus (Brockner, 1992, S. 40). Diese Betrachtungsweise wird allerdings dahingegen kritisiert, dass Austausch oder Investition zwar zu Commitment führen können, allerdings nicht das Konstrukt selbst beschreiben (Klein & Park, 2020, S. 159).

Es gibt weitere Definitionen von Commitment, die mit dem Konstrukt Identifikation vergleichbar sind (Allen & Meyer, 1996, S. 253; Ashforth et al., 2008, S. 238; Mael & Ashforth, 1992, S. 105). Allerdings wird von dieser Perspektive, die einen kognitiven Schwerpunkt hat, Abstand genommen, und Commitment eher als emotionale Bindung betrachtet. Eine genauere Abgrenzung hat bereits in Abschnitt 3.1 stattgefunden. Die Abgrenzung zur verwandten Perspektive der Motivation wird ebenfalls in Abschnitt 3.1 behandelt. Hier wird betont, dass Commitment sich nicht nur auf die Motivation bezieht, sondern auch auf die Bereitschaft, sich für eine Sache oder ein Ziel zu engagieren und diese Verpflichtung langfristig aufrechtzuerhalten (Kanter, 1968, S. 504). Allerdings kann auch hier davon ausgegangen werden, dass dieses eher eine Auswirkung als eigentliches Commitment darstellt.

Eine besondere Rolle spielt Commitment in der Arbeitspsychologie und gehört hier, neben der Arbeitszufriedenheit, zu den am meisten untersuchten Konstrukten (Judge et al., 2017, S. 361). Dabei werden mehrere Arten von Commitment unterschieden, zum Beispiel das organisationale, karrierebezogene, ethische oder das gemeinschaftliche Commitment (Cooper-Hakim & Viswesvaran, 2005, S. 247). Organisationales Commitment bildet das Kernkonstrukt dieses Kapitels und wird im weiteren Verlauf genauer beschrieben. Das karrierebezogenen Commitment wird häufig in Berufsbezogen und Tätigkeitsbezogen unterteilt (Cooper-Hakim & Viswesvaran, 2005, S. 244). Das arbeitsethische Commitment beschreibt den Glauben der Mitarbeiterin oder des Mitarbeiters an die Bedeutung der Arbeit (Morrow, 1983, S. 486). Das gemeinschaftliche Commitment wurde von Morrow

(1983) zwar nicht in das Rahmenmodell des Commitments einbezogen, stellt aber dennoch eine wichtige Perspektive dar (Cooper-Hakim & Viswesvaran, 2005, S. 245).

Zwar wird grundsätzlich davon ausgegangen, dass stärkeres Commitment erstrebenswert ist. Gleichzeitig besteht bei einer sehr starken Ausprägung die Gefahr, dass dieses zu einer Art „Übereifer" führen kann, was sich negativ auf das Urteilsvermögen auswirken kann (Klein & Park, 2020, S. 174). Es kann sogar zu organisationsschädigendem Verhalten führen, wenn beispielsweise fehlerhafte Entscheidungen oder irrelevante Ziele weiterverfolgt werden. Die extreme Form dessen beschreibt die sogenannte „Eskalation des Commitments" (Benschop et al., 2021, S. 136). Dies bezieht sich auf die Tendenz einer Person, ihre Entscheidungen oder ihr Verhalten trotz Beweisen ihrer Unwirksamkeit oder Falschheit beizubehalten. Dies kann zu einer Verzögerung oder Vermeidung von notwendigen Veränderungen führen und letztendlich zu ineffektiven oder sogar kontraproduktiven Ergebnissen. Im Folgenden wird zunächst das Prozessmodell des Commitments vorgestellt. Anschließend wird das Konstrukt des organisationalen Commitments genauer betrachtet.

Sowohl die Einflussfaktoren als auch die Auswirkungen von Commitment wurden bereits breit erforscht. Die Einflussfaktoren lassen sich in individuelle Charakteristiken, Zielcharakteristiken, interpersonelle Faktoren, organisationale Faktoren und soziale Faktoren unterteilen (Klein & Park, 2020, S. 168). Diese wiederum beeinflussen die Wahrnehmung des Ziels und der Umwelt. Dies führt zum eigentlichen Commitment, was wiederum von Commitment zu anderen Zielen beeinflusst wird. Als allgemeine Auswirkungen gelten Kontinuität und Motivation, die wiederum zu einer Handlung führen. Dargestellt ist dieser Prozess des Commitments in Abbildung 3.3.

Individuelle Merkmale betreffen die Persönlichkeit und Werte. Vor dem Eintritt in ein Unternehmen bringt eine Mitarbeiterin bzw. ein Mitarbeiter eine gewisse Disposition zur Entwicklung von organisationalem Commitment mit und entwickelt später ein konkretes Commitment für das spezifische Unternehmen (Cohen, 2007, S. 342).

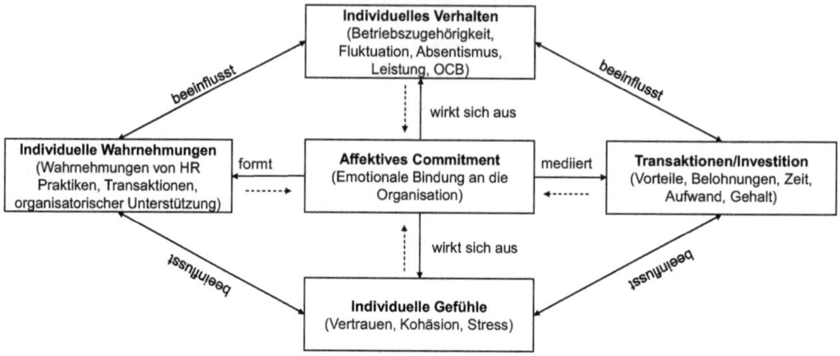

Abbildung 3.3 Prozessmodell des Commitments (Klein & Park, 2020, S. 168)

Untersuchungen zeigen zudem, dass alle Persönlichkeitsmerkmale aus dem Fünf-Faktoren-Modell mit organisationalem Commitment zusammenhängen (Erdheim, Wang & Zickar, 2006, S. 966; Farrukh, Ying & Mansori, 2017, S. 26). Darüber hinaus kommen Individuen mit bestimmten Bedürfnissen, Wünschen und Fähigkeiten zu Organisationen und erwarten, dass sie ein Arbeitsumfeld vorfinden, in das sie bestmöglich passen (Ababneh, 2020, S. 320; Wanous, Poland, Premack & Davis, 1992, S. 291). Wenn diese Anforderungen erfüllt sind, ist die Wahrscheinlichkeit eines organisationalem Commitments größer, obwohl die ersten Arbeitserfahrungen oft nicht den Erwartungen der Mitarbeiterinnen und Mitarbeiter entsprechen. Der Einfluss von Erwartungen auf Commitment, insbesondere auf das affektive Commitment, wird in Abschnitt 3.3.3 noch ausführlicher erläutert.

Zielmerkmale beschreiben die spezifischen Ziele, die eine Mitarbeiterin oder ein Mitarbeiter in der Organisation erreichen möchte (Klein & Park, 2020, S. 166). Wenn eine Mitarbeiterin oder Mitarbeiter Ziele hat, die mit den Zielen und Werten der Organisation übereinstimmen, kann dieses dazu beitragen, dass die Mitarbeiterin bzw. der Mitarbeiter sich stärker an die Organisation bindet und sich für den Erfolg der Organisation einsetzt (Klein, Cooper, Molloy & Swanson, 2014, S. 223). Eine Mitarbeiterin oder ein Mitarbeiter, die bzw. der sich für die Erreichung von Zielen engagiert, die auch für die Organisation von Bedeutung sind, kann sich mit der Organisation identifizieren und stolz darauf sein, für diese Organisation zu arbeiten. Wenn die Organisation die Ziele und Ambitionen ihrer Mitarbeiterinnen und Mitarbeiter unterstützt und anerkennt, kann dieses das

Commitment der Mitarbeiterinnen und Mitarbeiter zur Organisation weiter stärken. Zielmerkmale können beispielsweise die Erreichbarkeit, Legitimität oder die Reputation des Ziels beeinflussen (Becker, et al, 1996; Mueller & Lawler, 1999).

Interpersonale oder auch *soziale Faktoren* beziehen sich auf die Qualität der Beziehungen zwischen Mitarbeiterinnen und Mitarbeitern sowie deren Führungskräfte. Wenn Mitarbeiterinnen und Mitarbeiter positive und unterstützende Beziehungen zu ihren Kolleginnen und Kollegen und Vorgesetzten haben, kann dieses dazu beitragen, dass sie sich stärker an die Organisation binden und sich für den Erfolg der Organisation einsetzen (Klein & Park, 2020, S. 169). Eine genauere Erläuterung der Bedeutung der Austauschbeziehung zwischen Mitarbeiterinnen und Mitarbeitern und deren Führungskräften befindet sich in Abschnitt 4.3.2. Darüber hinaus können auch die Beziehungen zwischen Mitarbeiterinnen und Mitarbeitern untereinander einen Einfluss auf das Commitment zur Organisation haben (Lawler, Thye & Yoon, 2000, S. 640; Morrison, 2002, S. 1156).

Zu den *organisationalen Faktoren,* die sich auf Commitment auswirken, zählen außerdem die Unternehmenskultur und das Teamklima. Unter Unternehmenskultur werden die Werte, Überzeugungen, Normen und Verhaltensweisen einer Organisation verstanden, die von den Mitarbeiterinnen und Mitarbeitern geteilt werden (Belias & Koustelios, 2014, S. 132; Denison, 1996, S. 622). Eine starke Organisationskultur, die von den Mitarbeiterinnen und Mitarbeitern als positiv wahrgenommen wird, kann das Commitment ihrer Mitarbeiterinnen und Mitarbeiter stärken (O'Reilly, Chatman & Caldwell, 1991, S. 493). Eine solche Kultur kann auch dazu beitragen, dass Mitarbeiterinnen und Mitarbeiter sich mit ihrer Organisation identifizieren und stolz auf ihre Arbeit sind (Felfe, 2020, S. 156; Klein & Park, 2020, S. 168). Das Betriebsklima beschreibt die Qualität der Beziehungen und Interaktionen zwischen den Mitgliedern einer Abteilung (Denison, 1996, S. 624). Ein positives Klima kann dazu beitragen, dass Mitarbeiterinnen und Mitarbeiter sich wohler fühlen und sich eher engagieren (Carr, Schmidt, Ford & DeShon, 2003, S. 611). Wenn ein Teamklima von gegenseitigem Vertrauen, Unterstützung und Zusammenarbeit geprägt ist, kann dieses dazu beisteuern, dass die Mitarbeiterinnen und Mitarbeiter ihre Arbeit besser erledigen und sich eher mit der Organisation identifizieren.

Auch auf der gesellschaftlichen Ebene existieren verschiedene Faktoren, die das sozioökonomische Umfeld widerspiegeln, in dem sowohl Individuen als auch Organisationen agieren. Eine wichtige Rolle spielt hierbei die nationale Kultur, da kulturelle Faktoren, wie beispielsweise der Grad der Machtdistanz und der Kollektivismus die Wahrnehmung von Kontrolle und Vertrauen beeinflussen können

(Lok & Crawford, 2004, S. 331; Meyer et al., 2012, S. 231 f.). Neben der nationalen Kultur können auch makroökonomische Faktoren wie die wirtschaftlichen Bedingungen eines Landes oder einer Region sowie Merkmale des Geschäftssystems und des Arbeitsmarktes Einfluss auf die Wahrnehmung und Commitment haben (Klein & Park, 2020, S. 169). So können beispielsweise die Segmentierung, Stärke und Rolle der Gewerkschaften eine Rolle spielen (Hult, 2005, S. 258).

Gemäß dem Prozessmodell von Klein und Park (2020, S. 168) hat Commitment direkte Auswirkungen auf Kontinuität und Motivation. Dieses führt wiederum zu Handlungen und Konsequenzen, wie beispielsweise einer gesteigerten Leistung. Kontinuität umfasst in diesem Zusammenhang zwei Aspekte: die Intention, ein Ziel weiterzuverfolgen, sowie die kontinuierliche Aufrechterhaltung des entsprechenden Verhaltens (Mathieu & Zajac, 1990, S. 173; Meyer et al., 2002, S. 26). Eine direkte Folge davon ist zum Beispiel die Verringerung der Kündigungsabsicht. Motivation wiederum führt dazu, dass Mitarbeiterinnen und Mitarbeiter ein höheres Niveau an Anstrengung und Ressourcen in ihre Arbeit stecken, was wiederum zu einer höheren Leistung führt (Cooper-Hakim & Viswesvaran, 2005, S. 254).

3.3.4 Messung von organisationalem Commitment

In der Forschung dominieren zwei verschiedene Ansätze, um organisationales Commitment zu messen: Der organisationales Commitment Fragebogen (engl. „organizational commitment questionnaire; OCQ) von Mowday et al. (1979, S. 228) und die Skala von Allen und Meyer (1996, S. 7 f.). Im Folgenden werden diese beiden Ansätze etwas genauer beschrieben. Diese und eher weniger verwendete Messungen von organisationalem Commitment werden zudem in einer Übersicht in Tabelle 3.2 dargestellt. Organisationales Commitment kann sowohl als eindimensionales als auch mehrdimensionales Konstrukt betrachtet werden, wobei auch bei den mehrdimensionalen Facetten von einem dahinter liegenden Gesamtkonstrukt ausgegangen wird (Klein & Park, 2020, S. 161).

Der OCQ war einer der ersten Ansätze, um organisationales Commitment zu messen und betrachtet dieses zunächst als eindimensionales Konstrukt (Mowday et al., 1979, S. 228). Über lange Zeit hinweg, galt diese Skala, als das am häufigsten zitierte Instrument zu Messung von Commitment (Felfe, 2020, S. 71; Mathieu & Zajac, 1990, S. 172). Die Originalfassung wurde von Porter und Smith (1970) entwickelt und von Porter et al. (1974, S. 605) erstmals angewandt. Mowday et. al publizierten 1979 die eigentliche Skala mit den entsprechenden psychometrischen Merkmalen. Die Skala besteht aus 15 Items, von denen neun positiv und sechs negativ gepolt sind. Die zusätzlich vorhandene Kurzskala umfasst lediglich die neun positiven Items (Maier & Woschée, 2008, S. 3).

Während bei der Entwicklung des Fragebogens von einer eindimensionalen Skala ausgegangen wurde, zeigen spätere Faktoranalysen, dass sich diese auch in mehrere Dimensionen unterscheiden lassen. Benkhoff (1997, S. 124 f.) unterscheidet die drei Dimensionen Identifikation, Bleibeabsicht und zusätzliche Anstrengung. Verschiedene andere Untersuchungen gehen dagegen von einer Zwei-Faktoren-Unterscheidung aus, bei der die positiven und negativen Items jeweils auf einer anderen Dimension laden (Caught, Shadur & Rodwell, 2000, S. 777 f.; Lee & Gao, 2005, S. 388; Tetrick & Farkas, 1988, S. 728). Allerdings argumentiert Caught et al. (2000, S. 777 f.), dass diese Struktur eher durch ein linguistisches Artefakt hervorgerufen wird. Zudem bestätigen auch eine Reihe von Studien die eindimensionale Struktur des Fragebogens, weswegen in Tabelle 3.2 von einer eindimensionalen Messung ausgegangen wird (Maier & Woschée, 2008, S. 4; Mowday et al., 1979, S. 232 f.). Der OCQ gilt mit Cronbachs α Werten zwischen 0,82 und 0,93 und einer Re-Test-Reliabilität von 0,59 zudem als besonders zuverlässig (Mowday et al., 1979, S. 232). Die hohe prädiktive Validität war entscheidend für die Entwicklung von Skalen für das affektive Commitment (Felfe, 2020, S. 72). Der Fragebogen ist zudem für verschiedene Sprachen, unter anderem in Deutsch, validiert (Maier & Woschée, 2008, S. 5).

Meyer und Allen (1991, S. 64) unterscheiden in ihrem Modell die bereits beschriebenen Commitment Facetten affektives, normatives und fortsetzungsbezogenes Commitment. Dementsprechend handelt es sich bei der Messung um ein mehrdimensionales Konstrukt (Meyer, Allen & Smith, 1993, S. 543). Dieses baut auf der Kritik auf, dass die Messung mittels des OCQ nicht der Komplexität des Konstrukts des organisationalem Commitment gerecht wird, da dieser nur die affektive Komponente messen würde. Zudem lasse sich das Instrument nicht klar von anderen Konstrukten wie Fluktuationsabsicht und Engagement abgrenzen (Allen & Meyer, 1990, S. 15). Bei der Fragebogenentwicklung wurde aus ursprünglichen 51 Items ein Fragebogen mit letztendlich 24 Items entwickelt, wobei jede der drei Facetten mit jeweils acht Items gemessen wird (Allen & Meyer, 1996, S. 5). Die Cronbachs α Werte zeigen für die drei Dimensionen stabile Cronbachs α Werte und auch die Interkorrelationen zwischen den Konstrukten sind in verschiedenen Reliabilitätsstudien konsistent (Meyer et al., 1993, S. 545; Meyer et al., 2002, S. 26). Eine Meta-Analyse von Meyer & Allen (2002) zeigt für das affektive Commitment einen durchschnittlichen Cronbachs α Wert von 0,82, für das fortsetzungsbezogene Commitment einen Wert von 0,76 und für das normative Commitment einen Wert von 0,73 (Meyer et al., 2002, S. 26).

Zur Validierung wurde zudem die Korrelation mit dem OCQ erhoben hier zeigt sich, dass dieses in erster Linie mit dem affektiven Commitment korreliert (r = 0,88; Meyer et al., 2002, S. 28).

Trotz der weiten Verbreitung der Skala wird die Faktorstruktur kritisiert (Felfe, 2020, S. 74). So zeigen gerade affektives und normatives Commitment eine sehr hohe Korrelation (Cooper-Hakim & Viswesvaran, 2005, S. 249; Meyer et al., 2002, S. 28). Andere Studien wiederum bestätigten die Drei-Faktoren-Struktur (Allen & Meyer, 1996, S. 258; Clugston, Howell & Dorfman, 2000, S. 15). In der Tabelle 3.2 sind, neben den soeben beschriebenen Skalen, weitere Möglichkeiten aufgeführt, organisationales Commitment zu messen. Dabei wird zwischen eindimensionalen und mehrdimensionalen Messungen unterschieden.

Tabelle 3.2 Messungen von organisationalem Commitment

Autoren	Messung/Dimensionen	Beispielitem
Eindimensionale Messung		
Hrebiniak und Alutto (1972)	12 Items	Würden Sie Ihr derzeitiges Unternehmen unter einer der folgenden Bedingungen verlassen? Keine Gehaltserhöhung
Mowday et al. (1979)	15 bzw. 9 Items	Freunden gegenüber lobe ich dieses Unternehmen als besonders guten Arbeitgeber
DeCotiis und Summers (1987)	6 Items	Ich habe das Gefühl, dass die Probleme von [Name des Unternehmens] meine Probleme sind
Dhondt, Delano Pot und Kraan (2014)	2 Items	Ich fühle mich in dieser Organisation zuhause
Klein et al. (2014)	4 Items	Wie verbunden sind sie mit [Name des Unternehmens]
Urban, Groskurth und Schmidt (2023)	3 Items	Ich bin bereit, härter zu arbeiten als nötig, um dem Unternehmen oder der Organisation, für die ich arbeite, zum Erfolg zu verhelfen

(Fortsetzung)

Tabelle 3.2 (Fortsetzung)

Autoren	Messung/Dimensionen	Beispielitem
Mehrdimensionale Messungen		
Cook und Wall (1980)	Organisationale Identifikation 3 Items	Identifikation: Ich bin ziemlich stolz darauf, dass ich den Leuten sagen kann, für wen ich arbeite
	Organisationales Involvement 3 Items	Involvement: Bei meiner Arbeit möchte ich das Gefühl haben, dass ich mich nicht nur für mich selbst, sondern auch für die Organisation einsetze
	Organisationale Bindung 3 Items	Bindung: Selbst wenn es dem Unternehmen wirtschaftlich nicht so gut ginge, würde ich nur ungern zu einem anderen Arbeitgeber wechseln
O'Reilly und Chatman (1986)	Identifikation 5 Items	Identifikation: Wenn die Werte dieser Organisation anders wären, würde ich nicht so sehr an dieser Organisation hängen
	Stolz 3 Items	Stolz: Ich bin stolz darauf, anderen zu erzählen, dass ich zu dieser Organisation gehöre
	Compliance 3 Items	Bemühung: Wie hart ich für die Organisation arbeite, hängt direkt damit zusammen, wie viel ich dafür erhalte
Allen und Meyer (1996)	Affektives Commitment 6 Items	Affektiv: Ich wäre froh den Rest meiner Karriere in diesem Unternehmen zu verbringen
	Fortsetzungsbezogenes Commitment 6 Items	Fortsetzungsbezogen: Im Moment ist der Verbleib bei meiner Organisation sowohl eine Frage der Notwendigkeit als auch des Wunsches

(Fortsetzung)

Tabelle 3.2 (Fortsetzung)

Autoren	Messung/Dimensionen	Beispielitem
	Normatives Commitment 6 Items	Normativ: Ich würde mich schuldig, fühlen mein Unternehmen zu verlassen
Felfe, Franke, Meyer und Allen (2012)	Affektives Commitment 5 Items	Affektiv: Ich empfinde ein starkes Gefühl der Zugehörigkeit zu meiner Organisation
	Kalkulatorisches Commitment 4 Items	Kalkulatorisch: Zu vieles in meinem Leben würde sich verändern, wenn ich diese Organisation jetzt verlassen würde
	Normatives Commitment 5 Items	Normativ: Es macht keinen guten Eindruck, häufiger die Organisation zu wechseln
Gansser und Godbersen (2023)	Affektive Bindung 5 Items	Affektiv: Ich empfinde es als angenehm, bei meinem Arbeitgeber zu arbeiten
	Kognitive Bindung 4 Items	Kognitiv In gewisser Weise bindet mich der für einen Wechsel benötigten Zeitaufwand an meinen Arbeitgeber
	Normative Bindung 4 Items	Normativ Aufgrund der langen Beziehung zu meinem Arbeitgeber fühle ich mich zu einer gewissen Rücksichtnahme verpflichtet
	Vertragliche Bindung 1 Item	Vertraglich: Ich bin vertraglich an meinen Arbeitgeber gebunden

3.4 Arbeitszufriedenheit und organisationales Commitment

Beide arbeitsbezogene Einstellungen, Arbeitszufriedenheit und organisationales Commitment, erfassen die Art und Weise, wie Menschen ihre Arbeit erleben und zu ihr in Beziehung stehen (Judge et al., 2017, S. 357). Da es sich um latente Variablen handelt, haben beide ein gewisses Maß an subjektiver Bewertung als Teil ihres Bedeutungskerns (Hair, Hult, Ringle & Sarstedt, 2022, S. 7). In vielen Studien konnte gezeigt werden, dass Arbeitszufriedenheit und organisationales Commitment stark miteinander zusammenhängen (Mathieu & Zajac, 1990, S. 176; Tett & Meyer, 1993, S. 271; Valaei & Rezaei, 2016, S. 1677). Beide Konstrukte weisen eine gewisse theoretische Ähnlichkeit miteinander auf. Vor allem hinsichtlich der affektiven Komponente, in Bezug auf eine emotionale Bewertung der Arbeit, haben beide Konstrukte starke Gemeinsamkeiten (Felfe, 2020, S. 168). Auch bei den Einflussvariablen gibt es Überschneidungen, wie bei Führung und Arbeitsinhalten (Griffeth et al., 2000, S. 466; Humphrey et al., 2007, S. 1343; Mathieu et al., 2016, S. 122). Zudem zeigen beide Konstrukte einen starken Einfluss auf die Kündigungsabsicht (Griffeth et al., 2000, S. 471).

Dennoch unterscheiden sich beide Konstrukte deutlich voneinander. Arbeitszufriedenheit bezieht sich auf das Ausmaß, in dem Mitarbeiterinnen und Mitarbeitern, mit verschiedenen Aspekten ihrer Arbeit zufrieden sind, wie beispielsweise Arbeitsbedingungen, Vergütung, Arbeitsaufgaben, Arbeitsumfeld, soziale Beziehungen am Arbeitsplatz und Entwicklungsmöglichkeiten (Judge et al., 2017, S. 357). Sie wird oft als ein Schlüsselindikator für das Wohlbefinden von Mitarbeiterinnen und Mitarbeitern angesehen (Rothausen & Henderson, 2019, S. 357). Während die Arbeitszufriedenheit die Reaktion einer Person auf ihren Arbeitsplatz darstellt, spiegelt organisationales Commitment eine allgemeine affektive Reaktion auf die Organisation als Ganzes wider (Judge et al., 2017, S. 357). Organisationales Commitment wird als stabiler angesehen als Arbeitszufriedenheit, da alltägliche Ereignisse das Niveau der Arbeitszufriedenheit einer Mitarbeiterin oder eines Mitarbeiters beeinflussen können, während sie das organisationale Commitment nicht beeinflussen sollten (Mowday et al., 1979, S. 226).

In der Literatur besteht keine Einigkeit über die kausale Beziehung zwischen Arbeitszufriedenheit und organisationalem Commitment. Im Folgenden werden drei Möglichkeiten der Zusammenhänge kurz diskutiert. Für die theoretisch vierte Möglichkeit, dass es sich um unabhängige Konstrukte handelt, gibt es keine wissenschaftlichen Anhaltspunkte (Carr et al., 2003, S. 605; Dougherty, Bluedorn & Keon, 1985, S. 259). Die Möglichkeiten sind in Abbildung 3.4 dargestellt.

In einem Großteil der wissenschaftlichen Untersuchungen wird davon ausgegangen, dass Arbeitszufriedenheit dem Commitment vorausgeht (Currivan, 1999, S. 512; Rutherford, Boles, Hamwi, Madupalli & Rutherford, 2009, S. 1147; Williams & Hazer, 1986, S. 227). Mit zunehmender Arbeitszufriedenheit steigt also auch das organisationale Commitment. Es wird davon ausgegangen, dass zunächst die Bewertung der eigentlichen Arbeit stattfindet und sich somit im besten Fall Arbeitszufriedenheit entwickelt und erst im nächsten Schritt die Bewertung der Organisation erfolgt und somit die Entwicklung des organisationalen Commitments (Felfe, 2020, S. 171). Das bedeutet auch, dass Arbeitszufriedenheit im Gegensatz zum Commitment einen eher kurzzeitigen Charakter hat (Mowday et al., 1979, S. 226).

Es gibt allerdings auch Möglichkeiten, den Zusammenhang in die umgekehrte Richtung zu begründen (Tett & Meyer, 1993, S. 284). Bei einem hohen Commitment wird die Arbeitssituation insgesamt auch als besser eingeschätzt, was wiederum zu einer Steigerung der Arbeitszufriedenheit führt. Grundlage für diese Perspektive bildet die Soziale Identitätstheorie (engl. „social identity theory"), die davon ausgeht, dass ein hohes Maß an Identifikation mit dem Unternehmen zu einem höheren Selbstwert und damit zu einer höheren Zufriedenheit beiträgt (Ashforth & Schinoff, 2016, S. 113).

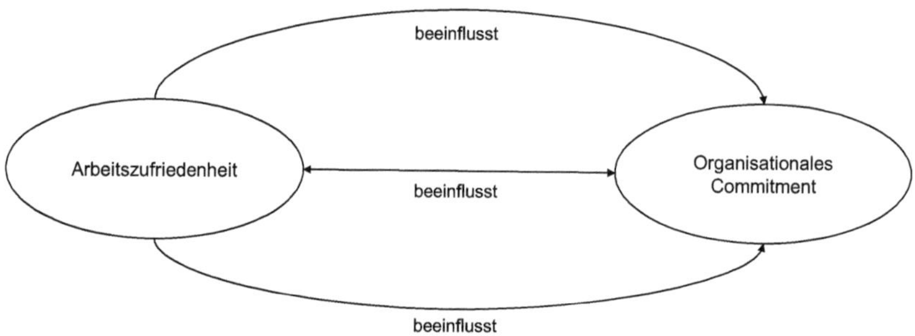

Abbildung 3.4 Mögliche Zusammenhänge zwischen Arbeitszufriedenheit und organisationalem Commitment. (Eigene Darstellung)

Die letzte Möglichkeit, das Verhältnis der beiden Konstrukte in Beziehung zu stellen, ist die eines reziproken Zusammenhangs, also einer gegenseitigen Beeinflussung von Arbeitszufriedenheit und organisationalem Commitment. Farkas und Tetrick (1989, S. 863 ff.), die im Gegensatz zu vielen anderen Untersuchungen in diesem Bereich, eine Längsschnitt- und keine Querschnittsanalyse durchgeführt haben, unterstützen diese Aussage. Auch Vandenberg und Lance (1992, S. 163) kommen in einer Längsschnittuntersuchung mit zwei Messzeitpunkten zu einem ähnlichen Ergebnis.

Grundsätzlich gilt die Richtung des Einflusses zwischen Arbeitszufriedenheit und organisationalem Commitment noch nicht als geklärt. Allerdings weist ein Großteil der Forschung daraufhin, dass Arbeitszufriedenheit Commitment beeinflusst. Gleichzeitig gibt es sowohl Hinweise auf den umgekehrten sowie einen reziproken Zusammenhang. Es wird daher davon ausgegangen, dass grundsätzlich die Arbeitszufriedenheit das organisationale Commitment beeinflusst, dieses dann aber durch ein aufgebautes organisationales Commitment weiter verstärkt werden kann.

Die Einflussvariablen 4

4.1 Erwartungen

4.1.1 Der Erwartungsansatz

In der Arbeits- und Organisationspsychologie spielen Erwartungen eine wichtige Rolle, da sie einen entscheidenden Indikator für zentrale Konstrukte wie Arbeitszufriedenheit, organisationales Commitment und Kündigungsabsicht darstellen. Trotzdem wurde das Konzept der Erwartungen bisher eher selten untersucht (Wanous et al., 1992, S. 288). Eine intensivere Auseinandersetzung mit dem Konstrukt kann dazu beitragen, das Verständnis für die Motivation und für das Verhalten von Arbeitnehmerinnen und Arbeitnehmern zu verbessern. Allgemein gesagt beziehen sich Erwartungen auf die Überzeugungen, die eine Person darüber hat, was sie von ihrem Arbeitsumfeld erhält, wie beispielsweise Belohnungen, Anerkennung und Unterstützung (Ababneh, 2020, S. 306). Dabei werden häufig zwei verschiedene Messrichtungen verwendet: der Einfluss der erfüllten Erwartungen oder der Einfluss der unerfüllten Erwartungen auf jeweils abhängige Variablen. Dabei ändert sich in der Konsequenz lediglich die Wirkungsrichtung des Zusammenhangs, das dahinterliegende Konstrukt jedoch bleibt gleich. Im Folgenden wird daher allgemein Erwartung als Formulierung verwendet, die sowohl erfüllte als auch unerfüllte Erwartungen beschreiben soll. Wird sich auf konkrete Studien bezogen, die eine der beiden Varianten zur Messung gewählt haben, wird die jeweils gemessene Variante verwendet.

Wenn Unternehmen und Führungskräfte ein Verständnis dafür entwickeln, welche Erwartungen Arbeitnehmerinnen und Arbeitnehmer an ihre Arbeit und das Unternehmen insgesamt haben und wie diese Erwartungen erfüllt werden können,

J. S. Ehrlich, *Die Entwicklung, Analyse und Replikation eines modifizierten Modells der Kündigungsabsicht*, Betriebswirtschaftliche Forschung zur Unternehmensführung 66, https://doi.org/10.1007/978-3-658-46123-2_4

ist es möglich Maßnahmen ergreifen, um die Zufriedenheit und das organisationale Commitment der Mitarbeiterinnen und Mitarbeiter zu fördern. Dabei gibt es zwei Ansätze in der Wissenschaft, die sich mit dem Konzept von Erwartungen auseinandersetzen: der Erwartungsansatz und der psychologische Vertrag.

Der Erwartungsansatz beinhaltet die Annahme, dass die Arbeitszufriedenheit von Arbeitnehmerinnen und Arbeitnehmern davon abhängt, ob ihre Erwartungen an die Arbeit erfüllt werden oder nicht (Porter & Steers, 1973, S. 151). Der psychologische Vertrag ist ein Konzept, das sich auf die impliziten Erwartungen bezieht, die Arbeitnehmerinnen und Arbeitnehmer an ihre Tätigkeit haben und die von den Unternehmen erfüllt werden sollen (Rousseau, 1995, S. 118). Obwohl der psychologische Vertrag einen theoretischen Rahmen für das Konzept von Erwartungen bietet, fehlen immer noch Bezüge zum Erwartungsansatz und zur Kündigungsabsicht (Irving & Montes, 2009, S. 432; Topa, Aranda-Carmena & De-Maria, 2022, S. 2). Im Folgenden werden der Erwartungsansatz sowie der psychologische Vertragsbruch sowie die Messung dieser Konstrukte genauer beschrieben.

In der Motivationsforschung gibt es einige frühe Theorien, die sich mit Erwartungen auseinandersetzen und auf die der Erwartungsansatz von Porter und Steers (1973, S. 151 f.) aufbaut. Die Erwartung-Wert-Theorie nach Atkinson (1957, S. 359; 1964, S. 256 f.) beschreibt, dass Motivation durch das Abwägen von Valenzen im Sinne der Attraktivität möglicher Ergebnisse des Handelns und der Erwartung entsteht. Vroom (1964, S. 192 ff.) stellt dagegen, dass bei wichtigen Entscheidungen das alleinige Abwägen von Valenzen und Erwartungen nicht ausreichend ist. Es sollte zusätzlich betrachtet werden, dass Handlungsergebnisse Folgen haben und diese ebenfalls bewertet werden sollten. Diese Beziehung zwischen Handlungsergebnissen und Folgen werden Instrumentalität genannt. Die Valenz-Instrumentalität-Erwartungs-Theorie (VIE-Theorie) von Vroom (1964, S. 192 ff.) ist eine Motivationstheorie, die sich mit dem Konzept von Erwartungen auseinandersetzt. Allerdings geht die VIE-Theorie von Vroom (1964, S. 192 ff.) davon aus, dass Erwartungen rational abgewogen werden, was nicht für jeden Kontext zutrifft. Vielmehr werden oft implizite Erwartungen an die Arbeit und das Unternehmen gestellt, die schwer greifbar sind und nicht immer bewusst wahrgenommen werden.

Als in den 70er Jahren die Diskussion über Kündigungsabsichtsmodelle begann (siehe Abschnitt 2.2.1), begründeten Porter und Steers (1973, S. 152) mit dem „Modell der erfüllten Erwartungen" (engl. „met expectation model") den Erwartungsansatz. Das Modell basiert auf der Annahme, dass die Zufriedenheit und das Wohlbefinden von Mitarbeiterinnen und Mitarbeitern stark davon abhängen, ob ihre Erwartungen an ihre Arbeit erfüllt werden oder nicht. Porter und Steers (1973, S. 152) beschreiben die Diskrepanz zwischen den Erwartungen einer Person am Arbeitsplatz und den positiven sowie negativen Erfahrungen als erfüllte Erwartungen. Sie argumentieren, dass wenn Unternehmen es nicht schaffen, die Erwartungen ihrer Mitarbeiterinnen und Mitarbeiter zu erfüllen, dies zu Unzufriedenheit und schließlich zur Kündigung führen kann. (Porter & Steers, 1973, S. 171).

Mobley et al. (1979, S. 517) beziehen sich auf die Definition von Porter und Steers (1973, S. 171) und setzen in ihrem konzeptionellen Modell (siehe Abschnitt 2.2.2) einen starken Fokus auf Erwartungen. Dort wird zwischen Erwartungen an den aktuellen und an einen möglichen alternativen Job unterschieden. Beides unterteilt sich in einem nächsten Schritt in die Erwartungen an zukünftige Arbeitsergebnisse auf der einen und Erwartungen den aktuellen Job zu behalten bzw. die Alternative zu erreichen, auf der anderen Seite. Dies endet in der Bewertung der Attraktivitätserwartung des aktuellen oder alternativen Jobs und hat somit einen direkten Einfluss auf die Kündigungsabsicht. Diese Darstellung lässt sich mit der Erwartung-Wert-Theorie von Atkinson (1957, S. 359; 1964, S. 256 f.) vergleichen, der den Wert der Attraktivität der Wahrscheinlichkeit des Ergebnisses gegenübergestellt. Michaels und Spector (1982, S. 54) integrieren in ihrer empirischen Untersuchung Erwartungen von Arbeitnehmerinnen und Arbeitnehmern als Einflussvariable. Hier wird davon ausgegangen, dass, wenn der Job nicht so ist, wie vorher erwartet wurde, eine wahrscheinliche Folge die Kündigung ist.

Mitarbeiterinnen und Mitarbeiter haben Erwartungen in Bezug auf verschiedene Aspekte ihres Arbeitslebens (Bilal & Bashir, 2016, S. 219). Diese Erwartungen können beispielsweise das Gehalt, die Loyalität des Unternehmens gegenüber den Mitarbeiterinnen und Mitarbeitern oder die Aufstiegschancen betreffen. Diese Annahme wird von verschiedenen Autoren gestützt, darunter Ababneh (2020, S. 306), Porter und Steers (1973, S. 144 ff.) sowie Steers und Mowday (1981, S. 241). Erwartungen werden in diesem Zusammenhang als wahrgenommene Eigenschaften eines Unternehmens verstanden, beispielsweise dass das Unternehmen familienfreundlich ist (Kim, Price, Mueller & Watson, 1996, S. 949). Das bedeutet, dass Mitarbeiterinnen und Mitarbeiter bestimmte Vorstellungen davon haben, wie ein Unternehmen sein und welche Leistungen es ihnen bieten sollte. Wenn diese Erwartungen nicht erfüllt werden, kann dies zu Unzufriedenheit und Frustration führen.

Im Rahmen des Erwartungsansatzes gibt es wenige Erklärungsversuche zur Entstehung von Erwartungen. Eine Ausnahme bildet die Theorie der sogenannten realistischen Tätigkeitsvorschau (engl. „realistic job preview"; RJP; Earnest, Allen & Landis, 2011, S. 867; Wanous et al., 1992, S. 288). RJPs sind eine

Art Rekrutierungsinstrument, das den Bewerberinnen und Bewerbern eine genaue und ausgewogene Darstellung der ausgeschriebenen Stelle und des Unternehmens bietet, für die sie sich bewerben (Bilal & Bashir, 2016, S. 219). Sie können auch dazu beitragen sicherzustellen, dass die eingestellten Kandidatinnen bzw. Kandidaten gut zur Stelle und zum Unternehmen passen, was zu einer höheren Arbeitszufriedenheit und Leistung führen kann (Wanous et al., 1992, S. 291). RJPs enthalten in der Regel eine Reihe von Informationen, beispielsweise über Aufgaben, Arbeitszeiten, Gehalt und Sozialleistungen, Aufstiegsmöglichkeiten und mögliche Herausforderungen. Die in einem RJP präsentierten Informationen sollen objektiv und unvoreingenommen sein, so dass die Kandidatinnen und Kandidaten eine fundierte Entscheidung darüber treffen können, ob die Stelle und das Unternehmen ihren Bedürfnissen und Erwartungen entsprechen (Bilal & Bashir, 2016, S. 220). RJPs sind eine effektive Möglichkeit für Unternehmen, potenziellen Mitarbeiterinnen und Mitarbeitern ein realistisches Bild von der Stelle und dem Unternehmen zu vermitteln.

Das Verhalten und die Einstellung der Mitarbeiterinnen und Mitarbeiter verändern sich, je nach Erfüllung oder Nichterfüllung von Erwartungen, in eine positive bzw. negative Richtung (Caligiuri, Phillips, Lazarova, Tarique & Burgi, 2001, S. 359; Daly & Dee, 2006, S. 796; Porter & Steers, 1973, S. 152). Zum Beispiel kann eine Bewerberin oder ein Bewerber durch die Eigendarstellung des Unternehmens den Eindruck gewinnen, dass es besonders familienfreundlich ist. Stellt sich dies später als falsch heraus, werden die Erwartungen der Bewerberin oder des Bewerbers bzw. der Arbeitnehmerin oder des Arbeitnehmers nicht erfüllt, was zu einem psychologischen Vertragsbruch und damit zur Kündigungsabsicht oder zu emotionaler Erschöpfung führen kann (Maden, Ozcelik & Karacay, 2016, S. 6; Moquin, Riemenschneider & Wakefield, 2019, S. 113).

Louis (1980, S. 226) kritisiert in ihrer Arbeit den Ansatz von Porter und Steers (1973). Sie unterscheidet zwischen unrealistischen Erwartungen und unerfüllten Erwartungen. Die unrealistischen Erwartungen sind auf zwei Hauptursachen zurückzuführen: zum einen auf Rekrutierungspraktiken, die dazu führen, dass Bewerberinnen und Bewerber ein zu positives bzw. nicht der Realität entsprechendes Bild ihres zukünftigen Arbeitsplatzes erhalten (Liu, Keeling & Papamichail, 2018, S. 1333; Ward, Athos & Holtz, 1972, S. 66) und zum anderen auf kognitive Prozesse von Neueinsteigerinnen und Neueinsteigern. Zum Beispiel können die Vorstellungen einer Bewerberin oder eines Bewerbers an den neuen Arbeitsplatz durch jeweilige Erfahrungen, Werte und Überzeugungen geprägt sein, was zu überhöhten Erwartungen führen kann (Vroom & Deci, 1971, S. 47). Unrealistische Erwartungen lassen sich durch die eben diskutierten RJPs umgehen (Louis, 1980, S. 227). Im Gegensatz zu unrealistischen Erwartungen werden unerfüllte

Erwartungen von Louis (1980, S. 228) eher als Differenz zwischen den ursprünglichen Erwartungen und den tatsächlichen Erfahrungen gesehen. Dies wiederum entspricht der Definition von Porter und Steers (1973, S. 152).

Wanous et al. (1992, S. 288) greifen in ihrer Meta-Analyse zum Thema erfüllte Erwartungen sowohl die Überlegungen von Porter und Steers (1973) als auch von Mobley et al. (1979) auf. Sie beschreiben zwei Rollen von Erwartungen in der Arbeits- und Organisationspsychologie (Wanous et al., 1992, S. 289). Zum einen die Rolle im Bereich der Motivationsforschung, wie bereits im Kontext von Atkinson (1957, S. 359; 1964, S. 256 f.) und Vroom (1964, S. 192) beschrieben. Zum anderen spielen Erwartungen aber auch eine Rolle im Bereich der Übereinstimmung zwischen Erwartungen und Angeboten. Letzteres kommt erneut der Idee von Porter und Steers (1973, S. 152) nahe, die in erfüllten bzw. unerfüllten Erwartungen eine Diskrepanz zwischen Erwartung und Erfüllung sehen.

Das mehrspurige Modell (engl. „multi-route") Modell von Steers und Mowday (1981, S. 242) zeigt, dass die Bereitschaft im Unternehmen zu bleiben umso größer ist, je stärker die Erwartungen vor dem Eintritt in das Unternehmen mit den tatsächlichen Erfahrungen am Arbeitsplatz übereinstimmen. Irving und Meyer (1995, S. 1163) kommen in ihrer Untersuchung zu dem Schluss, dass neue Mitarbeiterinnen und Mitarbeitern häufig niedrigere Erwartungen haben und somit diese leichter erfüllt werden können. Wenn wiederum die Erwartungen nicht erfüllt werden, sollten Unternehmen eher darauf setzen, dass Mitarbeiterinnen und Mitarbeiter positive Erfahrungen machen (Irving & Montes, 2009, S. 445). Bisher weniger in diesem Kontext betrachtet wurden die Erwartungen bereits etablierter Arbeitnehmerinnen und Arbeitnehmer sowie die Folgen positiven Zukunftserwartungen (Maden et al., 2016, S. 22).

4.1.2 Der psychologische Vertragsbruch

Die Rolle von nicht erfüllten Erwartungen bekam nach der Diskussion im Rahmen des Erwartungsansatzes auch im sogenannten „psychologischen Vertrag" eine große Bedeutung (Rousseau, 1995, S. 118). Dieses Konzept wurde vor allem in den 1980er und 1990er Jahren populär, als es zu bedeutenden Veränderungen im traditionellen Arbeitsverhältnis kam (Freese & Schalk, 2008, S. 269). Der psychologische Vertrag wird von Rousseau (1990, S. 391) definiert als „individuelle Überzeugungen in Bezug auf Verpflichtung und stillschweigende Verträge" (engl. „individual beliefs regarding obligations and implied contracts"), die zudem auf Gegenseitigkeit beruhen. Es handelt sich um ein dynamisches Konzept, das sich im Laufe der Zeit weiterentwickelt und von verschiedenen Faktoren wie organisatorischen Veränderungen, Beschäftigungsstatus und Arbeitsplatzkultur beeinflusst wird (Robinson & Morrison, 2000, S. 526). Der psychologische Vertrag beruht auf individuellen Überzeugungen von gegenseitigen Verpflichtungen zwischen Mitarbeiterinnen und Mitarbeitern sowie dem Unternehmen, bei dem diese angestellt sind. Es handelt sich hierbei sowohl um implizite als auch explizite Versprechungen beider Seiten (Rousseau, 1995, S. 26 f.).

Der psychologische Vertragsbruch ist ein wichtiger Aspekt der Theorie des psychologischen Vertrags. Er beschreibt eine „subjektive Erfahrung, die sich auf die Auffassung einer der Parteien bezieht, dass die andere Partei ihre Verpflichtungen und Versprechen nicht angemessen erfüllt hat.“ (Topa et al., 2022, S. 2). Diese Erfahrung wird als Verletzung oder Bruch des Vertrages empfunden und kann zu negativen Konsequenzen wie Unzufriedenheit, Vertrauensverlust und einer Abnahme der Bindung an das Unternehmen führen. Diese Beschreibung kommt der Definition von Porter und Steers (1973, S. 152) in Bezug auf erfüllte Erwartungen sehr nahe. Allerdings kann dieser Bruch im Rahmen des psychologischen Vertrags sowohl von der Seite des Unternehmens als auch von Seiten der Mitarbeiterin oder des Mitarbeiters kommen. Der Erwartungsansatz dagegen schildert in erster Linie die Perspektive der Mitarbeiterin oder des Mitarbeiters. In der Theorie des psychologischen Vertrags wird außerdem zwischen Verletzung und Bruch unterschieden. Eine Verletzung tritt auf, wenn eine Verpflichtung nicht vollständig erfüllt wird, während ein Bruch stattfindet, wenn die Verletzung schwerwiegender ist und den psychologischen Vertrag grundlegend verletzt (Zhao, Wayne, Glibkowski & Bravo, 2007, S. 649).

Von Unternehmensseite kann der psychologische Vertrag von Personen aus verschiedenen Bereichen geschlossen werden (Rousseau, 1995, S. 114). Dazu gehören Recruiting, Management, Kolleginnen und Kollegen, Mentorinnen und Mentoren oder dem höheren Management. Wenn es zu einer Verletzung des psychologischen Vertrages kommt, findet eine emotionale Bewertung statt, bei der die Erfüllung der Versprechen bewertet wird (Morrison & Robinson, 1997, S. 237). Diese Bewertung geht über eine rein kognitive Bewertung, die den Vertragsbruch beschreibt, der auf die Verletzung folgt (Zhao et al., 2007, S. 649), hinaus. Es ist wichtig zu betonen, dass die emotionale Bewertung subjektiv und individuell ist und je nach den Umständen und Erwartungen der betroffenen Parteien unterschiedlich ausfallen kann. Diese Unterscheidung zwischen der emotionalen und kognitiven Bewertung hilft jedoch dabei, den Unterschied zwischen einer einfachen Verletzung und einem Vertragsbruch zu verstehen, was wiederum Auswirkungen auf das Verhalten und die Entscheidungen der betroffenen Parteien haben kann.

Der psychologische Vertragsbruch von Unternehmensseite basiert auf Versprechen, die von den im vorherigen Absatz genannten Personen gemacht werden können. Eine Verletzung kann auf zwei verschiedene Arten auftreten: durch die Verweigerung eines gemachten Versprechens oder durch ein unterschiedliches Verständnis des Versprechens (Morrison & Robinson, 1997, S. 231). Es können Versprechen verschiedenster Art gebrochen werden. Die meisten Gründe basieren auf: Entlohnung, Boni, Karrierewegen, Leistungsbeurteilungen, Trainings oder Dokumentationen (Rousseau, 1995, S. 114). Verletzungen des psychologischen Vertrags und somit auch der eigentliche Bruch werden wahrscheinlicher, wenn… (Robinson & Morrison, 2000, S. 536 f.):

- … sich die Leistung der Organisation verringert.
- … die Leistung der Mitarbeiterin oder des Mitarbeiters schwach ist.
- … die Mitarbeiterin oder der Mitarbeiter bereits in vorherigen Arbeitsbeziehungen die Erfahrung eines psychologischen Vertragsbruchs gemacht hat.
- … zum Zeitpunkt der Einstellung die Mitarbeiterin oder der Mitarbeiter Alternativen zum Jobangebot hatte.

Unwahrscheinlicher werden diese dagegen, wenn… (Robinson & Morrison, 2000, S. 536 f.):

- …die Mitarbeiterin oder der Mitarbeiter einen Sozialisationsprozess durchlaufen hat.
- …die Mitarbeiterin oder der Mitarbeiter bereits vor der Einstellung Kontakt zu Personen aus dem Unternehmen hatte.

Rousseau, Hansen und Tomprou (2018, S. 1082) erweitern das Konzept von Vertragsverletzung und Vertragsbruch um die Unterbrechung (engl. „disruption“). Dabei handelt es sich um ein affektives Verhalten, welches sowohl positiv als auch negativ sein kann. Bei einem negativen Ereignis folgt ein negatives Verhalten der Arbeitnehmerin oder des Arbeitnehmers, wie beispielsweise eine Verringerung des Commitments, des Vertrauens in die Arbeitgeberin oder den Arbeitgeber, der Arbeitszufriedenheit und der Leistung (O'Donohue, Hutchings & Hansen, 2018, S. 1380 f.). Griep et al. (2019, S. 398) kritisieren den Ansatz von Rousseau et al. (2018, S. 1082) zur Untersuchung der Beziehungen zwischen psychologischen Vertragsverletzungen, Gefühlen der Verletzung und Reaktionen der Mitarbeiterinnen und Mitarbeiter (Beal, Weiss, Barros & MacDermid, 2005, S. 1060). Sie betonen, dass sich Emotionen, Einstellungen und Verhaltensweisen gegenseitig bedingen und somit verändern können. Durch die Vernachlässigung des zeitlichen Kontextes der psychologischen Vertragsverletzung, der Gefühle der Verletzung und der Reaktionen der Mitarbeiterinnen und Mitarbeiter wird dies allerdings nicht berücksichtigt (Griep et al., 2019, S. 398).

4.1.3 Messung von Erwartungen

Das Konzept von Erwartungen ist dem Bruch des psychologischen Vertrags zwar ähnlich, dennoch lässt sich beides konzeptionell voneinander abgrenzen (Ababneh, 2020, S. 327). Der psychologische Vertragsbruch basiert auf dem Bruch von Vertrauen und gegenseitigen Verpflichtungen, während beim Erwartungsansatz implizite Erwartungen auf Grundlage von Erfahrungen gebildet werden (Robinson, 1996, S. 575). Die ursprüngliche Idee des psychologischen Vertrages basiert zudem auf einem Konzept der Gegenseitigkeit, während erfüllte Erwartungen nur die Perspektive der Mitarbeiterin oder des Mitarbeiters einnehmen (Rousseau et al., 2018, S. 1082). Diese Unterschiede zwischen dem Erwartungsansatz und dem psychologischen Vertrag werden zusätzlich deutlich, wenn die verschiedenen Möglichkeiten angeschaut werden, beides zu messen. Porter und Steers (1973, S. 152) gehen davon aus, dass verschiedene Arbeitnehmerinnen und Arbeitnehmer jeweils unterschiedliche Erwartungen haben bzw. die Bedeutung verschiedener Aspekte variiert. Zum Beispiel können einige Arbeitnehmerinnen und Arbeitnehmer größeren Wert auf monetäre Belohnungen legen, während für andere die sozialen Beziehungen am Arbeitsplatz oder die Arbeitsbedingungen wichtiger sein können. Sobald die individuellen Erwartungen nicht erfüllt sind, entsteht eine leichte Tendenz zur Kündigungsabsicht. Sowohl Porter und Steers (1973, S. 152) als auch Mobley et al. (1979, S. 510) beschreiben unerfüllte Erwartungen konzeptionell als Diskrepanz zwischen Erwartungen und der persönlichen Erfahrung.

In der Literatur gibt es verschiedene Ansätze, um Erwartungen von Mitarbeiterinnen und Mitarbeitern zu messen. Eine Möglichkeit ist die Verwendung nur eines einzelnen Items, das einfach abfragt, inwieweit die Erwartungen der Mitarbeiterin bzw. des Mitarbeiters mit dem eigentlichen Job übereinstimmen. Diese Methode wurde in mehreren Studien eingesetzt, wie beispielsweise von Kim et al. (1996, S. 591), Michaels und Spector (1982, S. 55) sowie Williams und Hazer (1986, S. 222). Allerdings wurde diese Art der Messung auch kritisiert, da sie als zu global und retrospektiv angesehen wurde (Michaels & Spector, 1982, S. 58).

Die zweite Möglichkeit ist es, einen Index aus verschiedenen arbeitsbezogenen Aspekten zu bilden (Caligiuri et al., 2001, S. 362; Farkas & Tetrick, 1989, S. 856;

Lee & Mowday, 1987, S. 731). Irving und Meyer (1994, S. 942) unterteilen die Messung von Erwartungen in drei Dimensionen: Komfort (z. B. Arbeitssicherheit), Belohnung (z. B. Möglichkeit mehr Geld zu verdienen) und Verantwortung (z. B. Erlaubnis eigene Arbeitsmetoden zu entwickeln). Lee und Mowday (1987, S. 731) stellen dabei die Erwartungen in Bezug auf den unmittelbaren Vorgesetzten, Art der Arbeit, Kolleginnen und Kollegen, physische Arbeitsbedingungen, finanzielle Belohnung, zukünftige Karriere und Identifikation mit dem Unternehmen in den Vordergrund. Diese Skala wird auch von Ababneh (2020, S. 314) übernommen. Yang et al. (2018, S. 14) entwickeln auf Grund fehlender validierter Skalen, zusätzlich eigene Items für Beförderung und herausfordernde Aufgaben. Die Problematik bei den genannten Skalen ist allerdings, dass diese nur die Erwartungen abfragen, die Diskrepanz zwischen Erwartung und Erfahrung wird bei dieser Messung nicht berücksichtigt.

Im Rahmen des psychologischen Vertrags gibt es ebenfalls zwei Ansätze, den psychologischen Vertragsbruch zu messen. Hier wird zwischen der ausdrücklichen Frage nach dem Grad der Erfüllung, und einer getrennten Lösung unterschieden, in der sowohl die wahrgenommene Erwartung als auch die wahrgenommene Erfüllung gemessen wird (Coyle-Shapiro & Kessler, 2000, S. 912). Letztere Möglichkeit berücksichtigt die Kritik, dass bei der Messung von Erwartungen kein Diskrepanzmaß herangezogen wird.

Die erste Methode, die direkt nach der (nicht) Erfüllung des Vertrags fragt, ist in der Literatur von verschiedenen Autorinnen und Autoren beschrieben worden, wie beispielsweise von Robinson und Rousseau (1994, S. 251) oder Robinson und Morrison (1995, S. 293). Hierbei wird ähnlich wie bei der reinen Erwartungsmessung die Diskrepanz zwischen Angeboten und Erfüllung direkt gemessen und ein Gesamtscore erhoben. Robinson und Morrison (2000, S. 534) haben eine Skala entwickelt, um diese Art der Messung durchzuführen. Die Skala besteht aus fünf Items, die sich auf die Erfüllung von Versprechen beziehen, die während des Einstellungsprozesses gemacht wurden. Ein Beispiel für ein Item ist: „Mein Arbeitgeber hat die Versprechen, die er mir als gemacht hat, als ich eingestellt wurde, gehalten…“ Diese Skala wurde erfolgreich in verschiedenen Studien eingesetzt und hat sich als nützliches Instrument zur Messung des psychologischen Vertragsbruchs erwiesen (Rayton & Yalabik, 2014, S. 2389).

Der Möglichkeit, einen Bruch des psychologischen Vertrags zu messen, wird anhand der Elemente des Vertrags Erfahrung und Erfüllung gemessen. Raeder, Wittekind, Inauen und Grote (2009, S. 177) haben eine solche Messung entwickelt und validiert. Sie beziehen sich dabei auf De Vos, Buyens und Schalk (2003, S. 544), die zwischen den Dimensionen Karriereentwicklung, Arbeitsinhalt, soziale Atmosphäre, finanziellen Belohnungen und Work-Life-Balance unterscheiden. Außerdem beziehen sie die Dimensionen Sicherheit, Bindung und Lernmöglichkeiten mit ein (Raeder et al., 2009, S. 178). Diese Art der Messung lässt sich auch auf die Messung von Erwartungen übertragen, wodurch dann auch die Diskrepanz zwischen Erwartungen und Angeboten sichtbar wird.

4.2 Aufgabenmerkmale

4.2.1 Frühe Arbeiten zur Arbeitsplatzgestaltung

Aufgabenmerkmale sind ein wichtiger Faktor bei der Gestaltung von Arbeit und haben einen großen Einfluss auf die Arbeitszufriedenheit und -motivation von Mitarbeiterinnen und Mitarbeitern. Es gibt verschiedene theoretische Konzepte, die bei der Gestaltung von Arbeit verwendet werden können. Parker, Morgeson und Johns (2017, S. 406) haben einflussreiche Artikel aus der Arbeitsgestaltungsliteratur recherchiert und verschiedene Forschungscluster gefunden und folgendermaßen benannt: soziotechnologische Systeme und autonome Arbeitsgruppen, Arbeitsmerkmale, Arbeitsanforderungen und -kontrolle, Arbeitsanforderungen- und Ressourcen- sowie die Rollen-Theorie.

Im Folgenden wird der Fokus auf das Cluster der Arbeitsplatzmerkmale, zu welchem Aufgabenmerkmale zugeordnet werden können, gelegt. Dafür werden zunächst frühe Arbeiten zur Arbeitsplatzgestaltung diskutiert und anschließend wird die JCT beschrieben. In der weiteren Beschreibung wird zudem kurz auf die Arbeitsanforderungen, Kontrolle und Ressourcen sowie die Rollentheorie eingegangen. Abschließend folgt eine Übersicht zu verschiedenen möglichen Messungen von Aufgabenmerkmalen.

Erste Arbeiten zur Arbeitsplatzgestaltung lassen sich bereits im 19. Jahrhunderts finden (Babbage, 1832, S. 169 ff.; Smith, 1801, S. 6). Die damalige Grundannahme war, dass vereinfachte und spezialisierte Tätigkeiten zu einer Verbesserung von Fähigkeiten führen. Diese Ideen wurde Anfang des 20. Jahrhundert von Taylor (1911, S. 26 ff.) in seiner Theorie des wissenschaftlichen Management (engl. „scientific management") aufgegriffen und in den Bereich der Arbeitsmotivation eingeordnet. In seiner Theorie ging er davon aus, dass die Arbeit routiniert, einfach und standardisiert gestaltet werden sollte – allerdings führte die Routine in der Praxis bei Arbeiterinnen und Arbeitern nicht zu einer verbesserten Arbeitsleistung, sondern zu ineffizientem Verhalten (Hackman & Lawler, 1971, S. 259; Oldham & Fried, 2016, S. 21).

Die zweite Überlegung zur Arbeitsplatzgestaltung ist der Ansatz der Arbeitsplatzerweiterung, die darauf abzielt, die Arbeit komplexer, herausfordernder und anspruchsvoller zu gestalten, so dass einzelne Personen mehr Verantwortung übernehmen und Entscheidungen treffen müssen (Hackman & Lawler, 1971, S. 261; Oldham & Hackman, 2010, S. 464). Die passende Arbeitsplatzgestaltung kann jedoch von den persönlichen Merkmalen, insbesondere von der Stärke der Wachstumsbedürfnisse der Mitarbeiterin oder des Mitarbeiters abhängen (Hackman & Oldham, 1980, S. 85 ff.; Herzberg, 1968, S. 57 ff.; Oldham & Fried, 2016, S. 21). Eine Mitarbeiterin oder ein Mitarbeiter, die bzw. der ein hohes Wachstumsbedürfnis hat, braucht eine komplexe und bereichernde Arbeit, aber diese Bedingung wird von Mitarbeiterinnen und Mitarbeitern mit einem niedrigen Wachstumsbedürfnis möglicherweise nicht geschätzt, die sich eher für eine einfache und routinemäßige Arbeit interessieren.

Herzberg et al. (1959, S. 113 ff.) beschrieben die Idee der Arbeitsanreicherung in der Zwei-Faktoren-Theorie der Arbeitszufriedenheit. Die Motivatoren führen zu Arbeitszufriedenheit, während die Hygiene-Faktoren Arbeitsunzufriedenheit verhindern, aber nicht zu Arbeitszufriedenheit führen. Motivatoren wirken sich längerfristig auf die Einstellung der Arbeitnehmerinnen und Arbeitnehmer aus und entsprechen dem Bedürfnis der Menschen nach Wachstum und Leistung (Herzberg, 1968, S. 57 ff.). Zu der damaligen Zeit galt die Theorie von Herzberg als bahnbrechend und es wurde eine große Anzahl erfolgreicher Projekte mit dem Fokus auf Jobanreicherung durchgeführt (Paul, Robertson & Herzberg, 1969, S. 61 ff.).

Herzbergs Zwei-Faktoren-Theorie wurde allerdings wegen verschiedener Punkte kritisiert (Oldham & Fried, 2016, S. 21). Zum einen gab es keine genauen Kriterien, wie ein Arbeitsplatz angereichert werden könnte, und zum anderen keine Möglichkeit dies zu messen. Zudem geht die Veränderung nach dieser Theorie ähnlich wie beim wissenschaftlichen Management, vom Management und nicht von der Mitarbeiterin oder dem Mitarbeiter aus (Paul et al., 1969, S. 62). Die Forschung in den folgenden Jahren reagierte auf diese Kritik, und es entstand der bis heute am meisten erforschte und diskutierte Ansatz der JCT (Oldham & Fried, 2016, S. 21).

4.2.2 Die Theorie der Aufgabenmerkmale

Die Zwei-Faktoren-Theorie von Herzberg hat gezeigt, wie wichtig eine angereicherte bzw. eine bedeutende Tätigkeit für Mitarbeiterinnen und Mitarbeitern ist. In der Kritik wurde allerdings deutlich, dass es zu definieren gilt, welche Aufgabenmerkmale dafür von Bedeutung sind und wie sich diese messen lassen. Die

Entwicklung der JCT sowie der darauf basierenden JDS antworten auf diese Kritik (Hackman & Oldham, 1975, S. 159; 1976, S. 251). Die JCT basiert auf den Studien von Turner und Lawrence (1965, S. 26 f.) sowie auf denen von Hackman und Lawler (1971, S. 263 f.). In einer groß angelegten Studie haben Turner und Lawrence (1965, S. 19 f.) sechs erforderliche Aufgabenattribute (engl. „requisite task attributes“) untersucht: Autonomie, Vielfalt, geforderte Interaktion, optionale Interaktion, erforderliches Wissen und Fähigkeiten sowie Verantwortung. Daraus wurde ein Index gebildet und mit Arbeitszufriedenheit in Zusammenhang gesetzt. Es zeigte sich, dass die Merkmale dieses Indexes einen positiven Einfluss auf die Arbeitszufriedenheit der Arbeiterinnen und Arbeiter in großen Städten haben, nicht aber auf die in kleinen Städten.

Hackman und Lawler (1971, S. 262 f.) leiten aus dem Erwartungsansatz (siehe Abschnitt 4.1.1) ab, dass es unter bestimmten Bedingungen möglich ist, sowohl eine hohe Arbeitszufriedenheit als auch einen hohen Einsatz für die Unternehmensziele zu erreichen. Dafür ist zum einen die Erfüllung von Erwartungen entscheidend sowie bestimmte Aufgabenmerkmale. Eine Aufgabe sollte so gestaltet sein, dass die Arbeitnehmerin oder der Arbeitnehmer sich dafür verantwortlich fühlt, ein intrinsisch bedeutungsvolles Ergebnis erzeugt und Rückmeldung über die Leistung erhält. Sie reduzieren die vier Aufgabenattribute von Turner und Lawrence (1965, S. 26 f.) von sechs auf vier Kerndimensionen: Autonomie, Vielfalt, Bedeutsamkeit der Aufgabe und Rückmeldung über die Aufgabe.

Das Modell der Aufgabenmerkmale (engl. „job characteristics model; JCM), als Kernbestandteil der JCT, beschreibt auf Grundlage der bereits diskutierten Merkmale schließlich fünf Aufgabenmerkmale, die bis heute Bestand haben: Anforderungsvielfalt, Aufgabengeschlossenheit, Bedeutsamkeit der Aufgabe, Autonomie und Rückmeldung über die Tätigkeit (Hackman & Oldham, 1975, S. 161; 1976, S. 257).

Um Anforderungsvielfalt herzustellen sollten, die Fähigkeiten der Mitarbeiterinnen und Mitarbeiter in verschiedenen Bereichen beansprucht werden, um sie nicht einseitig zu belasten und ihnen die Möglichkeit zu geben, verschiedene Fähigkeiten und Kenntnisse einzusetzen (Hackman & Oldham, 1976, S. 160 f.). Aufgabengeschlossenheit beschreibt Tätigkeiten, bei denen die Mitarbeiterin oder der Mitarbeiter ein vollständiges Produkt oder eine Dienstleistung fertigstellen kann, wodurch ihr oder ihm der Sinn und der Stellenwert ihrer oder seiner Tätigkeit vermittelt werden. Bedeutsamkeit der Aufgabe beschreibt die Auswirkungen einer Aufgabe auf das Leben und die Arbeit anderer und darauf, wie die Tätigkeit einer Mitarbeiterin oder des Mitarbeiters der Kundschaft nützt, wie diese mit den Aufgaben ihrer bzw. seiner Kolleginnen und Kollegen und der Arbeit anderer Abteilungen des Unternehmens zusammenhängt (Hackman & Oldham, 1975,

S. 161). Autonomie ist die Möglichkeit von Mitarbeiterinnen und Mitarbeiter, die Mittel der Arbeit eigenverantwortlich auszuwählen und Teilziele selbstständig festzulegen. Rückmeldung aus der Tätigkeit gibt den Mitarbeiterinnen und Mitarbeitern die Möglichkeit, Fehlentwicklungen selbstständig zu korrigieren und den Fortschritt auf dem Weg zum Ziel zu verfolgen. Die Anforderungsvielfalt, die Aufgabengeschlossenheit und die Bedeutsamkeit führen zu dem psychologischen Zustand der wahrgenommenen Bedeutung der Arbeit (Hackman & Oldham, 1976, S. 258). Die Autonomie führt zur wahrgenommenen Verantwortung der Ergebnisse und die Rückmeldung über die Tätigkeit zu dem Wissen über die Ergebnisse der Arbeitstätigkeiten. Daraus resultieren eine hohe intrinsische Arbeitsmotivation, eine hohe Arbeitszufriedenheit, weniger Fehlzeiten und Kündigungen sowie eine hohe Qualität der Arbeitsleistung. Beeinflusst wird der Zusammenhang zwischen den Aufgabenmerkmalen und den Ergebnissen zudem durch das persönliche Entfaltungsbedürfnis einer Person.

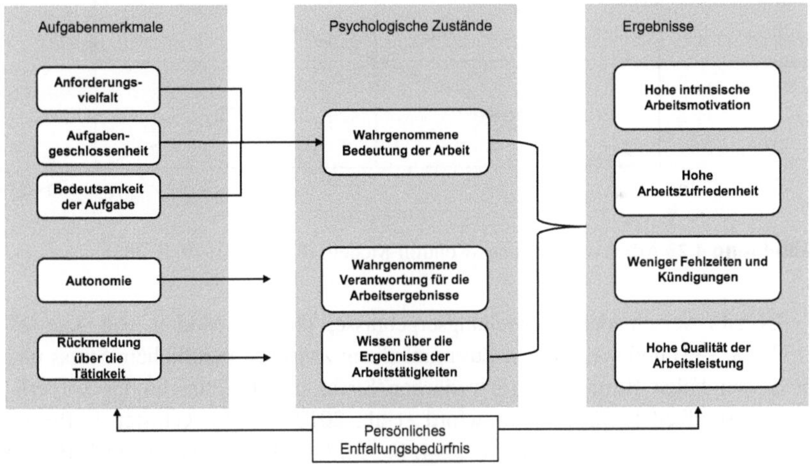

Abbildung 4.1 Das Modell der Aufgabenmerkmale. (Hackman & Oldham, 1975, S. 161)

Die JCT wurde bereits in zahlreichen Studien in ihren Kernelementen belegt, sie wird bis heute als Grundlage von verschiedenen arbeitsplatzbezogenen Theorien verwendet (Humphrey et al., 2007, S. 1345 ff.; Oldham & Fried, 2016, S. 24). Das JCM ist in Abbildung 4.1 dargestellt. Die Möglichkeiten Arbeitsplatzmerkmale zu messen, sowie weiterführende Theorien werden in den folgenden beiden Kapiteln betrachtet.

4.2.3 Weitere Entwicklung

Karasek (1979, S. 228) initiierte das Modell der Arbeitsanforderungen und -kontrolle und argumentierte, dass die Forschung zur motivierenden Arbeitsanforderungen vernachlässigt worden war, außerdem wurde die Rolle von Stress für die psychische Gesundheit ignoriert. Das Modell besagt, dass Kontrolle die negativen Auswirkungen von Anforderungen abpuffern kann und dass die Belastung am größten ist, wenn die Anforderungen hoch und die Kontrolle niedrig sind und ist in Abbildung 4.2 dargestellt. Später wurde noch der Faktor der sozialen Unterstützung hinzugefügt (Johnson & Hall, 1988, S. 1336; Karasek, 1990, S. 32).

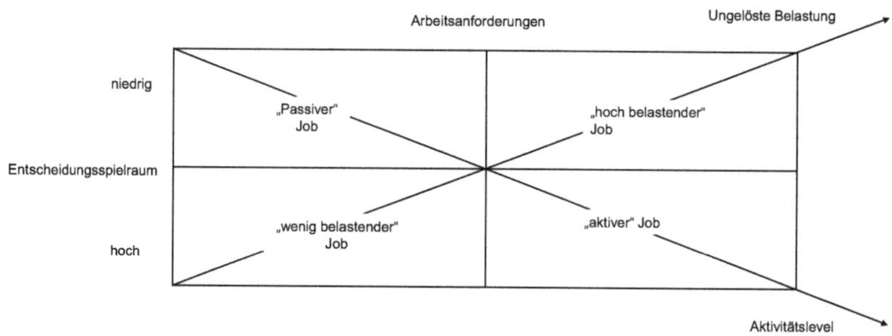

Abbildung 4.2 Arbeitsanforderungs-Kontroll-Modell. (Karasek, 1979, S. 288)

Es gibt verschiedene Forschungsergebnisse, die das Modell von Karasek (1979, S. 288) und somit einen Zusammenhang zwischen beruflichem Stress und in dessen Folge Burnout sowie zwischen Stress und beeinträchtigter körperlicher Gesundheit bestätigen (Crawford et al., 2010, S. 840; Ganster & Rosen, 2013, S. 1106; Schaufeli & Taris, 2014, S. 55). Gleichzeitig gibt es auch Belege für positive Auswirkungen von Arbeitsplatzkontrolle auf das Wohlbefinden (Sonnentag, 2015, S. 343). Übermäßige Arbeitsanforderungen oder geringe Kontrolle können die Gesundheit und das Wohlbefinden beeinträchtigen, indem sie das Erholungserlebnis während der Arbeit reduzieren. Die Auswirkungen von Anforderungen und Kontrolle auf die Gesundheit variieren jedoch je nach Person (Bond & Bunce, 2003, S. 1063). Es gibt Hinweise auf eine Wechselwirkung zwischen Anforderungen und Kontrolle, jedoch sind die Ergebnisse uneinheitlich und überwiegend negativ (de Lange, Taris, Kompier, Houtman & Bongers, 2003, S. 300; Van der Doef & Maes, 1999, S. 106).

Eine weitere Forschungsrichtung, die direkt auf dem der JCM sowie dem Arbeitsanforderungs-Kontroll-Modell aufbaut, ist das des Arbeitsfanforderungs-Ressourcen-Modells (engl. „job demands-resource; JD-R). In der ursprünglichen Fassung von Demerouti et al. (2001, S. 502) diente es als Erklärungsmodell für Stress und Burnout. In der weiteren Entwicklung gilt es zusätzlich als Vorhersagemodell für Leistung und motivationale Faktoren, wie Commitment oder Arbeitszufriedenheit (Bakker & Demerouti, 2007, S. 313).

Im Vergleich zum Modell von Karasek (1979, S. 288) wurde das JD-R-Modell in zweierlei Hinsicht weiterentwickelt: Es erkennt an, dass neben Kontrolle und Unterstützung auch andere Arbeitsmerkmale als Ressourcen dienen können, um Arbeitsanforderungen zu bewältigen und Leistung zu fördern (Bakker & Demerouti, 2017, S. 274). Außerdem bezieht es auch Belastung und Motivation aktiv mit ein und zeigt, dass Anforderungen hauptsächlich dazu führen, die Gesundheit durch Belastung und Burnout zu beeinträchtigen, während Ressourcen das Engagement und die Leistung verbessern (Parker et al., 2017, S. 409). Ähnlich wie bei dem Arbeitsanforderungs-Kontrollmodell von Karasek (1979, S. 288) lassen sich berufliche Faktoren in zwei Kategorien aufteilen: Arbeitsanforderungen und Arbeitsressourcen. Arbeitsanforderungen bedeuten physische oder psychische Anstrengungen (Bakker & Demerouti, 2017, S. 274). Die Arbeitsressourcen dagegen helfen Arbeitnehmerinnen und Arbeitnehmern, mit den Anforderungen umzugehen (Bakker & Demerouti, 2017, S. 274). Ursprünglich bezogen sich diese Faktoren direkt auf das JCM von Hackman und Oldham (1975, S. 161) und den dort genannten Aufgabenmerkmalen. Mit der Weiterentwicklung des JD-Rs wurde auch die Beschreibung der verschiedenen Ressourcen erweitert (Bakker & Demerouti, 2017, S. 273). Das JD-R wurde seit der der ersten Publikation von Demerouti et al. (2001, S. 499) deutlich weiterentwickelt. Ursprünglich war es als Vorhersagemodell für Burnout entwickelt worden und bezieht in der Version von Bakker und Demerouti (2007, S. 313) bereits organisationale Ergebnisse mit ein. In der aktuellen Version ist es ein komplexes Modell, das verschiedene Ebenen mit einbezieht (Bakker & Demerouti, 2017, S. 275).

Kahn, Wolfe, Quinn, Snoek und Rosenthal (1964, S. 8) führten bereits früh Rollenkonflikte und Rollenambiguität als Hauptursachen für belastende Rollendysfunktionen im Arbeitskontext ein. Es gibt viele Anzeichen dafür, dass die negativen Auswirkungen von Rollenambiguität und -konflikten zu Kündigungsabsicht, Verringerung des Commitment und Arbeitsbelastung führen (Fisher & Gitelson, 1983, S. 325; Griffeth et al., 2000, S. 466; Rubenstein et al., 2018, S. 34).

Eine andere Herangehensweise besteht darin zu untersuchen, wann, wie und warum Menschen ihre Arbeitsrollen erweitern oder ändern. Eine aktuelle

Forschungsrichtung, die diese Möglichkeit untersucht, ist die proaktive Arbeitsplatzgestaltung (engl. „job crafting"; Wrzesniewski & Dutton, 2001, S. 180). Dieses beschreibt, wie Mitarbeiterinnen und Mitarbeiter ihre Aufgabenmerkmale so anpassen, dass es ihren jeweiligen Bedürfnissen entspricht (Tims & Bakker, 2010, S. 3). Während in früheren Ansätzen die Einflussnahme von Unternehmen auf die Aufgabenmerkmale gelegt wurde, beschreibt die proaktive Arbeitsplatzgestaltung die Perspektive der Mitarbeiterinnen und Mitarbeiter (Oldham & Fried, 2016, S. 27). Tims und Bakker (2010, S. 4) gehen von drei verschiedenen Dimensionen der proaktiven Arbeitsplatzgestaltung aus, die später von Tims, Bakker und Derks (2012, S. 179) auf vier erweitert wurden:

- Erhöhung von strukturellen Ressourcen, indem das Verhalten angewendet wird, das die Autonomie oder die Aufgabenvielfalt erweitert (Rudolph, Katz, Lavigne & Zacher, 2017, S. 116)
- Verringerung von Arbeitsanforderungen durch die Reduzierung von physikalischen, kognitiven und emotionalen Belastungen (Rudolph et al., 2017, S. 116)
- Erhöhung von sozialen Ressourcen, wie einen regelmäßigen Austausch mit Kolleginnen und Kollegen (Tims, Bakker & Derks, 2013, S. 230)
- Steigerung der Arbeitsanforderungen in Form von mehr Verantwortung oder freiwilligen Projekten (Rudolph et al., 2017, S. 116)

Proaktive Arbeitsplatzgestaltung zeigt einen signifikanten Zusammenhang mit Arbeitsengagement, Beschäftigungsfähigkeit und Leistung (Eguchi et al., 2016, S. 237; Robledo, Zappalà & Topa, 2019, S. 7). Der Zusammenhang zur Arbeitszufriedenheit scheint allerdings nicht so klar zu sein. Es gibt einige Studien, die keine signifikanten Zusammenhänge zeigen (Hakanen, Peeters & Schaufeli, 2018, S. 8; Robledo et al., 2019, S. 7). Andere Studien dagegen diskutieren, dass es zu einigen Facetten von Arbeitszufriedenheit, wie die Gestaltung der Arbeitsvielfalt, einen Zusammenhang gibt, während bei anderen Facetten, wie die Schaffung von Entwicklungsmöglichkeiten, kein Zusammenhang zu finden ist (Tims, B. Bakker & Derks, 2014, S. 499). Die Theorie der proaktiven Arbeitsplatzgestaltung ist auch bereits in der aktuellen Version des JD-R-Modell integriert (Bakker & Demerouti, 2017, S. 275).

In der aktuellen Forschung zur Arbeitsplatzgestaltung lassen sich neue Perspektiven finden. Es wird über alternative Arbeitsplatzmerkmale wie soziale Dimensionen, motivationale Dimensionen und den Arbeitskontext diskutiert (Oldham & Fried, 2016, S. 28). Neben den alternativen Arbeitsplatzmerkmalen werden auch einige alternative Ergebnisse und mögliche Mediatoren diskutiert

(Oldham & Fried, 2016, S. 24). Eine weitere, relativ neue Diskussion beschäftigt sich mit der Gestaltung von Arbeitsplätzen für Teams (Oldham & Fried, 2016, S. 26).

4.2.4 Messung von Aufgabenmerkmalen

Grundsätzlich lässt sich die Erhebung von Aufgabenmerkmalen dem Bereich von Arbeitsanalysen zuordnen. Arbeitsanalysen können verwendet werden, um ein Anforderungsprofil für Bewerberinnen oder Bewerber zu erstellen, eine Grundlage für einen Gehaltsvergleich zu haben oder die Belastungsfaktoren an eine Tätigkeit zu identifizieren (DuVernet, Dierdorff & Wilson, 2015, S. 1609). Es lassen sich unterschiedliche Verfahren für eine Tätigkeitsanalyse unterscheiden: bedingungsbezogene Verfahren, die sich unabhängig von der Person erheben lassen, beispielsweise Lärm, und personenbezogene Verfahren, die auf einer subjektiven Einschätzung von beispielsweise Autonomieempfingen basieren. Wie bereits im Verlauf dieses Kapitels diskutiert, gibt es eine Vielzahl von Aufgabenmerkmalen, die auf sehr unterschiedliche Weisen charakterisiert werden und teilweise in Untersuchungen nur als einzelne Einflussfaktoren einbezogen werden (Humphrey et al., 2007, S. 1333). Allerdings gibt es zwei gängige personenbezogene Skalen zur Messung von Aufgabenmerkmalen, mit denen sich das aktuelle Kapitel beschäftigt: den JDS und den Arbeitsgestaltungsfragebogen (engl. „work design questionnaire; WDQ).

Das JCM besagt, dass die Merkmale eines Arbeitsplatzes die Motivation, Zufriedenheit und Leistung der Mitarbeiterinnen und Mitarbeiter beeinflussen (Hackman & Oldham, 1976, S. 159). Zur Messung dieser Merkmale wird der JDS verwendet (Hackman & Oldham, 1976, S. 160). Dieser besteht aus 15 Items, die in fünf Dimensionen bzw. Aufgabenmerkmale unterteilt sind: Anforderungsvielfalt, Aufgabengeschlossenheit, Bedeutsamkeit der Aufgabe, Autonomie und Rückmeldung über die Tätigkeit. Diese Aufgabenmerkmale werden auf einer siebenstufigen Skala bewertet, wobei höhere Werte darauf hinweisen, dass die Aufgabe ein höheres Motivationspotential aufweist. Die fünf Dimensionen können dann zu einem Motivationspotential-Score zusammengefasst werden.

Obwohl es anfangs Zweifel an der Fünf-Faktoren-Struktur des JDS gab und alternative Aufteilungen vorgeschlagen wurden, gilt die Messung der fünf Arbeitsmerkmale aus dem JDS bis heute als die beste und häufigste Art, Arbeitsplatzgestaltung zu messen (Birnbaum, Farh & Wong, 1986, S. 598; Oldham & Fried, 2016, S. 22; Parker et al., 2017, S. 408). Humphrey et al. (2007, S. 1332) und Oldham und Fried (2016, S. 22) weisen darauf hin, dass der JDS eine hohe

Zuverlässigkeit und Validität aufweist und in verschiedenen Arbeitsumgebungen eingesetzt werden kann.

Neben dem JDS hat sich mittlerweile eine weitere Messung etabliert, die deutlich mehr Dimensionen umfasst: der WDQ. Dieser wurde von Morgeson und Humphrey (2006, S. 1322) entwickelt und basiert auf einer umfassenden Recherche zu relevanten Arbeitsplatzmerkmalen. Im Gegensatz zum JDS ist der WDQ darauf ausgelegt, Ergebnisse zu liefern, die zur Gestaltung von Arbeitsplätzen in einem umfassenden Sinne verwendbar sind (Parker et al., 2017, S. 410). Der WDQ unterscheidet dabei drei verschiedene Merkmalsbereiche: Motivationale Arbeitsplatzmerkmale, soziale Arbeitsplatzmerkmale und kontextuale Arbeitsplatzmerkmale (Morgeson & Humphrey, 2006, S. 1323).

Motivationale Arbeitsplatzmerkmale beschreiben die Aufgabenmerkmale, die auch im JDS berücksichtigt werden. Zusätzlich werden jedoch auch Merkmale wie Wichtigkeit der Arbeit oder Sinnhaftigkeit der Tätigkeit erfasst (Humphrey et al., 2007, S. 1335). Soziale Arbeitsplatzmerkmale umfassen Aspekte wie soziale Unterstützung durch Vorgesetzte oder Kolleginnen und Kollegen, Feedback-Kultur und Gruppenzusammenhalt (Morgeson & Humphrey, 2006, S. 1324). Hier geht es darum, wie gut sich Mitarbeiterinnen und Mitarbeiter von anderen verstanden und unterstützt fühlen und wie gut die Zusammenarbeit im Team funktioniert. Kontextuale Arbeitsplatzmerkmale umfassen Faktoren wie physische Arbeitsbedingungen, organisatorische Rahmenbedingungen oder Vergütungsstrukturen (Morgeson & Humphrey, 2006, S. 1324). Hier geht es um Aspekte, die das Arbeitsumfeld und die Rahmenbedingungen betreffen und somit indirekt Einfluss auf die Motivation, Zufriedenheit und Leistung der Mitarbeiterinnen und Mitarbeiter haben können.

Im WDQ gibt es zwei Unterschiede zum JDS (Stegmann et al., 2010, S. 4). Zum einen wird im WDQ Autonomie in drei Teile unterteilt (Planung, Entscheidungen, Methoden), während sie im JCM als eine Einheit betrachtet wird. Zum anderen unterscheidet das WDQ zwischen Aufgaben- und Anforderungsvielfalt, während im JCM nur die Anforderungsvielfalt beschrieben wird. Im WDQ wird die Anforderungsvielfalt jedoch zu den Wissensmerkmalen gezählt, statt zu anderen Aufgabenmerkmalen. Morgeson und Humphrey (2006, S. 1323) postulieren jedoch ähnliche motivationale und verhaltensbezogene Auswirkungen für beide Vielfaltsskalen und alle drei Teile der Autonomie. Vom WDQ gibt es verschiedene validierte Übersetzungen, die ihn besonders für Arbeitsanalysen im internationalen Kontext geeignet macht (siehe z. B. Bayona, Caballer & Peiro, 2015; Kahaki, Gharibi, Keshavarz, Cousins & Mokarami, 2022; Stegmann et al., 2010).

Die Messung von Aufgabenmerkmalen durch den JDS oder den WDQ wird aufgrund der reinen Selbstauskunft durch Fragebögen in Bezug auf die Objektivität kritisiert (Oldham & Fried, 2016, S. 22). In Meta-Analysen konnte gezeigt werden, dass die Bewertungen eines Arbeitsplatzes von Arbeitnehmerinnen und Arbeitnehmern sowie Beobachterinnen und Beobachtern übereinstimmen, wobei erstere die genauere Beschreibung lieferten (Fried & Ferris, 1987, S. 301 ff.; Oldham & Fried, 2016, S. 21). Andere Studien zeigen, dass sich Mitarbeiterinnen und Mitarbeiter in ihrer Bewertung zwar von anderen bereitgestellten Informationen beeinflussen lassen, dieser Effekt aber schwach ausgeprägt ist (Oldham & Fried, 2016, S. 21; Taber & Taylor, 1990, S. 478 ff.). Diese Erkenntnisse haben dazu geführt, dass nur noch wenig Forschung zu diesem Thema durchgeführt wird. Die meisten aktuellen Studien im Bereich der Arbeitsplatzgestaltung verwenden die Selbsteinschätzungen der Arbeitnehmerinnen und Arbeitnehmer über ihre Arbeitsplatzmerkmale (siehe z. B. Astrauskaite, Notelaers, Medisauskaite & Kern, 2015; Barrick, Thurgood, Smith & Courtright, 2015; Hofmans, Gelens & Theuns, 2014).

4.3 Führung

4.3.1 Führung und Führungsansätze

Der Begriff Führung ist sowohl aus praktischer als auch aus wissenschaftlicher Perspektive schwierig auf eine Definition bzw. ein Konzept festzulegen. Er wird von den verschiedensten wissenschaftlichen Disziplinen betrachtet und auch in der Praxis gibt es eine Vielfalt von Ansätzen. In der Soziologie wird Führung vor allem mit Blick auf die Interaktionen und Beziehungen zwischen Gruppen und Individuen in einer Gesellschaft betrachtet. Sie untersucht, wie Führung dazu beiträgt, soziale Ordnung aufrechtzuerhalten, und wie sie sich auf die Entwicklung von Gesellschaftsstrukturen auswirkt (Reinbacher, 2021, S. 697). Die Politikwissenschaft betrachtet Führung vor allem in Bezug auf politische Institutionen und Prozesse. Sie untersucht, wie Führung in Regierungen und politischen Parteien funktioniert, wie politische Entscheidungen getroffen werden und wie Führung die politische Landschaft beeinflusst (Fliegauf, 2011, S. 100). Aus der Perspektive der Wirtschaftswissenschaften ist es wichtig, Führung von Management zu unterscheiden. Während Management bedeutet, Tätigkeiten auszuführen und zu koordinieren, wird Führung eher als Einfluss auf andere in Bezug auf die persönliche Entwicklung verstanden (Northouse, 2021, S. 16 f.). Dennoch überschneiden sich beide Konstrukte, sobald beispielsweise Managerinnen bzw. Manager Gruppen bei der Zielerreichung unterstützen oder Führungskräfte in die Koordination von Aufgaben mit einbezogen werden. Die Arbeits- und Organisationspsychologie betrachtet eine Vielzahl von verschiedenen Führungsansätzen und -stilen, in denen sich auch Einflüsse aus Soziologie, Politik und Wirtschaft finden lassen. Im Folgenden wird eine Übersicht zu diesen Führungsansätzen gegeben.

Im betriebswirtschaftlichen Kontext geht es darum, mit Führung zum Erfolg des Unternehmens beizutragen (Lord, Day, Zaccaro, Avolio & Eagly, 2017, S. 436). Führung ist ein Zusammenspiel aus Eigenschaften, Motivation, Verhalten sowie Wahrnehmung und Beziehungen, wie in Abbildung 4.3 dargestellt wird (Badura, Galvin & Lee, 2022, S. 2073). Dabei bringt die Führungskraft bestimmte Eigenschaften und Fähigkeiten mit, die ihre Motivation und darüber ihr eigentliches Verhalten beeinflusst. Dieses Verhalten wiederum beeinflusst die Wahrnehmung der geführten Personen sowie die verschiedenen Führungsbeziehungen. Aus dem Zusammenspiel dieser Faktoren entsteht formale und informale Führung, die wiederum zu Führungsergebnissen, wie Arbeitszufriedenheit oder Leistung führt. Kontextuelle Faktoren sowie Grenzen geben den Rahmen für diesen Prozess vor. Eine diesen Prozess beschreibende Definition von Führung von Northouse (2021, S. 6) lautet „Führung ist ein Prozess, bei dem eine Person eine Gruppe von Personen beeinflusst, um ein gemeinsames Ziel zu erreichen." (engl.: „Leadership is a process whereby an individual influences a group of individuals to achieve a group of individuals to achieve a common goal."). Daher bedeutet Führung auch, sich die Konsequenzen des eigenen Handelns bewusst zu machen (Badura et al., 2022, S. 2084). Die Idee von erfolgreicher Führung umfasst nicht nur Unternehmensziele, sondern auch Humanziele und Arbeitszufriedenheit (Northouse, 2021, S. 7).

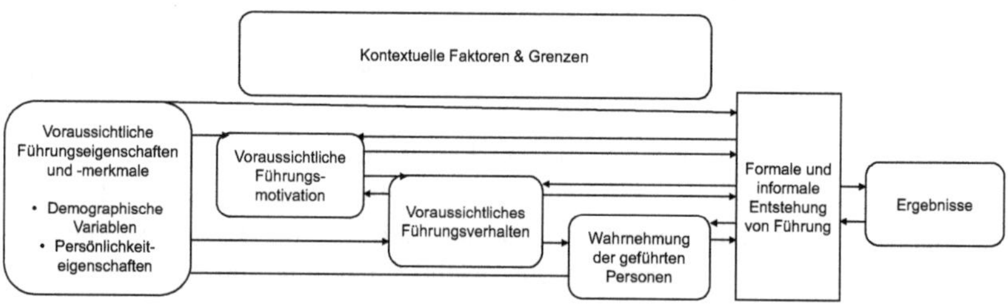

Abbildung 4.3 Entstehungsmodell von Führung. (Eigene Darstellung in Anlehnung an Badura et al., 2022, S. 2073)

Führung wurde in theoretischen Kündigungsmodellen zu Beginn der Forschung als Einflussfaktor mit einbezogen (Mobley et al., 1979, S. 517; Porter & Steers, 1973, S. 157). In der empirischen Prüfung von Michaels und Spector (1982) und Williams und Hazer (1986) ist Führung eine der Einflussvariablen. Mathieu et al. (2016, S. 122) greifen diese Modelle auf und fokussieren sich dabei auf Führung als Einflussvariable sowie empfehlen für weitere Forschung in diesem Zusammenhang den LMX-Ansatz. Im Folgenden werden zunächst einige der wichtigsten Führungsansätze beschrieben. Anschließend wird noch einmal explizit auf den LMX-Ansatz und die Messung dessen eingegangen.

Einer der ersten Ansätze, Führung systematisch zu betrachten, war der Eigenschaftsansatz (Lord et al., 2017, S. 453). Dieser wurde in den Anfängen auch als Ansatz der „großen Männer" (engl. „great men") betrachtet, da sich dabei besonders auf die Persönlichkeitseigenschaften und charismatischen Fähigkeiten großer Persönlichkeiten aus der Geschichte und Politik fokussiert wurde (Northouse, 2021, S. 27). Der Ansatz versucht Persönlichkeitseigenschaften zu definieren, die erfolgreiche Führungskräfte ausmachen. Stogdill (1948, S. 39 ff.; 1974, S. 80f) war einer der ersten, der eine Übersicht über die in der Forschung zu findenden Eigenschaften gab. Weiterhin sind bis zum heutigen Zeitpunkt immer wieder neue Übersichtsartikel veröffentlicht worden, die versuchen eine Liste von Kerneigenschaften erfolgreicher Führungskräfte zu definieren (siehe z. B. Kirkpatick & Locke, 1991; Lord, de Vader & Alliger, 1986; Mann, 1959; Zaccaro, Dubrow & Kolze, 2018). Northouse (2021, S. 32) fasst auf Grundlage dieser verschiedenen Untersuchungen folgende Kerneigenschaften von Führungskräften zusammen: Intelligenz, Selbstbewusstsein, Entschlossenheit, Integrität und Kontaktfreudigkeit. Wird der Zusammenhang zwischen dem Fünf-Faktorenmodell der Persönlichkeit und Führungserfolg betrachtet, zeigen sich zu allen Eigenschaften außer der Verträglichkeit, leichte und gleichzeitig signifikante Zusammenhänge (Extraversion: $p = 0{,}31$; Gewissenhaftigkeit: $p = .28$; Neurotizismus: $p = -0{,}24$; Offenheit: $p = 0{,}24$; Verträglichkeit: 0,08) (Judge, Bono, Ilies & Gerhardt, 2002a, S. 533).

Kritisch am Eigenschaftsansatz ist, dass die Stichproben meist aus Führungskräften bestehen. Es wird also eher gemessen, welche Personen zu Führungskräften werden, als der Einfluss dieser Eigenschaften auf den eigentlichen Führungserfolg (Zaccaro et al., 2018, S. 31). Zudem handelt es sich um einen sehr deskriptiven Ansatz, der zwar eine Grundlage für die Auswahl von zukünftigen Führungskräften bilden kann, gleichzeitig allerdings wenig Ansatzpunkte bietet, um Führungskräfte zu entwickeln (Northouse, 2021, S. 43).

Spätere Ansätze der Führungsforschung beschäftigen sich daher mit geforderten Fertigkeiten von Führungskräften (Katz, 1955, S. 33 ff.; Mumford, Zaccaro,

Harding, Jacobs & Fleishman, 2000, S. 11 ff.). Katz (1955, S. 34) unterscheidet dabei zwischen technischen, zwischenmenschlichen und konzeptionellen Fertigkeiten, wobei je nach Führungslevel unterschiedliche Fertigkeiten gebraucht werden. Während auf einer höheren Führungsebene eher konzeptionelle und zwischenmenschliche Fertigkeiten benötigt werden, liegt der Schwerpunkt im unteren Management eher auf technischen und der zwischenmenschlichen Fähigkeiten (Katz, 1955, S. 37 f.). Mumford et al. (2000, S. 23) stellten ein fertigkeitsbasiertes Führungsmodell auf, das fünf Komponenten enthält: Kompetenzen, individuelle Merkmale, Karriereerfahrung, Führungsergebnisse und Umwelteinflüsse. Schwerpunkt des Ansatzes bilden die Kompetenzen, die im Fertigkeitsmodell von Mumford et al. (2000, S. 23) durch Problemlösefähigkeiten, sozialem Urteilsvermögen und Wissen repräsentiert werden. Der Fertigkeitsansatz konzeptualisiert, anders als der Eigenschaftsansatz, eine Struktur des Führungsprozesses und betrachtet in diesem Zusammenhang bedeutsame Fertigkeiten für Führungskräfte.

Eine weitere Richtung im Bereich der Führungsforschung betrachtet die Verhaltensweisen einer Führungskraft (Northouse, 2021, S. 84). Diese Entwicklung wurde von Stogdill und Shartle (1948, S. 286) angeregt. Die Verhaltensweisen von Führungskräften wurden zunächst mittels Faktoranalyse in die Dimensionen Strukturen initiieren (engl. „initiating structures") und Beachtung (engl. „considerations) unterteilt (Fleishman, 1953, S. 3). Strukturen initiieren wird häufig auch als aufgabenorientiertes Führungsverhalten beschrieben und umfasst unter anderem die Organisation und Strukturierung von Aufgaben sowie die Kontrolle von Mitarbeiterinnen und Mitarbeitern (Fleishman, 1953, S. 2). Der Begriff Beachtung beschreibt in diesem Zusammenhang mitarbeiterorientiertes Verhalten, zu denen Facetten wie Wärme, Vertrauen oder Respekt gegenüber Mitarbeiterinnen und Mitarbeitern gehören (Fleishman, 1953, S. 2). Die Wirkung des Verhaltens von Führungskräften auf den Führungserfolg wurde bereits durch viele Studien untersucht, die Judge, Piccolo und Ilies (2004, S. 40) in einer Meta-Analyse zusammengefasst haben. Mitarbeiterorientierung korreliert deutlich stärker mit der Zufriedenheit der Mitarbeiterinnen und Mitarbeiter ($p = 0{,}46$) als die Aufgabenorientierung ($p = 0{,}19$). In Bezug auf die Gruppen- bzw. Organisationsleistung korreliert die Mitarbeiterorientierung ($p = 0{,}38$) in etwa gleich hoch wie mit der Aufgabenorientierung ($p = 0{,}22$). Weiterführende Ansätze gehen davon aus, dass die Eignung des jeweiligen Führungsstils jeweils von unterschiedlichen Situationen abhängig ist. Einflussfaktor ist beispielsweise das Erfahrungslevel der jeweiligen Mitarbeiterin oder des jeweiligen Mitarbeiters (Blanchard, Zigarmi & Nelson, 1993, S. 26).

Ein weiterer, in der Forschung stark beachteter Ansatz ist der transformationale Führungsstil (Lord et al., 2017, S. 441). Aufgrund der hohen Bedeutung dieses Ansatzes wird dieser etwas ausführlicher beschrieben, als die vorherigen Ansätze. Die transformationale Führung formuliert die Zielsetzung, den Mitarbeiterinnen und Mitarbeitern den Sinn ihrer Arbeit zu vermitteln und sie dadurch zu befähigen, über sich hinaus zu wachsen (Burns, 1979, S. 33). Die transformationale Führung steht im Gegensatz zur Laissez-Faire Führung und zur transaktionalen Führung. Laissez-Faire Führung kann auch als die Abwesenheit von Führung beschrieben werden (Bass, 1990, S. 22). Die transaktionale Führung beschränkt sich rein auf die formale Austauschbeziehung zwischen Führungskraft und Mitarbeiterinnen und Mitarbeitern, diese unterteilt sich in Management mit Ausnahmen (engl. „management by exception"), passiv und aktiv, und in die bedingte Belohnung (Bass, 1990, S. 20). Die transformationale Führung umfasst die Kernprinzipien idealisierter Einfluss, inspirierende Motivierung, intellektuelle Stimulierung und individualisierte Handlung (Bass, 1990, S. 22). Das gesamte Spektrum der Führung aus der Perspektive der transformationalen Führung ist in Abbildung 4.4 dargestellt. Die verschiedenen Führungsarten werden hier in die Dimensionen erfolgreich und nicht erfolgreich sowie passiv und aktiv unterschieden.

In einer Meta-Analyse untersuchten Bono und Judge (2004, S. 755) den Einfluss des Fünf-Faktoren-Modells der Persönlichkeit auf die fünf Kernprinzipien der transformationalen Führung, dabei wurden die ersten beiden (idealisierter Einfluss und inspirierende Motivation) zu der Dimension Charisma zusammengefasst. Es zeigt sich, dass vor allem Extraversion und Neurotizismus mit Charisma ($p_{\text{Extra}} = 0{,}22$; $p_{\text{Neuro}} = -0{,}17$), intellektueller Inspiration ($p_{\text{Extra}} = 0{,}18$; $p_{\text{Neuro}} = -0{,}12$) und individuelle Behandlung ($p_{\text{Extra}} = 0{,}18$; $p_{\text{Neuro}} = -0{,}10$) signifikant zusammenhängen (Bono & Judge, 2004, S. 905).

Eine weitere Meta-Analyse zeigt den Zusammenhang der verschiedenen Führungsarten im Spektrum der Führung (siehe Abbildung 4.4) und Auswirkungen auf Führungsergebnisse (Judge & Piccolo, 2004, S. 755). Bei der transformationalen Führung zeigen sich starke Zusammenhänge mit der Arbeitszufriedenheit der Mitarbeiterinnen und Mitarbeiter ($p = 0{,}58$), der Zufriedenheit mit der Führungskraft ($p = 0{,}71$), Motivation der Mitarbeiterinnen und Mitarbeiter ($p = 0{,}53$) sowie der Effektivität der Führungskraft ($p = 0{,}64$; Judge & Piccolo, 2004, S. 760). Etwas geringere Korrelationen, aber dennoch bedeutend und signifikant zeigen sich im Zusammenhang mit der bedingten Belohnung ($p_{\text{Arbeitszufriedenheit}} = 0{,}64$; $p_{\text{Zufr. FK}} = 0{,}55$; $p_{\text{Motivation}} = 0{,}59$; $p_{\text{Effektivität}} = 0{,}55$). Diese Korrelationen nehmen für das Management mit Ausnahmen weiter ab. Bei Betrachtung der Laissez-Faire Führung zeigt sich bei einem Teil der Führungsergebnisse ein starker negativer Zusammenhang ($p_{\text{Arbeitszufriedenheit}} = -0{,}28$; $p_{\text{Zufr. FK}} = -0{,}58$; $p_{\text{Motivation}} = 0{,}59$; $p_{\text{Effektivität}} = -0{,}54$).

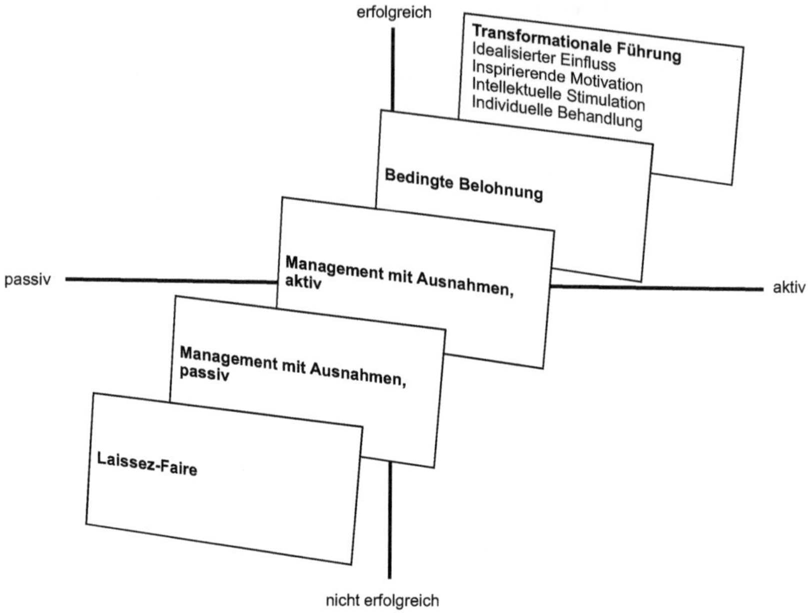

Abbildung 4.4 Gesamtes Spektrum der Führung. (Northouse, 2021, S. 192)

Der Ansatz der transformationalen Führung geht wieder etwas zurück, zum Eigenschaftsansatz und der Idee, dass es geborene Führungskräfte gibt (Northouse, 2021, S. 205 f.). Es fehlt allerdings eine genauere Beschreibung der Anwendung und birgt zusätzlich die Gefahr der Abhängigkeit der Mitarbeiterin bzw. des Mitarbeiters von der Führungskraft (Lord et al., 2017, S. 442). Die transformationale Führungskraft betont stark den Aufbau einer Vision mithilfe von moralischen Werten, der die Mitarbeiterinnen und Mitarbeiter folgen sollen, hier steckt das Potential zum Missbrauch (Matthiesen, Muster & Laudenbach, 2022; Northouse, 2021, S. 207). Dies kann dazu führen, dass Führungskräfte den Fokus ihrer Führung nicht auf die persönliche Entwicklung ihrer Mitarbeiterinnen und Mitarbeiter legen, sondern auf eigene, persönliche Interessen und Werte (Barling, Christie & Turner, 2008, S. 852). Eine Meta-Analyse von Landay, Harms und Credé (2019, S. 188) zeigt zwar, dass eher Personen mit einem Anteil von psychopathischen Tendenzen Führungskräfte werden, gleichzeitig hängen psychopathische Tendenzen negativ mit transformationaler Führung zusammen ($p = -0{,}18$).

Bereits bei dem transformationalen Ansatz wird deutlich, dass Führung (z. B. in Form von Abhängigkeit) auch negative Aspekte beinhaltet. Die neuere Führungsforschung beschäftigt sich daher immer häufiger mit der negativen Seite von Führung, die auch als feindseliges Führungsverhalten beschrieben wird (Krasikova, Green & Lebreton, 2013, S. 1309; Tepper, 2007, S. 262). Feindseliges Führungsverhalten kann beispielsweise durch den Bruch des psychologischen Vertrags hervorgerufen werden und drückt sich sowohl im verbalen als auch nonverbalen Verhalten der Führungskraft gegenüber der Mitarbeiterin oder des Mitarbeiters aus (Tepper, 2007, S. 269).

Paulhus und Williams (2002, S. 557) prägten den Begriff der „dunklen Triade“ (engl. „dark triade“), der das häufige Aufkommen der drei Persönlichkeitseigenschaften Machiavellismus, Narzissmus und Psychopathie bei Führungskräften beschreibt. Diese drei Persönlichkeitskonstrukte sind durch gemeinsame Anteile, wie konsequentes Eigeninteresse, manipulatives Verhalten und Empathielosigkeit miteinander verbunden (Externbrink & Keil, 2017, S. 3). Personen mit Eigenschaften der dunklen Triade zeichnen sich durch einen starken Aufstiegswillen aus und sind daher vermehrt in Führungspositionen zu finden (Judge, Piccolo & Kosalka, 2009, S. 871). Zusätzlich sind einige Facetten der dunklen Triade, wie beispielsweise Selbstbewusstsein und Dominanz, besonders hilfreich, um in Führungspositionen zu gelangen (Grijalva, Harms, Newman, Gaddis & Fraley, 2015, S. 4).

Trotzdem unterscheiden sich die drei Konstrukte der dunklen Triade ausreichend voneinander, um sie unabhängig betrachten zu können. Narzissmus und Psychopathie weisen mit $r = 0{,}5$ die höchste Korrelation auf, gefolgt von Psychopathie und Machiavellismus ($r = 0{,}32$) und den geringsten Zusammenhang haben Narzissmus und Machiavellismus mit $r = 0{,}25$ (Paulhus & Williams, 2002, S. 559). Die Konsequenzen des Verhaltens von Führungskräften mit den genannten Eigenschaften sind neben dem Sinken von Arbeitszufriedenheit und Steigerung der Kündigungsabsicht außerdem kontraproduktives Arbeitsverhalten sowie Aggression gegenüber Kolleginnen und Kollegen (Schyns & Schilling, 2013, S. 147).

Mit der Entwicklung des transformationalen Führungsansatzes wurde nicht nur die Diskussion um die eben beschriebene Betrachtung der dunklen Seite der Führung angeregt, sondern auch die Frage nach einer ethisch-moralischen Dimension der Führung aufgeworfen (Bass & Steidlmeier, 1999, S. 182; Lord et al., 2017, S. 442). Neben den klassischen Unternehmenszielen wie Arbeitszufriedenheit und Leistung rücken bei neueren Ansätzen die Entwicklung und Unterstützung der Mitarbeiterinnen und Mitarbeiter als Führungsziel in den Vordergrund (Brown, Treviño & Harrison, 2005, S. 118; Hoch, Bommer, Dulebohn &

Wu, 2018, S. 502). Beispiele für Führungsansätze, die diesen Schwerpunkt setzen, sind die dienende Führung (Greenleaf, 1970, S. 20), die authentische Führung (Luthans & Avolio, 2003, S. 242) und die ethische Führung (Brown et al., 2005, S. 117; Lemoine, Hartnell & Leroy, 2019, S. 148). Die dienende Führung beschreibt Führung als etwas, das bedeutet, den Menschen zu dienen, und eine Lebensaufgabe darstellt (Graham, 1991, S. 111). Die authentische Führung stellt nicht nur die Authentizität der Führungskraft, sondern auch ihrer Mitarbeiterinnen und Mitarbeiter in den Vordergrund, hier bildet die Selbstreflexion einen zentralen Bestandteil (Avolio & Gardner, 2005, S. 321). Diese drei (dienend, authentisch und ethische) Führungsansätze teilen einen moralisch-ethischen Kern als Grundlage (Lemoine et al., 2019, S. 156).

Stogdill (1974, S. 7) schrieb bereits, dass es „so viele Definitionen von Führung gibt, wie Personen, die versucht haben, das Konzept zu definieren." (engl. „There are as almost many different definitions of leadership as there are people who have attempted to define the concept"). Fleishman et al. (1991, S. 246) fanden 65 verschiedene Formen der Konzeptionalisierung von Führung und Dinh et al. (2014, S. 56) haben in ihrem Review 66 verschiedene Führungstheorien identifiziert. Dies zeigt, dass die Forschung sich durchgehend weiterentwickelt und auch immer wieder neue Konzepte, Führungstheorien und Ansätze hinzukommen, wie beispielsweise die geteilte Führung (Drescher, Korsgaard, Welpe, Picot & Wigand, 2014, S. 771), Teamführung (Zaccaro, Rittman & Marks, 2001, S. 451) oder die systemische Führung (Painter-Morland, 2008, S. 509). Dabei existiert nach wie vor keine einheitliche Theorie von Führung (Dinh et al., 2014, S. 57). Die einflussreichsten und am meisten erforschten Führungsansätze dagegen sind die transformationale Führung und der LMX-Ansatz (Anand, Hu, Liden & Vidyarthi, 2011, S. 318; Hoch et al., 2018, S. 502; Lord et al., 2017, S. 443). Letzterer wird im folgenden Kapitel genauer betrachtet.

4.3.2 Der Führungskraft-Mitglieder-Austausch-Ansatz

Die bereits beschriebenen Führungsansätze fokussieren die Führungskraft und beziehen selten die Mitarbeiterin bzw. den Mitarbeiter mit in das Konstrukt Führung ein. Der Austausch zwischen Führungskraft und Mitarbeiterinnen und Mitarbeitern wird weniger betrachtet. Diesen Schwerpunkt setzt die Theorie des LMX, die Führung als dyadischen Prozess beschreibt (Lord et al., 2017, S. 442; Northouse, 2021, S. 157). In den ersten Publikationen zu dieser Theorie stand die Beschreibung dieser Beziehungen im Fokus, in diesem Zusammenhang wurden diese auch als Dyaden beschrieben (Dansereau, Graen & Haga,

1975, S. 47; Premru, Cerne & Batistic, 2022, S. 2). Es wurde in zwei Arten von Beziehungen unterschieden: Die innere Gruppe (engl. „in-group“) besteht aus Personen in einem Team, deren Beziehung zur Führungskraft besonders eng und vertrauensvoll ist und die daher über erweiterte und informell ausgehandelte Rollenverantwortungen verfügen (Dansereau et al., 1975, S. 60; Ehrlich, 2022, S. 89). Die Rollen der Personen in der äußeren Gruppe (engl. „out-group“) sind dagegen durch den Arbeitsvertrag festgelegt und gehen nicht darüber hinaus (Northouse, 2021, S. 159; Premru et al., 2022, S. 2). Die Entdeckung von Dyaden als solche und die Beschreibung dieser gelten als die ersten beiden Stufen der LMX-Forschung (Graen & Uhl-Bien, 1995, S. 225). In dieser Stufe lag der Schwerpunkt noch auf der Unterscheidung zwischen inneren und äußeren Gruppen. Diese Unterscheidung wurde immer wieder kritisiert, da der Fokus auf die innere Gruppe zur Diskriminierung der äußeren Gruppe führen kann und es das Ziel der Führungskraft sein sollte, mit allen Mitarbeiterinnen und Mitarbeitern eine positive Beziehung aufzubauen (Buengeler, Piccolo & Locklear, 2021, S. 261; Graen & Uhl-Bien, 1995, S. 229).

In der nächsten Stufe der LMX-Forschung wurde der Fokus besonders auf den Aufbau von Beziehungen gelegt (Graen & Uhl-Bien, 1995, S. 229). Diese Entwicklung der Beziehung verläuft idealtypisch in drei Phasen (Ehrlich, 2022, S. 98; Graen & Uhl-Bien, 1991, S. 33): In der ersten Phase sind Führungskraft und die geführte Person „Fremde“ und die Beziehung basiert auf der vertraglich vereinbarten Austauschbeziehung, beispielsweise Entgelt für Leistung (Lord et al., 2017, S. 442). In der zweiten Phase werden von der Führungskraft Angebote unterbreitet, die auf einen erweiterten karriereorientierten Austausch abzielen, was das Vertrauen und den Respekt steigert und die Beziehung als „Bekannte“ beschreibt (Graen & Uhl-Bien, 1995, S. 230). In der dritten Phase herrschen ein hohes Vertrauen, Respekt und Verbindlichkeit und die Beziehung wird als „Partnerschaft“ beschrieben (Graen & Uhl-Bien, 1995, S. 230; Lord et al., 2017, S. 442).

Eine alternative Perspektive auf den Prozess der Beziehungsbildung nach Graen und Uhl-Bien (1991, S. 33) schlagen 25 Jahre später Cropanzano, Dasborough und Weiss (2017, S. 234) vor, indem sie Emotionen als zusätzlichen Faktor einfügen. Sie legen für diesen Prozess die AET (siehe Abschnitt 3.2.2) zu Grunde, die beschreibt, wie affektive Ereignisse bestimmten Verhaltensweisen vorausgehen (Weiss & Beal, 2005, S. 2). In der ersten Phase, der Rollenübernahme, zeigt die Führungskraft Emotionen, von der andere Personen angesteckt werden, was zudem auf Teammitglieder übertragen werden kann (Cropanzano et al., 2017, S. 238). In der Phase der Rollenerstellung formen dyadische Interaktionen die Qualität der Beziehung (Cropanzano et al., 2017, S. 242). Dabei ist nicht die Häufigkeit des Austausches entscheidend, sondern die Intensität und die Beziehungsdauer (Sin, Nahrgang & Morgeson, 2009, S. 1053). Bei der am Ende folgenden Rollenroutinisierung besteht eine stabile hochwertige Beziehung, die aber nach wie vor gestört werden kann (Cropanzano et al., 2017, S. 245). Eine Darstellung dieses Prozesses ist in Abbildung 4.5 zu finden.

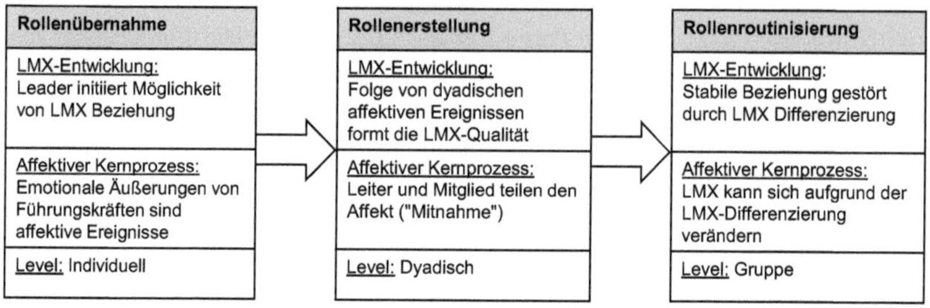

Abbildung 4.5 LMX-Phasen basierend auf der AET. (Cropanzano et al., 2017, S. 234)

In der vierten Stufe der LMX-Forschung wird laut Graen und Uhl-Bien (1995, S. 233) die Perspektive erweitert, indem nicht nur die dyadischen Beziehungen einer Arbeitseinheit betrachtet werden, sondern diese auch unabhängig von Arbeitseinheiten im gesamten Unternehmen bestehen können und sich auch zu Aggregaten zusammenfassen lassen. Der LMX-Ansatz ist mit diesen Überlegungen einer der ersten Führungsansätze, der einen mehrstufigen Prozess der Führung in Unternehmen beschreibt (Lord et al., 2017, S. 442).

Premru et al. (2022, S. 4) beschreiben die von Graen und Uhl-Bien (1995, S. 226) diskutierten vier Stufen der LMX-Forschung, als erstes Intervall der Forschung, das bis Ende des Jahrtausends anhielt. In dieser Zeit standen die Dyaden im Vordergrund und als erklärende Theorie wurde die soziale Austauschtheorie (engl. „social-exchange theory") herangezogen (Cropanzano & Mitchell, 2005, S. 883 f.; Premru et al., 2022, S. 4). In diesem Zusammenhang wurden auch stark die Verbindungen zwischen LMX und OCB sowie Commitment und Unterstützung von Seiten der Organisation diskutiert (Cropanzano & Mitchell, 2005, S. 883 f.; Saks et al., 2007, S. 414).

Im zweiten Intervall der Forschung nach Premru et al. (2022, S. 5) zu Beginn des 21. Jahrhunderts wurden überwiegend die Forschungsergebnisse aus den vorherigen Artikeln in Literaturübersichten zusammengefasst und der LMX-Ansatz klarer konzeptualisiert. Eine erste Meta-Analyse von Gerstner und Day (1997, S. 832) zeigte klare Zusammenhänge zwischen dem LMX-Ansatz und wichtigen

Erfolgsfaktoren für Unternehmen, die aus der Leistung der geführten Personen (p = 0,89), der führenden Personen (p = 0,83), der Gesamtzufriedenheit (p = 0,81) und organisationalem Commitment (p = 0,87) bestehen. Spätere Meta-Analysen unterstützen diese Ergebnisse (Dulebohn, Bommer, Liden, Brouer & Ferris, 2012, S. 82 f.; Ilies, Nahrgang & Morgeson, 2007, S. 272; Martin, Guillaume, Thomas, Lee & Epitropaki, 2016).

Beim, bis heute gültigen, dritten Intervall der Forschung hat sich diese noch einmal verstärkt und es stehen nach wie vor sowohl Literaturübersichten als auch Meta-Analysen im Vordergrund (Premru et al., 2022, S. 7). Zudem werden vermehrt Verknüpfungen zu anderen psychologischen Konzepten wie die Stärkung der Mitarbeiterinnen und Mitarbeiter (z. B. Harris, Wheeler & Kacmar, 2009, S. 371) oder OCB (z. B. Ilies et al., 2007, S. 272) diskutiert. Auch die Rolle von kulturellen Unterschieden und deren Auswirkungen auf den Aufbau von Dyaden wird aufgegriffen (Anand et al., 2011, S. 315 ff.; Randolph-Seng et al., 2016, S. 750; Rockstuhl, Dulebohn, Ang & Shore, 2012, S. 371).

Die LMX-Theorie hat sowohl eine beschreibende als auch eine vorschreibende Perspektive. Die Existenz von inneren und äußeren Gruppen lässt sich in der Praxis beobachten, gleichzeitig empfiehlt die LMX-Theorie Führungskräften diese Differenzierung abzubauen und zu allen Mitarbeiterinnen und Mitarbeitern hochwertige dyadische Beziehungen aufzubauen und so eine Differenzierung zwischen den Mitgliedern eines Teams zu vermeiden (Cropanzano et al., 2017, S. 246). In verschiedenen Meta-Analysen wurde die Wirkung von diesen hochwertigen Beziehungen auf positive Ergebnisse sowohl für das Unternehmen, beispielsweise geringerer Fluktuation oder höhere Leistung der Mitarbeiterinnen und Mitarbeiter, als auch für die geführten Personen, beispielsweise in Form von schnellerem Karriereerfolg, gezeigt (Dulebohn et al., 2012, S. 1735; Gerstner & Day, 1997, S. 833; Martin et al., 2016, S. 82 ff.). Ganz besonders zu betonen ist, dass eine hohe Beziehungsqualität zu einer deutlichen Steigerung des Engagements von Mitarbeiterinnen und Mitarbeitern führt (Ilies et al., 2007, S. 272). Wenn es der Führungskraft gelingt, eine enge und vertrauensvolle Beziehung zu ihren Mitarbeiterinnen und Mitarbeitern aufzubauen, führt dies unter anderem zu einer geringeren Fluktuation, einer stärkeren Bindung und einer höheren Arbeitszufriedenheit der Mitarbeiterinnen und Mitarbeiter (Dulebohn et al., 2012, S. 1732).

Aufgrund der besonderen Betonung der Beziehungsebene des LMX-Ansatzes lässt sich dieser auch mit Führungsansätzen verbinden, die einen starken alleinigen Fokus auf die Führungskraft legen, wie beispielsweise den der transformationalen Führung (Anand et al., 2011, S. 317). Während aus der Perspektive der transformationalen Führung die Führungskräfte viel investieren, um eine

Beziehung zu ihren Mitarbeiterinnen und Mitarbeitern aufzubauen, geht der LMX-Ansatz davon aus, dass diese Entwicklung beidseitig entsteht (Boer, Deinert, Homan & Voelpel, 2016, S. 885). Dennoch wird deutlich, dass bei beiden Ansätzen die Beziehungsqualität im Vordergrund steht. In verschiedenen Untersuchungen wurde der LMX-Ansatz erfolgreich als Mediator zwischen transformationaler Führung und Zielvariablen wie organisationalem Commitment integriert (Boer et al., 2016, S. 890; Keskes, Sallan, Simo & Fernandez, 2018, S. 279). Der LMX-Ansatz kann also dabei unterstützen, die Wirkung der transformationalen Führung zu erklären, gleichzeitig zeigt dieser im Vergleich zur transformationalen Führung einen stärkeren Einfluss auf individuelle Einstellungen, wie die Arbeitszufriedenheit, organisationales Commitment oder Engagement in Unternehmen (Anand et al., 2011, S. 318).

4.3.3 Messung von Führungskraft-Mitglieder-Austausch

Es gibt verschiedene Instrumente zur Messung des LMX Ansatzes, darunter Fragebögen und Interviews (Schriesheim, Castro & Cogliser, 1999, S. 94). Die meisten Messinstrumente basieren auf einer Skala, die die Qualität der Beziehung zwischen Führungskraft und Mitarbeiterinnen und Mitarbeitern bewertet. Die LMX-Literatur ist geprägt von zwei Ansätzen: der LMX-7 Skala (Graen & Uhl-Bien, 1995, S. 237) und der LMX mehrdimensionalen Messung (LMX-MDM; Liden & Maslyn, 1998, S. 56).

Die LMX-7-Skala besteht aus sieben Fragen, die eine eindimensionale LMX-Bewertung ermöglichen. Sie basiert auf der Beobachtung, dass LMX-Dimensionen stark miteinander verbunden sind (Graen & Uhl-Bien, 1995, S. 237). Anhand der Fragen soll die Qualität der Beziehung zwischen Führungskraft und Mitarbeiterinnen und Mitarbeiter bewertet werden (Graen & Uhl-Bien, 1995, S. 236 f.). Die Fragen sind auf einer Skala von 1 bis 5 bewertbar und beschreiben Aspekte wie Vertrauen, Einbeziehung in Entscheidungen und die Unterstützung durch die Führungskraft. Die Antworten werden zu einem Gesamtscore zusammengefasst, der eine Aussage über die Qualität der Beziehung zwischen Führungskraft und Mitarbeiterin und Mitarbeiter ermöglicht. Der LMX-7 Fragebogen ist ein einfaches und valides Instrument, das in vielen Studien eingesetzt wurde, um den LMX-Ansatz zu messen (Boon & Biron, 2016, S. 2186; Chen, Wen, Peng & Liu, 2016, S. 870; Van der Heijden & Spurk, 2019, S. 169). Die deutschsprachige Skala des LMX von Schyns (2002, S. 238) basiert auf der LMX-7 Skala und ist ebenfalls ein Messinstrument für die Qualität der Beziehung zwischen Führungskraft und Mitarbeiterin oder Mitarbeiter.

Die Skala ist, genauso wie der LMX-7 Fragebogen, eindimensional und weist hohe Reliabilitäts- und Validitätswerte auf (Schyns, 2002, S. 242). Sie kann helfen, das Verständnis für die Auswirkungen von LMX auf Verhalten und Leistung von Mitarbeiterinnen und Mitarbeitern zu veranschaulichen.

Die LMX-MDM besteht aus einem Fragebogen mit 11 Items, der vier Dimensionen von LMX misst, die affektive, die Loyalitäts-, die Beitragsdimension und die Dimension des professionellen Respekts (Liden & Maslyn, 1998, S. 56 f.). Die affektive Dimension beschreibt die emotionale Bindung zwischen Führungskraft und Mitarbeiterinnen und Mitarbeitern (Dienesch & Liden, 1986, S. 625). Die Loyalitätsdimension erklärt den Grad der Loyalität und des Commitments zwischen Führungskraft und Mitarbeiterinnen und Mitarbeiter (Dienesch & Liden, 1986, S. 624). Die Dimension Beitrag spiegelt das Ausmaß wider, in dem die Mitarbeiterinnen und Mitarbeiter die Möglichkeit haben, zu den Zielen der Organisation etwas beizutragen und die Dimension des professioneller Respekts misst den Grad des Respekts und des Vertrauens, den die Mitarbeiterinnen und Mitarbeiter gegenüber ihren Führungskräften haben (Dienesch & Liden, 1986, S. 625; Liden & Maslyn, 1998, S. 46). Die LMX-MDM weist gute psychometrische Eigenschaften auf (Liden & Maslyn, 1998, S. 61). Es zeigt sich allerdings, dass das Konstrukt LMX eher eindimensional ist. Beim LMX-MDM ist diese Dimension aus dem zusammengesetzten Score der Dimensionen abzuleiten, welcher in Höhe von 0,9 mit dem Index des LMX-7 korreliert (Joseph, Newman & Sin, 2011, S. 123). Diese hohe Korrelation der beiden Messmethoden wird in einer Meta-Analyse von Martin et al. (2016, S. 92) bestätigt ($r = 0{,}71$).

Sowohl die LMX-7 Skala als auch die LMX-MDM hatten verschiedene Vorstufen in der Entwicklung und auch weiterführende Entwicklungen (Joseph et al., 2011, S. 95). Etabliert haben sich aber die soeben diskutierten Varianten. In Tabelle 4.1 befindet sich eine Auswahl von weiteren Messungen, wobei die verschiedenen Vorstufen wie beispielsweise der LMX-6 (Schriesheim, Neider, Scandura & Tepper, 1992, S. 137) werden hier außen vor gelassen.

Die Messung des LMX-Ansatzes ist ein komplexer Prozess, der in der Vergangenheit oft kritisiert wurde (Gottfredson, Wright & Heaphy, 2020, S. 1; Northouse, 2021, S. 171). Einige Studien haben darauf hingewiesen, dass es nur wenige empirische Untersuchungen gibt, die dyadische Maße zur Analyse des LMX-Prozesses verwenden (Martin et al., 2016, S. 92; Schriesheim et al., 1999, S. 96). Dies erschwert die Vergleichbarkeit der Ergebnisse und macht es schwieriger, allgemeingültige Aussagen über den Zusammenhang zwischen LMX und organisatorischen Ergebnissen zu treffen. Es gibt zudem eine Vielzahl unterschiedlicher Instrumente, um den LMX zu messen, siehe Tabelle 4.1. Diese korrelieren allerdings recht hoch miteinander (Martin et al., 2016, S. 92), was sie wiederum vergleichbar macht.

Tabelle 4.1 Auswahl an LMX-Messungen

Autoren	Name	Messung	Beispielitem
Graen und Uhl-Bien (1995)	LMX-7	Eindimensional 7 Items	Wissen Sie normalerweise, wie zufrieden Ihre Führungskraft mit Ihnen ist?
Bhal und Ansari (1996)	Qualität der Interaktion	Zweidimensional 10 Items	Wie effizient ist sein/ihr Beitrag bei den Aufträgen, für die Sie beide zusammenarbeiten?
Liden und Maslyn (1998)	LMX-MDM	Vierdimensional 11 Items	Ich mag meine Führungskraft als Person sehr gern
Schyns (2002)	LMX-7 (deutsche Version)	Eindimensional 7 Items	Wissen Sie im Allgemeinen, wie Ihr Vorgesetzte/r Sie einschätzt?
Bernerth, Armenakis, Feild, Giles und Walker (2007)	Leader-Member-Social Exchange (LMSX)	Eindimensional 10 Items	Meine Führungskraft und ich haben eine wechselseitige Austauschbeziehung
Paul und Schyns (2014)	LMX-MDM (deutsche Version)	Vierdimensional 11 Items	Mein/e Vorgesetzte/r ist ein Mensch, den man gern zum Freund hätte
Wolfram und Mohr (2014)	Führungsbeziehungsqualität	Vierdimensional 16 Items	Mein/e Vorgesetzte/r hebt meine Wichtigkeit hervor

4.4 Einordnung in ein Mehrebenenmodell

Das vorliegende Kapitel beschäftigt sich mit den verschiedenen Einflussvariablen des modifizierten Modells der Kündigungsabsicht: Erwartungen, Aufgabenmerkmale und Führung. An dieser Stelle sollen diese drei Einflussvariablen zusammengefasst und in ein Mehrebenenmodell eingeordnet werden. Humphrey et al. (2007, S. 1334) unterscheiden drei verschiedene Ebenen von Arbeitsmerkmalen, die zur Kündigungsabsicht führen: die motivationale Ebene (z. B. Aufgabenidentität, Bedeutung oder Feedback der Arbeit), die soziale Ebene (z. B. Feedback von anderen, soziale Unterstützung) und die Ebene des Arbeitskontextes (z. B. physische Anforderungen, Arbeitsbedingungen). Chang et al. (2013, S. 5) bauen auf dieser Unterteilung ihre Mehrebenen-Untersuchung auf, die bei der Einordnung der drei diskutierten Einflussfaktoren helfen soll. In Abbildung 4.6 ist das modifizierte Modell der Kündigungsabsicht als Mehrebenenmodell dargestellt.

Mit Blick auf die Merkmale des Arbeitskontextes argumentieren Chang et al. (2013, S. 3), dass HRM-Praktiken als Arbeitskontextvariablen definiert werden können, da sie sich auf das breitere soziale Umfeld der Organisation sowie auf verschiedene Dimensionen davon beziehen. In der vorliegenden Arbeit wird das Konstrukt der Erwartungen anhand von HRM-Praktiken beschrieben.

Die Erwartung-Wert-Theorie beschreibt, dass Motivation durch das Abwägen von Valenzen im Sinne der Attraktivität möglicher Ergebnisse des Handelns und der Erwartung entsteht. Die VIE-Theorie von (Vroom, 1964, S. 192 ff.) setzt sich mit dem Konzept von Erwartungen auseinander. Das Modell der erfüllten Erwartungen basiert auf der Annahme, dass die Zufriedenheit und das Wohlbefinden von Mitarbeiterinnen und Mitarbeitern stark davon abhängen, ob ihre Erwartungen an ihre Arbeit erfüllt werden oder nicht (Porter & Steers, 1973, S. 171). Mitarbeiterinnen und Mitarbeiter haben Erwartungen in Bezug auf verschiedene Aspekte ihres Arbeitslebens, und wenn diese Erwartungen nicht erfüllt werden, kann dies zu Unzufriedenheit und Frustration führen (Ababneh, 2020, S. 306; Bilal & Bashir, 2016, S. 219). Die Erwartungen sollten nicht nur als rational abgewogen betrachtet werden, sondern auch als implizite Erwartungen, die schwer greifbar sind und nicht immer bewusst wahrgenommen werden. Gleichzeitig beziehen sich die Messungen von unerfüllten Erwartungen meist auf die Abfrage, bestimmter Variablen aus dem Arbeitskontext (De Vos et al., 2003, S. 544; Raeder et al., 2009, S. 177).

Die Motivationsebene von Humphrey et al. (2007, S. 1333) bzw. Chang et al. (2013, S. 3) basiert auf dem JCM von Hackman und Oldham (1976, S. 251), das auch die Grundlage für die Aufgabenmerkmale als Einflussvariablen bildet. Die Forschung zur Arbeitsplatzgestaltung und zu Arbeitsplatzmerkmalen geht bereits weit zurück. Zunächst wurde davon ausgegangen, dass vereinfachte und spezialisierte Tätigkeiten zu einer Verbesserung der Fähigkeiten führen (Taylor, 1911, S. 26 ff.). In der weiteren Entwicklung der Forschung wurde allerdings deutlich, dass Arbeit eher motiviert, wenn sie herausfordernder und anspruchsvoller gestaltet ist. Daraus entstand die bis heute gültige JCT (Hackman & Lawler, 1971, S. 259; Hackman & Oldham, 1976, S. 251; Oldham & Fried, 2016, S. 21).

In der JCT und dem darauf basierenden JDS wurden definiert, welche Aufgabenmerkmale wichtig sind und wie sie gemessen werden können (Hackman & Oldham, 1975, S. 159; Hackman & Oldham, 1976, S. 251). Die JCT beschreibt fünf Arbeitsplatzmerkmale, darunter Anforderungsvielfalt, Aufgabengeschlossenheit, Bedeutsamkeit der Aufgabe, Autonomie und Rückmeldung über die Tätigkeit. Diese Merkmale führen zu einem psychologischen Zustand, der zu hoher intrinsischer Arbeitsmotivation, Arbeitszufriedenheit und hoher Qualität der Arbeitsleistung führt. Die JCT wurde in zahlreichen Studien belegt und wird bis heute als Grundlage für verschiedene arbeitsplatzbezogene Theorien verwendet (Humphrey et al., 2007, S. 1345 ff.; Oldham & Fried, 2016, S. 24). Zur Messung von Arbeitsplatzmerkmalen wird neben dem JDS auch häufig die Erweiterung, der WDQ, verwendet (Morgeson & Humphrey, 2006, S. 1322). In diesem sind die fünf Aufgabenmerkmale aus dem JDS integriert, die laut Morgeson und Humphrey (2006, S. 1323) zu den motivationalen Merkmalen zählen.

Sozialen Merkmalen bei der Arbeit wurde lange Zeit wenig Beachtung geschenkt, sie gelten aber inzwischen als eine der wichtigsten Determinanten des Wohlbefindens bei der Arbeit (Humphrey et al., 2007, S. 1333; Judge et al., 2017, S. 362). Aus diesem Grund haben Morgeson und Humphrey (2006, S. 1324) diese Ebene in ihren Fragebogen zur Arbeitsgestaltung aufgenommen. In ähnlicher Weise haben Humphrey et al. (2007, S. 1333) sie auch als eine Ebene von Faktoren in ihre Meta-Analyse integriert. Der Zusammenhang zwischen sozialen Merkmalen, wie Feedback von Anderen oder sozialer Unterstützung sowie der Kündigungsabsicht wurde bereits in verschiedenen Studien nachgewiesen, die sich mit einem integrativen Führungsstil befassten (Chang et al., 2013, S. 8; Mathieu et al., 2016, S. 125). In dem modifizierten Modell der Kündigungsabsicht wird daher der LMX-Ansatz als Führungsstil und zur Definition der sozialen Ebene gewählt, da dieser die Austauschbeziehung und somit die soziale Komponente betont.

Zu ihrem Beginn war die Führungsforschung eindeutig auf die Beschreibung der Führungskraft bzw. auf deren Verhalten gerichtet, wie auch an den beschriebenen Führungsansätzen deutlich wurde. Der LMX-Ansatz konzentriert sich auf die Beziehung zwischen einer Führungskraft und ihren Mitarbeiterinnen und Mitarbeitern (Lord et al., 2017, S. 442). Erste Überlegungen dieses Ansatzes beschreiben, dass Führungskräfte unterschiedliche Beziehungen zu ihren Mitarbeiterinnen und Mitarbeitern entwickeln, die entweder in eine innere oder eine äußere Gruppe eingeteilt werden können (Dansereau et al., 1975, S. 47; Premru et al., 2022, S. 2). Die Mitglieder der inneren Gruppe haben eine engere, positivere Beziehung zur Führungskraft, während die Mitglieder der äußeren Gruppe eine distanziertere, formale Beziehung zur Führungskraft haben. Die Qualität der

Beziehung zwischen einer Führungskraft und ihren Vertrauten hat einen erheblichen Einfluss auf die Zufriedenheit, Motivation und Leistung der Mitarbeiterinnen und Mitarbeiter (Dulebohn et al., 2012, S. 1732). Darüber hinaus legt der LMX-Ansatz nahe, dass die Beziehung zwischen Führungskraft und Mitarbeiterinnen und Mitarbeitern nicht starr ist, sondern sowohl von der Führungskraft als auch von den Mitarbeiterinnen und Mitarbeitern beeinflusst werden kann. Für die Messung der Beziehungsqualität stehen verschieden Instrumente zur Verfügung, wobei der LMX-7 (Graen & Uhl-Bien, 1995, S. 237) sowie die LMX-MDM (Liden & Maslyn, 1998, S. 56 f.), die am häufigsten angewandten Verfahren sind.

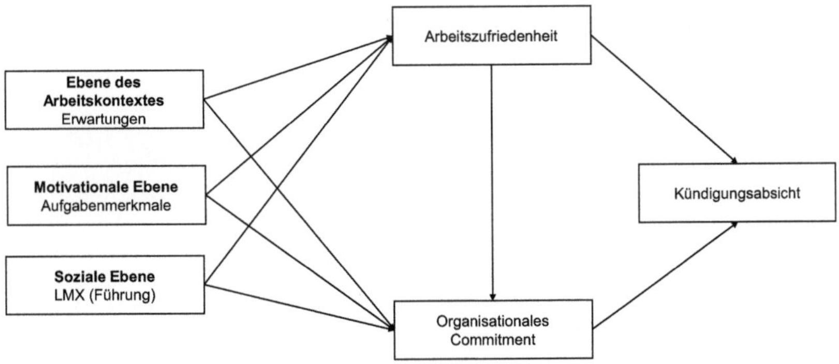

Abbildung 4.6 Modifiziertes Modell der Kündigungsabsicht als Mehrebenen Modell. (Eigene Darstellung)

Beschreibung der empirischen Untersuchung 5

5.1 Herleitung der Hypothesen

5.1.1 Hypothesen zu den Einflussvariablen

Die Herleitung der Hypothesen basiert grundlegend auf dem bereits im Abschnitt 2.3 beschriebenen modifizierten Modell der Kündigungsabsicht. Die Basis für die dort angenommenen Wirkungszusammenhänge zwischen den Konstrukten bilden die Untersuchungen von Michaels und Spector (1982); Mobley et al. (1979) sowie Williams und Hazer (1986). Es wird dabei zwischen den Hypothesen zu den direkten Effekten und Mediationseffekten unterschieden.

Insgesamt ist der Prozess der Hypothesenformulierung ein entscheidender Schritt, um die Gültigkeit und Stabilität des modifizierten Modells der Kündigungsabsicht zu prüfen. Indem spezifische Vorhersagen über die Beziehungen zwischen den Konstrukten getroffen werden, kann die Gültigkeit und Zuverlässigkeit des Modells geprüft und ein tieferes Verständnis der Faktoren gewonnen werden, die die Kündigungsabsicht von Mitarbeiterinnen und Mitarbeitern beeinflussen.

Basierend auf den in Kapitel 2, 3 und 4 diskutierten theoretischen Grundlagen sollen im Folgenden die Forschungshypothesen zu den direkten Beziehungen aufgestellt werden, an denen das modifizierte Modell der Kündigungsabsicht überprüft werden soll. Dafür werden zunächst die Hypothesen der drei Einflussvariablen Erwartungen, Aufgabenmerkmale und Führung anhand aktueller wissenschaftlicher Erkenntnisse begründet. Anschließend folgt die Herleitung der Hypothesen zu den direkten Zusammenhängen zwischen Arbeitszufriedenheit, organisationalem Commitment und Kündigungsabsicht. In Abbildung 5.1 sind

J. S. Ehrlich, *Die Entwicklung, Analyse und Replikation eines modifizierten Modells der Kündigungsabsicht*, Betriebswirtschaftliche Forschung zur Unternehmensführung 66, https://doi.org/10.1007/978-3-658-46123-2_5

die jeweils angenommenen Hypothesen der direkten Effekte des modifizierten Modells der Kündigungsabsicht bereits einmal dargestellt.

Wie in Abschnitt 3.1 beschrieben wurde, wird die Diskrepanz zwischen den Erwartungen einer Person an das Unternehmen sowie den tatsächlichen Erfahrungen als unerfüllte Erwartung bezeichnet (Porter & Steers, 1973, S. 175). Bereits im Rahmen des Erwartungsansatzes von Porter und Steers (1973, S. 171) wird davon ausgegangen, dass diese Diskrepanz zunächst zu einer Verringerung der Arbeitszufriedenheit und schließlich zur Kündigungsabsicht führt. Diese Annahme lässt sich auch aus dem konzeptionellen Modell von Mobley et al. (1979, S. 517) herleiten.

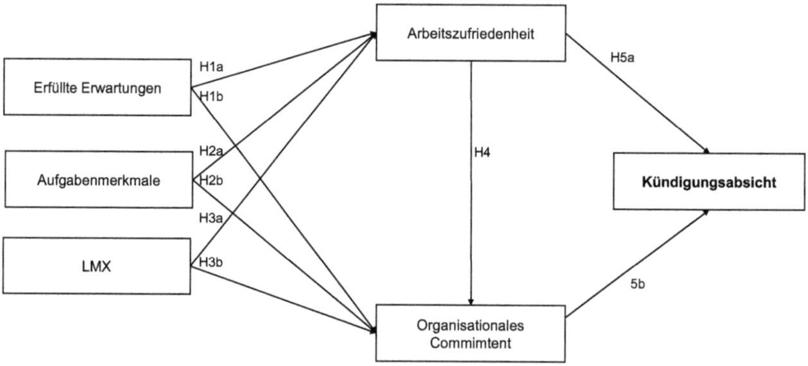

Abbildung 5.1 Das modifizierte Modell der Kündigungsabsicht mit Hypothesen zu den direkten Beziehungen. (Eigene Darstellung)

Es gibt bis heute verschiedene Untersuchungen, die den Zusammenhang von Erwartungen und Arbeitszufriedenheit betrachten. Ababneh (2020, S. 316 f.) hat ein Modell vorgeschlagen, das den Zusammenhang zwischen erfüllten Erwartungen und organisationalem Commitment, Arbeitszufriedenheit und Bleibeabsicht untersucht. Für die Messung der erfüllten Erwartungen wurde hier ein Diskrepanzmaß herangezogen und es werden verschiedene Aspekte, wie beispielsweise Gehalt, in Bezug auf die Erfüllung abgefragt (Ababneh, 2020, S. 314). Für die Messung der Arbeitszufriedenheit wurde ein globales Maß mit mehreren Items, basierend auf Daly und Dee (2006, S. 798) verwendet. In diesem Modell zeigt sich ein signifikanter Zusammenhang zwischen erfüllten Erwartungen und Arbeitszufriedenheit (ß = 0,6; Ababneh, 2020, S. 319).

Yang et al. (2018, S. 71) haben den Zusammenhang von unerfüllten Erwartungen auf Arbeitszufriedenheit, Commitment und Kündigungsabsicht im Rahmen einer Langzeituntersuchung über acht Monate analysiert. In dieser Studie wurde zwischen unerfüllten Erwartungen in Bezug auf eine Beförderung sowie auf herausfordernde Aufgaben unterschieden, die beide jeweils mehrdimensional gemessen wurden. Allerdings wurde hier kein Diskrepanzmaß verwendet, sondern direkt nach der unerfüllten Erwartung gefragt, beispielsweise „Ich bin in dieser Organisation nicht so schnell vorangekommen, wie ich ursprünglich erwartet hatte“ (Yang et al., 2018, S. 75). Hier finden sich signifikant negative direkte Effekte von unerfüllten Erwartungen zu Arbeitszufriedenheit in Bezug sowohl auf die Beförderung (ß = −0,39) als auch auf die herausfordernden Arbeitsaufgaben (ß = −0,35; Yang et al., 2018, S. 76 f.).

Zhao et al. (2007, S. 647) haben in einer Meta-Analyse den wahrgenommenen Bruch des psychologischen Vertrags betrachtet. In der Analyse werden die untersuchten Studien dahingegen unterschieden, welche Art der Messungen dort angewendet wurde. Insgesamt wurden drei verschiedene Messungen unterschieden. Die erste Messung unterscheidet, ähnlich wie Ababneh (2020, S. 314), verschiedene Facetten des psychologischen Vertrags und fragt, inwieweit das Unternehmen die gemachten Versprechen diesbezüglich erfüllt hat. Bei der zweiten Messung handelt es sich um ein globales Maß, welches direkt nach der Erfüllung des Vertrags fragt, beispielsweise: „Fast alle Versprechen, die mein Arbeitgeber bei der Einstellung gemacht hat, wurden bisher eingehalten“ (Zhao et al., 2007, S. 656). Die dritte untersuchte Messmethode des psychologischen Vertragsbruchs ist die gewichtete Messung, die der Facetten-Messung ähnelt. Hier wird allerdings ein Diskrepanzmaß verwendet, womit dieses Maß der Messung des psychologischen Vertrags der Definition von Porter und Steers (1973, S. 175) von erfüllten Erwartungen am nächsten kommt. Allerdings zeigten sich für die Messungen mit dem globalen Maß in Bezug auf den psychologischen Vertrag größere Effektstärken im Vergleich zu den Messungen von Facetten (Zhao et al., 2007, S. 670). Da allerdings in der vorliegenden Arbeit erfüllte Erwartungen in Bezug auf verschiedene Facetten und nicht der psychologische Vertrag abgefragt werden sollen, lassen sich die Ergebnisse dennoch übertragen. Es zeigen sich signifikante Korrelationen und Effektstärken zu Arbeitszufriedenheit bei der Messung nach Facetten ($r = -0{,}45$, $p = -0{,}54$; Zhao et al., 2007, S. 663). Aus den soeben diskutierten Forschungsergebnissen wird die Hypothese 1a abgeleitet:

Hypothese 1a: Die Erfüllung der Erwartungen der Arbeitnehmerinnen und Arbeitnehmer steht in einem positiven Zusammenhang mit der Arbeitszufriedenheit.

Die Studien, die für den Zusammenhang zwischen Erwartungen und Arbeitszufriedenheit diskutiert wurden, untersuchen neben der Arbeitszufriedenheit auch das organisationale Commitment. Ababneh (2020, S. 315) bezieht sich in seiner Untersuchung auf das organisationale Commitment in Bezug auf Mitarbeiterinnen und Mitarbeiter von Universitäten und verwendet daher die Skala von Daly und Dee (2006, S. 798), die sich ebenfalls auf Universitätsmitarbeiterinnen und -mitarbeiter beziehen. Es handelt sich um eine eindimensionale Commitment Messung. Ein Beispielitem ist „Ich spreche in meinem Freundeskreis in den höchsten Tönen von dieser Universität." (Daly & Dee, 2006, S. 798). Es zeigt sich ein signifikant positiver Zusammenhang zwischen erfüllten Erwartungen und organisationalem Commitment (ß = 0,5; Ababneh, 2020, S. 319). In der Untersuchung von Yang et al. (2018, S. 74) wurde das Konstrukt des organisationalen Commitments allein durch die Dimension des affektiven Commitment von Meyer et al. (1993, S. 544) gemessen, gleiches gilt für die Untersuchung von Zhao et al. (2007, S. 651). Wie noch im Zusammenhang mit der Operationalisierung erläutert wird, folgt die vorliegende Arbeit diesem Vorgehen und beschreibt das organisationale Commitment ebenfalls nur durch die Dimension des affektiven Commitments. Sowohl Yang et al. (2018, S. 76 f.) als auch Zhao et al. (2007, S. 663) fanden einen negativen Zusammenhang zwischen unerfüllten Erwartungen (ß = −0,34) bzw. psychologischen Vertragsbruch ($\bar{r} = -0{,}32$, $\hat{p} = -0{,}38$). Aus diesen Forschungsergebnissen leitet sich Hypothese 1b ab:

Hypothese 1b: Die Erfüllung der Erwartungen der Arbeitnehmerinnen und Arbeitnehmer steht in einem positiven Zusammenhang mit organisationalem Commitment.

Es gibt diverse Studien, die sich mit dem Zusammenhang von verschiedenen Arbeitsplatzmerkmalen und den untergeordneten Aufgabenmerkmalen auseinandersetzen (Humphrey et al., 2007, S. 1333; Judge et al., 2017, S. 362). Wie bereits in Abschnitt 4.2.2 beschrieben, entwickelten Hackman und Oldham (1975, S. 161) fünf Aufgabenmerkmale, die bis heute in der Forschung eine hohe Relevanz haben: Anforderungsvielfalt, Aufgabengeschlossenheit, Bedeutsamkeit der Aufgabe, Autonomie und Rückmeldung über die Tätigkeit. Diese können mithilfe des JDS gemessen werden und wurden später zudem in den WDQ integriert (Morgeson & Humphrey, 2006, S. 1321 f.). In der vorliegenden Untersuchung werden, wie noch ausführlicher im Rahmen der Operationalisierung erläutert, die Items zur Aufgabengeschlossenheit, Aufgabenbedeutsamkeit und Rückmeldung über die Tätigkeit zur Operationalisierung des Konstrukts Aufgabenmerkmale verwendet.

Katsikea, Theodosiou, Perdikis und Kehagias (2011, S. 223) stellten ein Strukturgleichungsmodell auf, das den Zusammenhang zwischen der Organisationsstruktur mit Arbeitszufriedenheit untersucht. Sie verwendeten dabei lediglich drei der fünf Aufgabenmerkmale: Anforderungsvielfalt, Autonomie und Rückmeldung über die Aufgabe, wobei wiederum nur zwei davon für die vorliegende Untersuchung relevant sind. Für die Messung der Aufgabenmerkmale wurde der JDS vewendet, die Arbeitszufriedenheit wurde mit der Skala von Churchill et al. (1974, S. 258) als Konstrukt höherer Ordnung gemessen (Katsikea et al., 2011, S. 226). Es zeigte sich ein starker Zusammenhang zwischen Aufgabenvielfalt und Arbeitszufriedenheit (ß = 0,66) und ein eher geringer, aber dennoch signifikanter Zusammenhang zwischen Rückmeldung über die Aufgabe und Arbeitzufriedenheit (ß = 0,15; Katsikea et al., 2011, S. 229). Morris und Venkatesh (2010, S. 153) haben für ihre Studie die gesamten fünf Aufgabenmerkmale untersucht und fanden lediglich für Aufgabengeschlossenheit (ß = 0,21) und die Bedeutsamkeit (r = 0,14) signifikante Korrelationen.

Humphrey et al. (2007, S. 1332) haben in einer Meta-Analyse, bestehend aus 259 Studien, die Zusammenhänge zwischen verschiedenen Aufgabenmerkmalen und unter anderem der Arbeitszufriedenheit untersucht. Dabei zeigten sich sowohl zur Aufgabengeschlossenheit (r = 0,23), zur Bedeutsamkeit der Aufgabe (r = 0,31) als auch zur Rückmeldung über die Tätigkeit (r = 0,33) signifikant bedeutsame Zusammenhänge (Humphrey et al., 2007, S. 1343). Eine weitere Meta-Analyse untersucht den Zusammenhang von Aufgabenmerkmalen auf Arbeitszufriedenheit über einen längeren Zeitverlauf (Wegman, Hoffman, Carter, Twenge & Guenole, 2018, S. 352). Die gefundenen Zusammenhänge bestätigen die Ergebnisse von Humphrey et al. (2007, S. 1343). Es zeigen sich signifikant positive Korrelationen zwischen Aufgabengeschlossenheit (r = 0,26), Bedeutsamkeit der Aufgabe (r = 0,30) und Rückmeldung über die Aufgabe (r = 0,33) und zusätzlich keine signifikante Veränderung über den Zeitverlauf zwischen 1975 und 2011 (Wegman et al., 2018, S. 373).

Abgesehen von der Untersuchung von Morris und Venkatesh (2010, S. 151) zeigen alle diskutierten Studien, insbesondere die beiden Meta-Analysen, dass die drei in der vorliegenden Untersuchung verwendeten Aufgabenmerkmale einen signifikant positiven Zusammenhang mit Arbeitszufriedenheit zeigen. Daraus leitet sich die Hypothese 2a ab.

Hypothese 2a: Ein hohes Maß an Erfüllung der Aufgabenmerkmale steht in einem positiven Zusammengang mit Arbeitszufriedenheit.

Wang, Ma und Zhang (2014, S. 29) verwenden in ihrem Strukturgleichungsmodell eine mehrdimensionale Skala, um organisationales Commitment zu messen, die aus fünf verschiedenen Commitment Facetten zusammengesetzt ist, unter anderem affektivem und normativem Commitment. Die fünf Aufgabenmerkmale wurden anhand des WDQ gemessen und im Strukturgleichungsmodell als ein Konstrukt abgebildet (Wang et al., 2014, S. 32). Es zeigen sich signifikante Korrelationen zwischen der Aufgabengeschlossenheit ($r_{AC} = 0{,}348$; $r_{OC} = 0{,}312$), Bedeutsamkeit der Aufgabe ($r_{AC} = 0{,}326$; $r_{OC} = 0{,}342$) und Rückmeldung zur Aufgabe ($r_{AC} = 0{,}345$; $r_{OC} = 0{,}355$) sowohl zur Facette des affektiven Commitments, als auch zum Gesamtkonstrukt organisationales Commitment (Wang et al., 2014, S. 31). Die Korrelation zwischen dem Gesamtkonstrukt der Aufgabenmerkmale und dem Gesamtkonstrukt organisationales Commitment beträgt 0,634 und der Pfadkoeffizient zwischen beiden Konstrukten ist ß = 0,25 (Wang et al., 2014, S. 32).

Im Rahmen einer Regressionsanalyse fand Saud (2020, S. 47) ähnliche Ergebnisse, hier betrugen die Pfadkoeffizienten zwischen organisationalem Commitment und Aufgabengeschlossenheit 0,316, Aufgabenbedeutsamkeit 0,315 und Rückmeldung über die Aufgabe 0,435, sowie der Pfadkoeffizient zwischen dem Gesamtkonstrukt Aufgabenmerkmale und organisationalem Commitment 0,490. Organisationales Commitment wurde hier als Gesamtkonstrukt ohne Facetten mit der Skala von Mowday et al. (1979, S. 228) gemessen. Weitere Analysen untersuchen den Zusammenhang zwischen den Arbeitsmerkmalen als Gesamtkonstrukt und organisationalem Commitment im Rahmen eines Strukturgleichungsmodells, wobei sich etwas geringere, aber dennoch signifikante Pfadkoeffizienten zeigen (ß = 0,195; Raharjo, Nurjannah, Solimun & Achmad Rinaldo Fernandes, 2018, S. 1357; ß = 0,187; Ramli, Soelton & Khotimah, 2020, S. 7). Hier zeigen sich signifikante Pfadkoeffizienten zwischen 0,195 und 0,789.

Die bereits im Zusammenhang mit Arbeitszufriedenheit beschriebene Meta-Analyse von Humphrey et al. (2007, S. 1332) untersucht auch den Zusammenhang von Aufgabenmerkmalen zu organisationalem Commitment. Dabei wird nicht beschrieben, ob nur Skalen einbezogen wurden, die organisationales Commitment als solches messen oder auch mehrdimensionale Skalen bzw. Messungen einzelner Facetten mit in die Untersuchung eingeflossen sind. Die Zusammenhänge zwischen den Aufgabenmerkmalen Aufgabengeschlossenheit (r = 0,18), Bedeutsamkeit der Aufgabe (r = 0,34), Rückmeldung zur Tätigkeit (r = 0,29) und organisationalem Commitment sind alle signifikant (Humphrey et al., 2007, S. 1343). Daraus leitet sich die Hypothese 2b ab.

Hypothese 2b: Ein hohes Maß an Erfüllung der Aufgabenmerkmale steht in einem positiven Zusammenhang mit organisationalem Commitment.

Das Konstrukt Führung wird in dieser Arbeit über den LMX-Ansatz operationalisiert. Wie in Abschnitt 4.3.2 beschrieben, geht der LMX-Ansatz zur Führung davon aus, dass Führungskräfte möglichst zu allen Mitarbeiterinnen und Mitarbeitern hochwertige Beziehungen aufbauen sollten (Graen & Uhl-Bien, 1995, S. 225). Daher werden im Folgenden überwiegend Untersuchungen herangezogen, die sich auf den LMX-Ansatz beziehen.

Zu dem Zusammenhang zwischen dem LMX-Ansatz und Arbeitszufriedenheit gibt es mehrere Meta-Analysen (Dulebohn et al., 2012, S. 1715; Martin et al., 2016, S. 67; Rockstuhl et al., 2012, S. 1097). Die umfangreichste Meta-Analyse ist die von Dulebohn et al. (2012, S. 1715), die verschiedene Prädiktoren und Auswirkungen des LMX-Ansatz untersucht. Welche Arten der Messung für den LMX-Ansatz in die Meta-Analyse mit einbezogen wurde, wird in der Studie nicht erwähnt. Es wird jedoch beschrieben, dass Studien mit „nicht akzeptierten" (engl. „not accepted") Skalen ausgeschlossen wurden (Dulebohn et al., 2012, S. 1730). Zudem wurden überwiegend Skalen aus der Perspektive der Mitarbeiterinnen und Mitarbeiter verwendet. In der Untersuchung zeigt sich eine signifikant positive Korrelation zwischen allgemeiner Arbeitszufriedenheit und LMX ($p = 0{,}49$) sowie zur Zufriedenheit mit der Führungskraft ($p = 0{,}57$) und der Zufriedenheit mit der Bezahlung ($p = 0{,}23$; Dulebohn et al., 2012, S. 1735).

Rockstuhl et al. (2012, S. 1097) legten in ihrer Meta-Analyse den Fokus auf Unterschiede zwischen zusammenhängenden Konstrukten mit dem LMX und kulturellen Unterschieden. Dies ist für die vorliegende Arbeit insofern von Bedeutung, als dass ein Schweizer Datensatz für die Analyse verwendet wird. Sie unterschieden dabei zwischen horizontalen-individualistischen Kulturen (unabhängiges und gleichberechtigtes Verständnis des Selbst) sowie vertikal-kollektivistischen Kulturen (abhängiges Selbstverständnis mit mehr Respekt vor Autoritäten; Rockstuhl et al., 2012, S. 1098). Der Zusammenhang zwischen dem LMX-Ansatz und Arbeitszufriedenheit in horizontal-individualistischen Kulturen, wie der Schweiz, ist signifikant höher ($p = 0{,}55$) als in vertikal-kollektivistischen Kulturen ($p = 0{,}45$; Rockstuhl et al., 2012, S. 1101).

Martin et al. (2016, S. 67) beziehen in ihren Meta-Analysen neben den Auswirkungen des LMX-Ansatzes, auch die verschiedenen Skalen diesen zu messen mit ein. Bei einer Messung aus Perspektive der Mitarbeiterinnen und Mitarbeiter besteht eine Korrelation von $r = 0{,}53$, während bei einer Messung aus Perspektive der Führungskraft der Zusammenhang lediglich $r = 0{,}18$ beträgt (Martin et al., 2016, S. 89 f.). Ob mit der LMX-7 Skala, der LMX-MDM oder anderen LMX-Skalen gemessen wurde, machte keinen signifikanten Unterschied (Martin et al., 2016, S. 91). Aus den soeben diskutierten Meta-Analysen wird die Hypothese 3a abgeleitet:

Hypothese 3a: Eine qualitativ hochwertige Beziehung zwischen Führungskraft und Mitarbeiterinnen und Mitarbeiter steht in einem positiven Zusammenhang mit Arbeitszufriedenheit.

Die für den Zusammenhang zwischen dem LMX-Ansatz und Arbeitszufriedenheit herangezogenen Meta-Analysen haben alle auch organisationales Commitment in die jeweilige Analyse mit einbezogen. Dulebohn et al. (2012, S. 1745) unterscheiden dabei zwischen dem Zusammenhang zwischen allgemeinem organisationalen Commitment (p = 0,47) sowie den Facetten des affektiven Commitment (p = 0,41) und normativen Commitment (p = 0,33). In Bezug auf kulturelle Unterschiede gibt es keinen signifikanten Unterschied im Zusammenhang zwischen LMX und der Facette des affektiven Commitments in Bezug auf horizontal-individualistischen Kulturen (p = 0,48) und vertikal-kollektivistischen Kulturen (p = 0,52; Rockstuhl et al., 2012, S. 1101). Martin et al. (2016, S. 80) haben in ihrer Meta-Analyse nur organisationales Commitment als Gesamtkonstrukt analysiert, zählen dazu aber auch explizit die affektive Facette von Meyer et al. (1993, S. 544). Es zeigt sich auch hier ein Unterschied zwischen der Messung des LMX aus der Perspektive der Mitarbeiterinnen und Mitarbeiter (r = 0,43) und der Perspektive der Führungskraft (Martin et al., 2016, S. 89 f.). Aus den beschriebenen Ergebnissen der Meta-Analysen leitet sich die Hypothese 3b ab:

Hypothese 3b: Eine qualitativ hochwertige Beziehung zwischen Führungskraft und Mitarbeiterinnen und Mitarbeitern steht in einem positiven Zusammenhang zu organisationalem Commitment.

5.1.2 Hypothesen zur Arbeitszufriedenheit, Commitment und Kündigungsabsicht

Die Konstrukte Arbeitszufriedenheit, Commitment und Kündigungsabsicht wurden in der Vergangenheit immer wieder in einem direkten Zusammenhang geprüft und ein Zusammenhang zwischen diesen Konstrukten gilt weitestgehend als unumstritten (Cooper-Hakim & Viswesvaran, 2005, S. 253; Currivan, 1999, S. 508 f.; Judge et al., 2017, S. 361 ff.; Tett & Meyer, 1993). Die Wirkungsrichtung zwischen Arbeitszufriedenheit und Commitment wurde bereits in Abschnitt 3.4 diskutiert. In dieser Arbeit wird der Einschätzung Folge geleistet, dass die Arbeitszufriedenheit das Commitment beeinflusst. Im Folgenden sollen nun einige aktuelle Studien vorgestellt werden, die diesen Zusammenhang ebenfalls voraussetzen.

Valaei und Rezaei (2016, S. 1666) haben in einem Strukturgleichungsmodell den Einfluss von neun Indikatoren der Arbeitszufriedenheit (Gehalt, Aufstiegsmöglichkeiten, Lohnnebenleistungen, Kolleginnen und Kollegen, Führung, Kommunikation, Belohnungssystem, Betriebsabläufe, Art der Arbeit) auf affektives, fortsetzungsbezogenes und normatives Commitment untersucht. Besonders hohe Pfadkoeffizienten zeigten sich zwischen Bezahlung (ß = 0,568), Kommunikation (ß = 0,366), Lohnnebenleistungen (ß = 0,276), Art der Arbeit (ß = 0,273) und affektivem Commitment (Valaei & Rezaei, 2016, S. 1677). Keine signifikanten Zusammenhänge gab es zwischen der Zufriedenheit mit Führung (ß = 0,022) sowie dem Belohnungssystem (ß = 0,051) und affektivem Commitment.

Mathieu et al. (2016) verwendeten in ihrem Strukturgleichungsmodell die kurze Version des MSQ von Weiss et al. (1977) und für die Messung des Commitments die Skala von Meyer et al. (1993, S. 544), wobei organisationales Commitment als Konstrukt höherer Ordnung mit den Facetten affektives und normatives Commitment gemessen wurden (Mathieu et al., 2016, S. 118 f.). In dieser Untersuchung zeigt sich ein sehr starker Pfadkoeffizient von ß = 0,72 zwischen Arbeitszufriedenheit und organisationalem Commitment (Mathieu et al., 2016, S. 122).

Eine weitere Analyse, die ein Strukturgleichungsmodell verwendet hat, stammt von Yücel (2012, S. 44). Für die Messung der Arbeitszufriedenheit wurde hier der Index der Arbeitszufriedenheit von Brayfield und Rothe (1951, S. 396) und die Commitment Skala von Meyer et al. (1993, S. 544) verwendet, wobei alle drei Facetten einzeln untersucht worden sind (Yücel, 2012, S. 49). Den stärksten Einfluss auf Arbeitszufriedenheit hat das affektive Commitment (ß = 0,723), gefolgt vom normativen Commitment (ß = 0,493), und den geringsten Einfluss mit einem Pfadkoeffizienten von ß = 0,208 hat das fortsetzungsbezogene Commitment (Yücel, 2012, S. 53). Weitere aktuelle Untersuchungen zeigen ebenfalls einen signifikanten Einfluss von Arbeitszufriedenheit auf organisationales Commitment, allerdings basierend auf Regressionsanalysen und nicht im Rahmen von Strukturgleichungsmodellen (Chordiya, Sabharwal & Goodman, 2017, S. 189; Rothausen & Henderson, 2019, S. 370). Daraus leitet sich die Hypothese 4 ab:

Hypothese 4: Eine höhere Arbeitszufriedenheit führt zu höherem organisationalem Commitment.

Zwei verschiedene Untersuchungen setzen sich mit der zeitlichen Dynamik des Einflusses von Arbeitszufriedenheit auf freiwillige Kündigungen auseinander. Liu, Mitchell, Lee, Holtom und Hinkin (2012, S. 1360) untersuchen im Rahmen eine Längsschnittstudie, wie sich die Beziehung zwischen Arbeitszufriedenheit und Kündigungsabsicht auf individueller Ebene und Abteilungsebene entwickelt.

Die Arbeitszufriedenheit wurde anhand einer Indikator-Messung zu insgesamt vier verschiedenen Zeitpunkten gemessen und die Personalabteilung hat eine Liste aller Kündigungen in den Phasen drei und vier zur Verfügung gestellt, wobei die bleibenden Personen mit 0 und die freiwilligen Kündigungen mit 1 kodiert wurden (Liu et al., 2012, S. 1367). Die Untersuchung zeigt den erwarteten Zusammenhang zwischen Arbeitszufriedenheit und Kündigungen deutlich, gleichzeitig wird dieser auch von der Zufriedenheit auf Ebene des Teams beeinflusst: Wenn diese steigt, sinken auch die Kündigungen (Liu et al., 2012, S. 1369). Anders als Liu et al. (2012) haben Chen, Ployhart, Cooper-Thomas, Anderson und Bliese (2011, S. 159) nicht die eigentliche Kündigung, sondern die Kündigungsabsicht als abhängige Variable in ihrer Langzeitstudie verwendet. Untersuchungsziel war es herauszufinden, ob eine Veränderung der Arbeitzufriedenheit auch tatsächlich eine Veränderung der Kündigungsabsicht herbeiführt. Die Analyse zeigte in drei verschiedenen Stichproben zu jeweils drei verschiedenen Messzeitpunkten, dass die Arbeitszufriedenheit die Kündigungsabsicht vorhersagt (Chen et al., 2011, S. 170).

Eine Meta-Analyse von Rubenstein et al. (2018, S. 23) unterstützt die Annahme des negativen Zusammenhangs zwischen Arbeitszufriedenheit und Kündigungsabsicht. Bei der Analyse von insgesamt 174 Studien zeigt sich eine signifikant negative Korrelation von p = -0,28 (Rubenstein et al., 2018, S. 34). Diese Meta-Analyse bestätigt damit andere, ältere Meta-Analysen, die zu ähnlichen Ergebnissen gekommen sind (Cotton & Tuttle, 1986, S. 62; Griffeth et al., 2000, S. 466). Daraus leitet sich die Hypothese 5a ab.

Hypothese 5a: Arbeitszufriedenheit steht in einem negativen Zusammenhang zur Kündigungsabsicht.

Die bereits im Zusammenhang mit Hypothese 4 beschriebene Studie von Mathieu et al. (2016, S. 113) untersucht neben dem Zusammenhang zwischen Arbeitszufriedenheit und organisationalem Commitment auch die Beziehung zwischen organisationalem Commitment und Kündigungsabsicht. Im Rahmen des hier untersuchten Strukturgleichungsmodell beträgt der Pfadkoeffizient zwischen den beiden Variablen ß = −0,78 (Mathieu et al., 2016, S. 122). Auch Nazir, Shafi, Qun, Nazir und Tran (2016, S. 569) und Ausar, Kang und Kim (2016, S. 181) verwenden für ihre Analysen Strukturgleichungsmodelle. Nazir et al. (2016, S. 608) unterscheiden zwischen dem Einfluss von affektivem Commitment (ß = −0,225) und normativem Commitment (ß = -0,202). Ausar et al. (2016, S. 189) dagegen sehen organisationales Commitment als Gesamtkonstrukt und messen einen Pfadkoeffizienten von ß = −0,35.

Die im vorherigen Abschnitt erwähnten Meta-Analysen haben neben dem Einfluss von Arbeitszufriedenheit auf Kündigungsabsicht auch den Einfluss von organisationalem Commitment auf die Kündigungsabsicht untersucht. Rubenstein et al. (2018, S. 34) finden hier einen Zusammenhang von $p = -0{,}29$ und auch diese Ergebnisse bestätigen die Ergebnisse der vorherigen Meta-Analysen von Cotton und Tuttle (1986, S. 61) und Griffeth et al. (2000, S. 470). Daraus leitet sich die Hypothese 5b ab. Zudem sind die Hypothesen in Bezug auf die direkten Effekte in Tabelle 5.1 dargestellt.

Hypothese 5b: Organisationales Commitment steht in einem negativen Zusammenhang zur Kündigungsabsicht.

Tabelle 5.1 Hypothesen zu den direkten Beziehungen

		Quellen
Hypothese 1a:	Die Erfüllung der Erwartungen der Arbeitnehmerinnen und Arbeitnehmer steht in einem positiven Zusammenhang mit der Arbeitszufriedenheit.	Ababneh (2020); Yang et al. (2018); Zhao et al. (2007)
Hypothese 1b	Die Erfüllung der Erwartungen der Arbeitnehmerinnen und Arbeitnehmer steht in einem positiven Zusammenhang mit organisationalem Commitment.	Ababneh (2020); Yang et al. (2018); Zhao et al. (2007)
Hypothese 2a	Ein hohes Maß an Erfüllung der Aufgabenmerkmale steht in einem positiven Zusammengang mit Arbeitszufriedenheit.	Humphrey et al. (2007); Katsikea et al. (2011); Morris und Venkatesh (2010); Wegman et al. (2018)
Hypothese 2b:	Ein hohes Maß an Erfüllung der Aufgabenmerkmale steht in einem positiven Zusammenhang mit organisationalem Commitment.	Humphrey et al. (2007); Ramli et al. (2020); Saud (2020); Wang et al. (2014)
Hypothese 3a:	Eine qualitativ hochwertige Beziehung zwischen Führungskraft und Mitarbeiterinnen und Mitarbeiter steht in einem positiven Zusammenhang mit Arbeitszufriedenheit.	Dulebohn et al. (2012); Martin et al. (2016); Rockstuhl et al. (2012)

(Fortsetzung)

Tabelle 5.1 (Fortsetzung)

		Quellen
Hypothese 3b:	Eine qualitativ hochwertige Beziehung zwischen Führungskraft und Mitarbeiterinnen und Mitarbeitern steht in einem positiven Zusammenhang zu organisationalem Commitment.	Dulebohn et al. (2012); Martin et al. (2016); Rockstuhl et al. (2012)
Hypothese 4:	Eine höhere Arbeitszufriedenheit führt zu höherem organisationalem Commitment.	Chordiya et al. (2017); Mathieu et al. (2016); Rothausen und Henderson (2019); Valaei und Rezaei (2016); Yücel (2012)
Hypothese 5a:	Arbeitszufriedenheit steht in einem negativen Zusammenhang zur Kündigungsabsicht.	Chen et al. (2011); Cotton und Tuttle (1986); Griffeth et al. (2000); Liu et al. (2012); Rubenstein et al. (2018)
Hypothese 5b:	Organisationales Commitment steht in einem negativen Zusammenhang zur Kündigungsabsicht.	Ausar et al. (2016); Cotton und Tuttle (1986); Griffeth et al. (2000); Mathieu et al. (2016); Nazir et al. (2016); Rubenstein et al. (2018)

5.1.3 Hypothesen zu Mediationsbeziehungen

Neben den soeben beschriebenen direkten Beziehungen werden auch Mediationbeziehungen angenommen. Die Grundannahme eines Mediationseffekt besagt, dass eine dritte Variable zwischen zwei direkt miteinander zusammenhängenden Variablen vermittelt (Hair et al., 2022, S. 229). Im modifizierten Modell der Kündigungsabsicht bilden Arbeitszufriedenheit und organisationales Commitment die Mediatoren. Organisationales Commitment wird dabei zweimal als Mediatorvariable untersucht. Zunächst als Mediator zwischen den Einflussvariablen und organisationalem Commitment und zusätzlich als Mediator zwischen den Einflussvariablen und der Kündigungsabsicht. Außerdem wird auch die multiple Mediation von organisationalem Commitment und Arbeitszufriedenheit in der Beziehung zwischen Einflussvariablen und Kündigungsabsicht geprüft. Die Hypothesen zu den möglichen Mediationsbeziehungen werden – soweit wie möglich – ebenfalls auf Grundlage aktueller Studien begründet, gleichzeitig basieren diese Annahmen auf dem Zusammenhang zwischen den begründeten direkten Effekten. Zudem haben Williams und Hazer (1986, S. 228) bereits geprüft, welche Wirkungszusammenhänge zwischen alternativen Modellen das beste Ergebnis für das Fit-Kriterium ergeben, weshalb zwischen den Einflussvariablen und der Kündigungsabsicht grundsätzlich von einer vollständigen Mediation ausgegangen wird. Eine Übersicht zu den Mediationshypothesen im Modell befindet sich in Abbildung 5.2.

Wie bereits hergeleitet wurde, wird von einem direkten Zusammenhang der drei Einflussvariablen: positive Arbeitsplatzbedingungen, erfüllte Erwartungen und LMX sowohl auf organisationales Commitment als auch auf Arbeitszufriedenheit ausgegangen, wobei auch die Arbeitszufriedenheit einen direkten Einfluss auf das organisationale Commitment ausübt. Die ursprünglichen Modelle der Kündigungsabsicht gehen davon aus, dass dieser Zusammenhang von Arbeitszufriedenheit vollständig mediiert wird (Michaels & Spector, 1982, S. 57; Mobley et al., 1979, S. 517; Williams & Hazer, 1986, S. 227).

Aktuelle Studien zu Erwartungen untersuchen überwiegend Arbeitszufriedenheit und organisationales Commitment als gemeinsame Zielvariablen und lassen die Möglichkeit eines Mediationseffektes außen vor (Ababneh, 2020, S. 319; Yang et al., 2018, S. 76). Es gibt allerdings, außerhalb des Arbeitskontextes, eine Studie, die unerfüllte Erwartungen, Zufriedenheit und Commitment in Bezug auf romantische Beziehungen beschreibt (Vannier & O'Sullivan, 2018, S. 1045). Hier wird von einem nicht signifikanten Effekt von unerfüllten Erwartungen auf Commitment berichtet und gleichzeitig ein signifikanter indirekter Effekt von unerfüllten Erwartungen über Zufriedenheit auf Commitment, was auf eine totale Mediation durch Zufriedenheit hindeutet (Vannier & O'Sullivan, 2018, S. 1056).

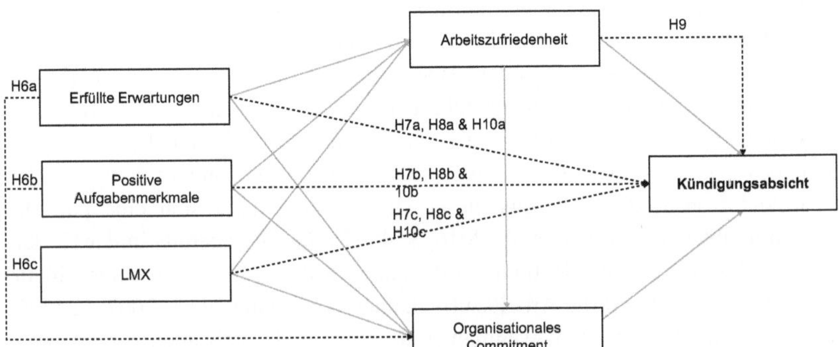

Abbildung 5.2 Modifiziertes Modell der Kündigungsabsicht mit Mediationshypothesen

Bei Untersuchungen, die sich nicht auf Erwartungen, sondern den vergleichbaren Bruch des psychologischen Vertrags beziehen, gibt es dagegen einige, die auf eine Mediationsbeziehung hinweisen. Antonaki und Trivellas (2014, S. 359) können ihre Hypothese, dass Arbeitszufriedenheit die Beziehung zwischen dem psychologischen Vertragsbruch und organisationalem Vertragsbruch mediiert, teilweise bestätigen. Ampofo, Ameza-Xemalordzo, Ampofo und Nkrumah (2022, S. 1) haben ein Strukturgleichungsmodell aufgestellt, das neben Arbeitszufriedenheit auch Karrierezufriedenheit und Engagement als Mediatoren der Beziehung zwischen dem psychologischen Vertragsbruch und der der Facette des affektiven Commitments untersucht. In dieser Untersuchung konnte die Annahme einer partiellen Mediation bestätigt werden (Ampofo et al., 2022, S. 7). Da wenig Hinweise auf eine vollständige Mediation gefunden wurden, wird von einer partiellen Mediation der Beziehung zwischen Mediation der Beziehung zwischen erfüllten Erwartungen und organisationalem Commitment ausgegangen und somit Hypothese 6a hergeleitet:

Hypothese 6a: Der Zusammenhang zwischen erfüllten Erwartungen von Mitarbeiterinnen und Mitarbeitern und affektivem Commitment wird durch Arbeitszufriedenheit partiell mediiert.

Der Zusammenhang von positiven Aufgabenmerkmalen zu Commitment wird bis heute häufig im Zusammenhang mit Arbeitszufriedenheit diskutiert (Bakker & Demerouti, 2007, S. 317; Judge et al., 2017, S. 362). Allerdings lassen sich nach aktuellem Stand nur wenige Studien finden, die Arbeitszufriedenheit als Mediator der Beziehung zwischen Aufgabenmerkmalen und organisationalem Commitment tatsächlich testen. Frye, Kang, Huh und Lee (2020, S. 4) untersuchen diese Verbindung, verwenden dabei allerdings andere Aufgabenmerkmale als die aus dem JDS. Na-Nan, Panich, Thipnete und Kulsingh (2016, S. 4525) verwenden zwar die entsprechenden Aufgabenmerkmale, untersuchen allerdings nicht das organisationale Commitment als Zielvariable, sondern lediglich das verwandte Konstrukt OCB. Aus dieser Untersuchung lässt sich eine partielle Mediation ableiten (Na-Nan et al., 2016, S. 4529). Wie aber bereits in der Herleitung der direkten Effekte deutlich wurde, haben Aufgabenmerkmale eine direkte Auswirkung sowohl auf die Arbeitszufriedenheit (Humphrey et al., 2007, S. 1343; Katsikea et al., 2011, S. 226; Wegman et al., 2018, S. 372) als auch auf das organisationale Commitment (Humphrey et al., 2007, S. 1343; Ramli et al., 2020, S. 7; Saud, 2020, S. 47; Wang et al., 2014, S. 32). Gleichzeitig besteht Evidenz für den direkten Einfluss von Arbeitszufriedenheit auf organisationales Commitment (Chordiya et al., 2017, S. 189; Mathieu et al., 2016, S. 122; Rothausen &

Henderson, 2019, S. 370; Valaei & Rezaei, 2016, S. 1666; Yücel, 2012, S. 53). Daraus wird die Hypothese 6b hergeleitet.

Hypothese 6b: Der Zusammenhang zwischen Aufgabenmerkmalen und affektivem Commitment wird durch Arbeitszufriedenheit partiell mediiert.

Cheung und Wu (2012, S. 65) untersuchen, inwieweit die Beziehung zwischen dem LMX-Ansatz und dem organisationalen Commitment durch Arbeitszufriedenheit mediiert wird. Für die Messung des LMX wird hier die LMX-7 Skala von Graen und Uhl-Bien (1995, S. 236 f.), für die Messung der Arbeitszufriedenheit eine 10-Item Indikatorskala und für die Messung des organisationalen Commitment wurde Gesamtscore der Messung von Meyer et al. (1993, S. 544) verwendet (Cheung & Wu, 2012, S. 70 f.). Es wird eine vollständige Mediation des Zusammenhangs zwischen dem LMX-Ansatz und organisationalem Commitment durch Arbeitszufriedenheit festgestellt (Cheung & Wu, 2012, S. 72).

Die bereits beschriebene Analyse von Mathieu et al. (2016, S. 118) operationalisiert Führungsverhalten durch Aufgaben- und Mitarbeiterorientierung. Der vermittelnde Einfluss von Arbeitszufriedenheit auf die Beziehung zwischen Führung und Commitment wird ebenfalls in aktuelleren Studien betrachtet (Cheung & Wu, 2012, S. 67; Mathieu et al., 2016, S. 118). Das getestete Modell bestätigt die Annahme, dass Arbeitszufriedenheit die Beziehung zwischen Führung und organisationalem Commitment mediiert (Mathieu et al., 2016, S. 123). Zudem empfehlen Mathieu et al. (2016, S. 125), in zukünftigen Untersuchungen Führung mit dem LMX-Ansatz zu messen. Daraus leitet sich Hypothese 6c ab.

Hypothese 6c: Der Zusammenhang zwischen einer qualitativ hochwertigen Beziehung zwischen einer Führungskraft und deren Angestellten und organisationalem Commitment wird durch Arbeitszufriedenheit partiell mediiert.

Die Zielvariable des modifizierten Modells der Kündigungsabsicht ist die Kündigungsabsicht. Die direkten Zusammenhänge zwischen den Einflussvariablen und den jeweiligen Mediatoren: Arbeitszufriedenheit und organisationales Commitment sind bereits bei den Hypothesen zu den direkten Effekten hergeleitet worden. Wie bereits im modifizierten Modell der Kündigungsabsicht dargestellt, wird allerdings von einer vollständigen Mediation der Beziehung zwischen den drei Einflussfaktoren und der Kündigungsabsicht durch Arbeitszufriedenheit und Kündigungsabsicht ausgegangen. Ababneh (2020, S. 320) testet in seinem Modell eine vollständige Mediation der Beziehung zwischen erfüllten Erwartungen und Bleibeabsicht und fand die Hypothese einer vollständigen Mediation durch Arbeitszufriedenheit bestätigt. Daraus leitet sich Hypothese 7a ab.

Hypothese 7a: Der Zusammenhang zwischen erfüllten Erwartungen von Mitarbeiterinnen und Mitarbeitern und Kündigungsabsicht wird vollständig durch Arbeitszufriedenheit mediiert

Kim und Kim (2017, S. 57) untersuchen den Mediationseffekt von Arbeitszufriedenheit auf die Kündigungsabsicht und verwendeten dafür drei der fünf Aufgabenmerkmale Aufgabenvielfalt, Bedeutsamkeit der Aufgabe und Autonomie von Hackman und Oldham (1976, S. 161) und zusätzlich die Merkmale Arbeitsbelastung und Rollenambiguität sowie jeweils Beziehungen zu Kolleginnen und Kollegen und Vorgesetzten. In dieser Untersuchung fand sich kein direkter Effekt der Bedeutsamkeit der Aufgabe auf die Kündigungsabsicht. Ein indirekter Effekt über Arbeitszufriedenheit auf Kündigungsabsicht wurde allerdings nicht geprüft, woraufhin die Mediationshypothese verworfen wurde (Kim & Kim, 2017, S. 61). Allerdings wurde die Mediationsanalyse auf Basis von Baron und Kenny (1986, S. 1177) durchgeführt, die konzeptuelle und methodologische Probleme aufweist (Hair et al., 2022, S. 234). Wird die Signifikanz des indirekten Effektes in die Mediationsanalyse mit einbezogen, könnte der nicht signifikante Zusammenhang zwischen der Bedeutsamkeit der Aufgabe sowie der Kündigungsabsicht ein Indikator für eine vollständige Mediation sein (Carrión, Nitzl & Roldán, 2017, S. 175 ff.; Nitzl, Roldan & Cepeda, 2016, S. 1853).

Ferreira, Martinez, Lamelas und Rodrigues (2017, S. 251) untersuchten in ihrer Analyse die Aufgabengeschlossenheit. Sie kommen dabei zu dem Schluss, dass der Einfluss dieser auf Arbeitszufriedenheit vollständig mediiert wird (Ferreira et al., 2017, S. 257). Es gibt weitere Untersuchungen, die auf diese vollständige Mediation hindeuten, allerdings wurden in diesen Fällen andere Aufgabenmerkmale als die von Hackman und Oldham (1975, S. 161) gewählt (z. B. Drabe, 2015, S. 199). Aus den soeben diskutierten Untersuchungen wird die Hypothese 7b abgeleitet.

Hypothese 7b: Der Zusammenhang zwischen Aufgabenmerkmalen und Kündigungsabsicht wird vollständig durch Arbeitszufriedenheit mediiert.

Arbeitszufriedenheit als Mediator zwischen dem LMX-Ansatz und Kündigungsabsicht wird in mehreren Analysen untersucht. Bhatti, Islam, Mirza und Ali (2015, S. 1524) verwenden für ihre Analyse den LMX-7 und fanden eine partielle Mediation des Zusammenhangs zwischen LMX und Kündigungsabsicht durch Arbeitszufriedenheit. M. Abu Elanain (2014, S. 110) untersuchte neben der Arbeitszufriedenheit auch organisationales Commitment und Rollenkonflikt als Mediatoren der Beziehung zwischen dem LMX-Ansatz und der Kündigungsabsicht. In dieser Untersuchung konnte ebenfalls lediglich eine partielle Mediation festgestellt werden (M. Abu Elanain, 2014, S. 119). Li, Zhu und Park (2018, S. 1909) stellten für ihre Mediationsanalyse ein Strukturgleichungsmodell auf und untersuchten neben Arbeitszufriedenheit auch noch Leistung und organisationales Commitment als Mediatorvariablen. Auch hier zeigte sich, dass Arbeitszufriedenheit die Beziehung zwischen LMX und Kündigungsabsicht mediiert, es wurde allerdings nicht berichtet, ob es sich um eine vollständige oder eine partielle Mediation handelt (Li et al., 2018, S. 1917). Chung und Jeon (2020, S. 242) untersuchten neben dem LMX auch den Gruppen-Mitglieder-Austausch (engl. „team-member-exchange") als unabhängige Variable. Während die Beziehung zwischen dem LMX und der Kündigungsabsicht durch die Arbeitszufriedenheit mediiert wurde, zeigte sich, dass der Gruppen-Mitglieder-Austausch diese Beziehung nicht mediiert (Chung & Jeon, 2020, S. 254). Auch in dieser Untersuchung wurde nicht erläutert, ob es sich um eine partielle oder vollständige Mediation handelt. Im Folgenden wird dennoch von einer vollständigen Mediation ausgegangen und die Hypothese 7c abgeleitet.

Hypothese 7c: Der Zusammenhang zwischen einer qualitativ hochwertigen Beziehung zwischen Führungskraft und Mitarbeiterinnen und Mitarbeitern und Kündigungsabsicht wird vollständig durch Arbeitszufriedenheit mediiert.

Für die Herleitung der Hypothese, dass organisationales Commitment den Zusammenhang zwischen erfüllten Erwartungen und Kündigungsabsicht mediiert, wird erneut die Untersuchung von Ababneh (2020, S. 303) herangezogen. Genau wie bei der Arbeitszufriedenheit zeigt sich hier auch eine partielle Mediation von organisationalem Commitment (Ababneh, 2020, S. 320). Ähnlich wie bei der Hypothese 7a werden die beiden Studien herangezogen, die nicht das Konstrukt Erwartungen, sondern den psychologischen Vertragsbruch als unabhängige Variable betrachten. Diese Untersuchung dient als Grundlage für Hypothese 8a.

Hypothese 8a: Der Zusammenhang zwischen der Erfüllung von Erwartungen der Mitarbeiterinnen und Mitarbeiter und Kündigungsabsicht wird vollständig durch organisationales Commitment mediiert.

Ramli et al. (2020, S. 7) berichten von einem signifikant positiven Effekt von Aufgabenmerkmalen auf organisationales Commitment sowie signifikant negative Effekte sowohl von Aufgabenmerkmalen als auch von organisationalem Commitment auf Kündigungsabsicht. Diese Beziehungen deuten auf einen Mediationseffekt hin, auch wenn dieser in der Untersuchung nicht geprüft wurde. Agarwal und Gupta (2018, S. 363) haben nicht organisationales Commitment, sondern das verwandte Konstrukt des Engagements als Mediator der Beziehung zwischen Aufgabenmerkmalen und Kündigungsabsicht untersucht und eine vollständige Mediation festgestellt. Diese Überlegungen bilden die Grundlage für die Hypothese 8a:

Hypothese 8b: Der Zusammenhang zwischen positiven Arbeitsplatzmerkmalen und Kündigungsabsicht wird vollständig durch organisationales Commitment mediiert.

Die bereits zur Begründung von Hypothese 7c herangezogene Untersuchung von M. Abu Elanain (2014, S. 116) verwendet das Gesamtkonstrukt des organisationalen Commitment als Mediator für die Beziehung zwischen dem LMX und Kündigungsabsicht. Genau wie bei der Arbeitszufriedenheit konnte hier lediglich eine partielle Mediation festgestellt werden (M. Abu Elanain, 2014, S. 121). Auch die Untersuchung von Li et al. (2018, S. 1909) wurde bereits im Zusammenhang mit Hypothese 7c diskutiert. Das Gesamtkonstrukt organisationales Commitment wird in dieser Untersuchung, genau wie zuvor Arbeitszufriedenheit, als Mediator der Beziehung zwischen dem LMX und der Kündigungsabsicht identifiziert, allerdings wird auch hier nicht genauer beschrieben, ob es sich um eine partielle oder vollständige Mediation handelt (Li et al., 2018, S. 1917). Aus den soeben beschriebenen Überlegungen leitet sich die Hypothese 8c ab.

Hypothese 8c: Der Zusammenhang zwischen einer qualitativ hochwertigen Beziehung zwischen Führungskraft und ihren Angestellten und Kündigungsabsicht wird vollständig durch organisationales Commitment mediiert.

Verschiedene Studien gehen zudem davon aus, dass die Beziehung zwischen Arbeitszufriedenheit und Kündigungsabsicht vom Commitment mediiert wird. Die bereits mehrfach herangezogene Studie von Mathieu et al. (2016, S. 122) geht dabei von einer partiellen Mediation aus genau wie Yücel (2012, S. 55). Es gibt jedoch auch Hinweise auf eine totale Mediation (Frye et al., 2020, S. 7). Williams und Hazer (1986, S. 227) folgend, wird zunächst von einer partiellen Mediation ausgegangen und somit Hypothese 9 gebildet.

Hypothese 9: Der Zusammenhang zwischen Arbeitszufriedenheit und Kündigungsabsicht wird partiell durch organisationales Commitment mediiert.

Da von direkten Zusammenhängen zwischen den Einflussvariablen: Erwartungen, Aufgabenmerkmalen und LMX zur Arbeitszufriedenheit ausgegangen wird, kann von der Arbeitszufriedenheit wiederum ein direkter Wirkungszusammenhang zu organisationalem Commitment angenommen werden. Von dort zur Kündigungsabsicht werden an dieser Stelle auch die multiplen Mediationen angenommen. Auch wenn Williams und Hazer (1986, S. 227) in ihrer Modellvalidierung von einem solchen Zusammenhang ausgegangen sind, gibt es wenig Untersuchungen, die dies in Bezug auf die Einflussvariablen untersuchen. Daher wird zunächst die Hypothese 10a explorativ aufgestellt.

Hypothese 10a: Der Zusammenhang zwischen der Erfüllung von Erwartungen und Kündigungsabsicht wird vollständig durch organisationales Commitment und Arbeitszufriedenheit mediiert.

In Bezug auf die Aufgabenmerkmale untersucht Ahmad (2018, S. 74) den Pfad von den Aufgabenmerkmalen, zuerst über Arbeitszufriedenheit, anschließend über das organisationale Commitment und schließlich auf die Kündigungsabsicht als Zielvariable. Dabei testet er organisationales Commitment für alle drei Facetten: Affektives, normatives und fortsetzungsbezogenes Commitment von Meyer et al. (1993, S. 544). Die Aufgabenmerkmale werden in extrinsisch (z. B. Aufgabenanforderung, Arbeitsbedingungen) und intrinsisch (z. B. Aufmerksamkeit) unterschieden und beziehen sich somit nicht auf die fünf Aufgabenmerkmale von Hackman und Oldham (1975, S. 161). Es zeigt sich, dass die Aufgabenmerkmale zur Arbeitszufriedenheit führen, die wiederum zu allen drei Facetten des organisationalen Commitments führt und so wiederum die Kündigungsabsicht beeinflusst (Ahmad, 2018, S. 86). Eine multiple Mediation wird allerdings nicht geprüft. Daraus leitet sich Hypothese 10b ab.

Hypothese 10b: Der Zusammenhang zwischen Aufgabenmerkmalen und Kündigungsabsicht wird vollständig durch organisationales Commitment und Arbeitszufriedenheit mediiert.

Mathieu et al. (2016, S. 122) betrachten in ihrem Strukturgleichungsmodell den Weg über den Einfluss von Führung, über Arbeitszufriedenheit und Kündigungsabsicht und kommen zu dem Schluss, dass diese Zusammenhänge in weiteren Untersuchungen tiefer gehend untersucht werden. Sie beziehen sich damit direkt auf Williams und Hazer (1986, S. 227), woraus die Hypothese 10c zunächst explorativ abgeleitet wird. In Tabelle 5.2 sind die Hypothesen zu den Mediationseffekten noch einmal zusammengefasst aufgelistet.

Hypothese 10c: Der Zusammenhang zwischen einer positiven Beziehung zwischen Führungskraft und deren Angestellten und die Kündigungsabsicht wird vollständig durch organisationales Commitment und Arbeitszufriedenheit mediiert.

Tabelle 5.2 Übersicht Hypothesen zu den Mediationsbeziehungen

Hypothese	Wirkungsbeziehung	Quellen
Hypothese 6a	Der Zusammenhang zwischen erfüllten Erwartungen von Mitarbeiterinnen und Mitarbeiter und affektivem Commitment wird durch Arbeitszufriedenheit partiell mediiert.	Ababneh (2020); Ampofo et al. (2022); Antonaki und Trivellas (2014); Vannier und O'Sullivan (2018); Yang et al. (2018)
Hypothese 6b	Der Zusammenhang zwischen Aufgabenmerkmalen und affektivem Commitment wird durch Arbeitszufriedenheit partiell mediiert.	Frye et al. (2020); Humphrey et al. (2007); Katsikea et al. (2011); Na-Nan et al. (2016); Ramli et al. (2020); Saud (2020); Wang et al. (2014); Wegman et al. (2018) Chordiya et al. (2017); Mathieu et al. (2016); Rothausen und Henderson (2019); Yücel (2012)
Hypothese 6c	Der Zusammenhang zwischen einer qualitativ hochwertigen Beziehung zwischen einer Führungskraft und deren Angestellten und organisationalem Commitment wird durch Arbeitszufriedenheit partiell mediiert.	Cheung und Wu (2012); Mathieu et al. (2016)
Hypothese 7a:	Der Zusammenhang zwischen erfüllten Erwartungen von Mitarbeiterinnen und Mitarbeitern und Kündigungsabsicht wird vollständig durch Arbeitszufriedenheit mediiert.	Ababneh (2020)
Hypothese 7b	Der Zusammenhang zwischen Aufgabenmerkmalen und Kündigungsabsicht wird vollständig durch Arbeitszufriedenheit mediiert.	Drabe (2015); Ferreira et al. (2017); Kim und Kim (2017)
Hypothese 7c	Der Zusammenhang zwischen einer qualitativ hochwertigen Beziehung zwischen Führungskraft und Mitarbeiterinnen und Mitarbeitern und Kündigungsabsicht wird vollständig durch Arbeitszufriedenheit mediiert.	Bhatti et al. (2015); Chung und Jeon (2020); Li et al. (2018); M. Abu Elanain (2014)

(Fortsetzung)

Tabelle 5.2 (Fortsetzung)

Hypothese	Wirkungsbeziehung	Quellen
Hypothese 8a	Der Zusammenhang zwischen der Erfüllung von Erwartungen der Mitarbeiterinnen und Mitarbeiter und Kündigungsabsicht wird vollständig durch organisationales Commitment mediiert.	Ababneh (2020)
Hypothese 8b	Der Zusammenhang zwischen positiven Arbeitsplatzmerkmalen und Kündigungsabsicht wird vollständig durch organisationales Commitment mediiert.	Agarwal und Gupta (2018); Ramli et al. (2020)
Hypothese 8c	Der Zusammenhang zwischen einer qualitativ hochwertigen Beziehung zwischen Führungskraft und ihren Angestellten und Kündigungsabsicht wird vollständig durch organisationales Commitment mediiert.	Liden und Maslyn (1998); M. Abu Elanain (2014)
Hypothese 9	Der Zusammenhang zwischen Arbeitszufriedenheit und Kündigungsabsicht wird partiell durch organisationales Commitment mediiert.	Frye et al. (2020); Mathieu et al. (2016); Yücel (2012)
Hypothese 10a	Der Zusammenhang zwischen der Erfüllung von Erwartungen und Kündigungsabsicht wird vollständig durch organisationales Commitment und Arbeitszufriedenheit mediiert.	Williams und Hazer (1986)
Hypothese 10b	Der Zusammenhang zwischen Aufgabenmerkmalen und Kündigungsabsicht wird vollständig durch organisationales Commitment und Arbeitszufriedenheit mediiert.	Ahmad (2018)
Hypothese 10c	Der Zusammenhang zwischen einer positiven Beziehung zwischen Führungskraft und deren Angestellten und die Kündigungsabsicht wird vollständig durch organisationales Commitment und Arbeitszufriedenheit mediiert.	Mathieu et al. (2016)

5.2 Generalisierbarkeit des modifizierten Modells der Kündigungsabsicht

5.2.1 Generalisierbarkeit

Das modifizierte Modell der Kündigungsabsicht wird in der vorliegenden Arbeit neben der allgemeinen Gültigkeit des Modells auch auf Möglichkeiten zur empirischer Generalisierbarkeit geprüft. Die empirische Generalisierbarkeit ist ein zentrales Ziel der Wissensentwicklung (Hubbard & Vetter, 1996, S. 154; Lynch, Bradlow, Huber & Lehmann, 2015, S. 4). Eine hohe Generalisierbarkeit ist entscheidend, um die Gültigkeit und Anwendbarkeit wissenschaftlicher Erkenntnisse in verschiedenen Kontexten zu gewährleisten (Tsang, 2016, S. 102). Replikationen sind darüber hinaus ein äußerst wichtiger Ansatz in der empirischen Wissenschaft, da sie die entscheidende Verbindung zwischen vorhandenem und neuem Wissen herstellt und somit zur Generalisierbarkeit von Theorien beiträgt (Bonett, 2012, S. 402; Hubbard & Vetter, 1996; Tsang & Kwan, 1999, S. 154). Im vorliegenden Kapitel wird zunächst näher auf die Möglichkeit der Generalisierbarkeit von Ergebnissen eingegangen und anschließend eine Übersicht zum Thema Replikationen gegeben.

Im Kontext der empirischen Forschung beschreibt Generalisierbarkeit den Prozess des Ziehens von Schlussfolgerungen aus spezifischen beobachteten Instanzen, beispielsweise innerhalb einer bestimmten Fallkonstellation, um breitere Aussagen oder Verallgemeinerungen zu treffen (Eisend & Kuß, 2017, S. 60; Tsang, 2016, S. 99). Grundsätzlich lassen sich zwei verschiedene Arten der Generalisierung unterscheiden: die theoretische und die empirische (Gomm, Foster & Hammersley, 2000, S. 103; Sharp, 1998, S. 786 f.). Tsang (2016, S. 102) beschreibt dagegen insgesamt fünf grundlegende Arten der Generalisierung, die (1) theoretische Generalisierung, (2) Generalisierung innerhalb der Population, (3) Generalisierung zwischen Populationen, (4) kontextbezogene Generalisierung und (5) zeitliche Generalisierung. Die theoretische Verallgemeinerung erstreckt sich sowohl auf die empirische als auch auf die theoretische Ebene, während die übrigen Typen auf der empirischen Ebene operieren.

Bei der theoretischen Verallgemeinerung werden Erklärungen für die in Studien beobachteten Beziehungen zwischen Variablen entwickelt (Tsang, 2014, S. 372). Diese Erklärungen sollten nicht nur auf die untersuchte Population, sondern auch potenziell auf andere Populationen anwendbar sein (Firestone, 1993, S. 16).

Die Generalisierung innerhalb einer Population bezieht sich auf den Prozess der Ausweitung von Forschungsergebnissen oder Schlussfolgerungen aus einer bestimmten Stichprobe auf die Grundgesamtheit, aus der die Stichprobe stammt (Tsang, 2016, S. 103). Dabei werden Schlüsse gezogen und Aussagen über die in der Stichprobe beobachteten Merkmale, Verhaltensweisen oder Beziehungen getroffen und auf die Grundgesamtheit übertragen. Bei dieser Art der Verallgemeinerung wird davon ausgegangen, dass die Stichprobe repräsentativ ist und die wesentlichen Merkmale der breiteren Population erfasst (Sharp, 1998, S. 786). Sie ermöglicht es Forscherinnen und Forschern, auf der Grundlage ihrer Beobachtungen und Erkenntnisse aus der ausgewählten Stichprobe sinnvolle Aussagen über die Grundgesamtheit zu treffen (Firestone, 1993, S. 17).

Bei der Generalisierung zwischen Populationen geht es um die Anwendung von Forschungsergebnissen oder Schlussfolgerungen aus einer Population auf eine andere Population, zum Beispiel die Übertragbarkeit der Ergebnisse einer Schweizer Stichprobe auf eine Stichprobe aus Deutschland (Tsang, 2016, S. 103). Es ist jedoch wichtig zu beachten, dass die Definition der Population auch die Generalisierung beeinflusst. Wird beispielsweise eine bereits gezogene Stichprobe aufgeteilt und nur die Frauen aus der Stichprobe gezogen, bezieht sich die Generalisierbarkeit auf die Männer derselben Stichprobe (Tsang, 2016, S. 103). Auch wenn eine Stichprobe repräsentativ für eine Bevölkerung ist, könnten zwischen einzelnen Gruppen Unterschiede in den Ergebnissen bestehen.

Die kontextuelle Generalisierung bezieht sich auf den Prozess der Ausweitung von Forschungsergebnissen oder Schlussfolgerungen auf andere kontextuelle Einstellungen oder Bedingungen (Tsang, 2016, S. 104). Rousseau und Fried (2001, S. 2) argumentieren stark für die Kontextualisierung von Forschung, insbesondere im Bereich der Organisationsforschung, da diese Modelle genauer und deren Interpretation robuster macht.

Im Kontext der empirischen Wissenschaft bezieht sich die zeitliche Verallgemeinerung auf die Fähigkeit, Forschungsergebnisse oder Schlussfolgerungen über den spezifischen Zeitraum hinaus zu verallgemeinern, in dem die Studie durchgeführt wurde (Tsang & Williams, 2012, S. 742). Es geht darum festzustellen, ob die in einer Studie beobachteten Beziehungen, Muster oder Wirkungen über verschiedene Zeitpunkte hinweg zutreffen (Tsang, 2016, S. 104).

Im Ergebnisteil werden die verschiedenen Arten der Generalisierung erneut aufgegriffen und diskutiert, inwieweit diese auf die vorliegende Untersuchung zutreffen. Es gibt in der empirischen Forschung insbesondere drei Methoden, die dabei helfen, generalisierbare Aussagen zu treffen: Meta-Analysen, empirische Generalisierungen und Replikationsstudien (Eisend & Kuß, 2017, S. 205). In der vorliegenden Arbeit wird eine Replikationsstudie gewählt; deswegen wird im Folgenden darauf noch genauer eingegangen.

5.2.2 Replikationen

Bereits in den 1930er Jahren unterstreicht der Wissenschaftsphilosoph Karl Popper die Bedeutung von wiederholten Beobachtungen und Replikationen für die Wissenschaft (Popper, 1935, S. 17). Diese führen zu einer Unabhängigkeit der Ergebnisse von Stichprobenfehlern, aber auch von Spezifika der Untersuchungsmethoden, den Einflüssen einzelner Personen und vom Untersuchungszeitpunkt (Eisend & Kuß, 2017, S. 205). Ziel von Wissenschaft sollte also beides sein: Neue Erkenntnisse sowie die fortlaufende Prüfung und Bestätigung dieser.

Das Ziel dieser Untersuchung ist es, das modifizierte Modell der Kündigungsabsicht auf die verschiedenen Formen von Generalisierbarkeit zu prüfen, um die Bedeutung des Modells zu prüfen. Für diese Untersuchung wurde eine Replikationsstudie gewählt. Zum einen soll das Modell von Mobley et al. (1979, S. 519) bzw. die empirischen Prüfung dessen von Michaels und Spector (1982, S. 55) sowie Williams und Hazer (1986, S. 228) repliziert werden. Zum anderen soll das Modell mit Daten aus dem Jahr 2012, erneut mit Daten aus den Jahren 2014, 2016, 2018 und 2020 überprüft werden. Eine genauere Beschreibung der Datengrundlage wird in Abschnitt 5.3 beschrieben.

Unter einer Replikation wird die Wiederholung der eigentlichen Untersuchung verstanden, um eine Reproduzierbarkeit der Ergebnisse zu belegen (Eisend & Kuß, 2017, S. 206; Evanschitzky, Baumgarth, Hubbard & Armstrong, 2007, S. 411). Tsang und Kwan (1999, S. 766) unterscheiden zwischen sechs verschiedenen Arten von Replikationen. Die Unterteilung wird zum einen bezüglich der gewählten Stichprobe (gleiche Stichprobe, gleiche Population und andere Population) getroffen, zum anderen wird geschaut, ob die gleiche oder eine andere Art der Messung bzw. Analyse verwendet wurde. Eine Übersicht über die verschiedenen Arten der Replikationen findet sich in Tabelle 5.3.

Tabelle 5.3 Arten von Replikationen (Tsang & Kwan, 1999, S. 766)

	Gleiche Messung und Analyse	Verschiedene Messungen und/ oder Analyse
Gleicher Datensatz	Überprüfung der Analyse	Re-Analyse
Gleiche Population	Exakte Replikation	Konzeptionelle Erweiterung
Andere Population	Empirische Verallgemeinerung	Generalisierung & Erweiterung

Tsang und Kwan (1999, S. 766) weisen darauf hin, dass der Begriff Population im Zusammenhang mit Replikationen zwei verschiedene Aspekte beinhaltet: Erstens steht er für die Gruppe von Personen oder Einheiten, von denen Daten erhoben werden, wobei es sich um dieselbe oder eine andere Population handeln kann als in der ursprünglichen Studie. Zweitens bezieht er sich auf den breiteren Kontext oder Bereich, in dem die Studie durchgeführt wird, wie beispielsweise eine bestimmte Branche, Organisation oder ein geografisches Gebiet. Der Begriff „Population" umfasst sowohl die spezifische Gruppe von Personen oder Einheiten als auch den breiteren Kontext, in dem die Studie durchgeführt wird. Aufgrund dieses unklaren Populationsbegriffs diskutieren Lynch et al. (2015, S. 2), ob es exakte Replikationen in den Sozialwissenschaften überhaupt geben kann. Sie argumentieren, dass sich selbst bei absolut gleichen Messungen und Methoden die Merkmale der Teilnehmerinnen und Teilnehmer geändert haben könnten.

Das modifizierte Modell der Kündigungsabsicht baut auf einer Reihe von Studien auf: Mobley et al. (1979, S. 517) entwickelten zunächst ein konzeptionelles Modell, das von Michaels und Spector (1982, S. 55) mittels Regressionen und Pfadanalyse geprüft wurde. Die gleichen Daten wurden von Williams und Hazer (1986, S. 221) mittels Strukturgleichungsmodellierung (SEM) erneut analysiert, nach der Kategorisierung von Tsang und Kwan (1999, S. 766) handelt es sich hierbei um eine Re-Analyse.

Die eigentliche Untersuchung des modifizierten Modells der Kündigungsabsicht soll, genau wie die Analysen von Michaels und Spector (1982, S. 55) und Williams und Hazer (1986, S. 221), mittels SEM geprüft werden. Allerdings werden andere Messungen verwendet und die Daten wurden innerhalb einer anderen Population erhoben. Nach der Klassifizierung von Tsang und Kwan (1999, S. 766) handelt es sich hierbei also um eine konzeptionelle Erweiterung. Bei der erneuten Prüfung der Daten werden die gleiche Methode und die gleichen Messungen angewendet. Grundsätzlich stammen die verwendeten Daten aus der gleichen Population, allerdings jeweils im Abstand von zwei Jahren. Lynch et al. (2015, S. 2) folgend wird daher davon ausgegangen, dass es sich um eine empirische Verallgemeinerung handelt.

5.3 Beschreibung der Datengrundlage

5.3.1 Das Schweizer Human Relations-Barometer

Das modifizierte Modell und dessen zeitliche Entwicklung werden anhand von Sekundärdaten getestet. Diese spielen im Rahmen von Replikationen eine entscheidende Rolle, da solche Daten eine kostengünstige Möglichkeit bieten, Erkenntnisse in einem bestimmten Bereich zu vertiefen, indem sie Längsschnitt- oder Querschnittsforschung ermöglichen (Cowton, 1998, S. 427; Davis-Kean,

Jager & Maslowsky, 2015, S. 257; Doolan & Froelicher, 2009, S. 205). Für die Analyse in dieser empirischen Arbeit werden fünf verschiedene Datensätze verwendet, die mit Hilfe des Schweizer HR-Barometers in verschiedenen Jahren erhoben werden (Pfrombeck et al., 2020). Für die vorliegende Arbeit wurden fünf Stichproben verwendet, und zwar aus den Jahren 2012, 2014, 2016, 2018 und 2020. Diese verschiedene Datensätze zu verschiedenen Erhebungszeitpunkten ermöglichen es, die Analyse des modifizierten Modells der Kündigungsabsicht zu replizieren und dadurch ein besseres Verständnis der Zuverlässigkeit und Stabilität der Ergebnisse zu gewinnen. Darüber hinaus repräsentiert jeder der fünf Datensätze die Bevölkerung der Schweizer Erwerbstätigen und nicht nur die einer einzelnen Branche oder eines einzelnen Unternehmens, was eine Verallgemeinerbarkeit für eine gesamte Population sicherstellt.

Im Folgenden Abschnitt sollen zunächst das Kooperationsprojekt Schweizer HR-Barometer inklusive der fünf verschiedenen Stichproben kurz vorgestellt werden. Außerdem wird die Vorbereitung der Daten beschrieben und auch die Operationalisierung des modifizierten Modells anhand der Erhebungen des Schweizer HR-Barometers begründet.

Das Schweizer HR-Barometer ist eine Kooperation der Eidgenössischen Technischen Hochschule sowie der Universitäten Zürich und Luzern (Pfrombeck et al., 2020, S. 11). Das HR-Barometer konzentriert sich auf die Arbeitsbedingungen, die Arbeitseinstellungen und das Arbeitsverhalten der Arbeitnehmerinnen und Arbeitnehmer in der Schweiz und basiert konzeptionell auf der Theorie des psychologischen Vertrags (Rousseau, 1990, S. 389 ff.). Das HR-Barometer analysiert die verschiedenen Faktoren, die den psychologischen Vertrag beeinflussen und von ihm beeinflusst werden, wobei sowohl traditionelle als auch moderne Inhalte berücksichtigt wurden (Pfrombeck et al., 2020, S. 14). Zu diesen Faktoren gehören organisationale und persönliche Faktoren wie Karriereorientierungen, HRM-Praktiken wie Führung, Arbeitsplatzgestaltung, Personalentwicklung, Beteiligung und Vergütung sowie Arbeitseinstellungen und -verhalten wie Arbeitsplatzunsicherheit, Arbeitsmarktfähigkeit, Arbeitszufriedenheit, Commitment und Kündigungsabsicht. Das Untersuchungsmodell des Schweizer HR-Barometer ist in Abbildung 5.3 dargestellt.

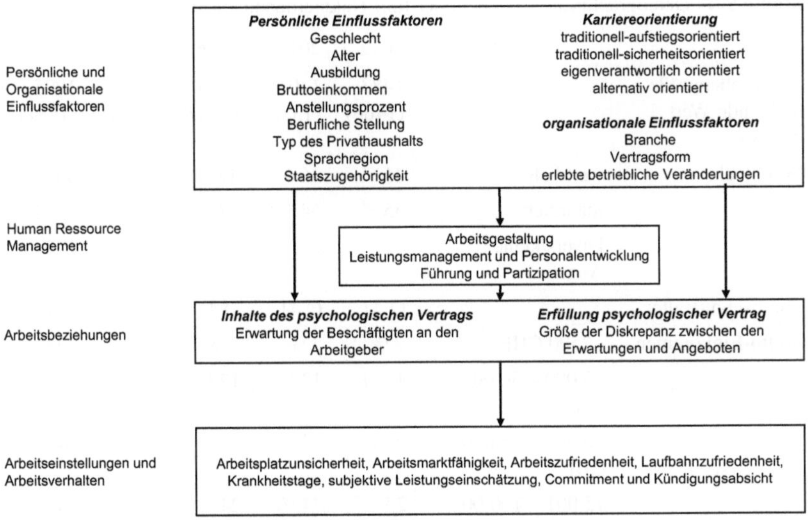

Abbildung 5.3 Untersuchungsdesign des Schweizer HR-Barometers. (Eigene Darstellung in Anlehnung an Pfrombeck et al. (2020, S. 15)

Die Erhebung der Daten findet bereits seit 2006 statt, allerdings erst seit dem Jahr 2012 in Zusammenarbeit mit dem Bundesamt für Statistik, in allen drei Schweizer Landessprachen (Deutsch, Französisch und Italienisch) sowie mit der gleichen Erhebungsmethode (gemischte Methode: online und schriftlich; Pfrombeck et al., 2020, S. 16). Diese Arbeit verwendet fünf verschiedene Datensätze aus den Jahren 2012, 2014, 2016, 2018 und 2020. Durch die Zusammenarbeit mit dem Schweizer Bundesamt für Statistik konnte für jede der Erhebungen von 2012 bis 2020 eine repräsentative Stichprobe der Schweizer Erwerbstätigen gezogen werden. Im Jahr 2018 war der Fragebogen auch auf Portugiesisch und Englisch verfügbar (Pfrombeck et al., 2018, S. 7). Die Stichprobe umfasst Personen, die während der Befragung mindestens 40 % der Zeit einer bezahlten Beschäftigung nachgingen. Tabelle 5.4 gibt einen demographischen Überblick über die Stichprobe.

Tabelle 5.4 Demographische Übersicht der fünf Datenerhebungen

		2012	2014	2016	2018	2020
Stichprobengröße (Fehlende Wert <15 %)		1483 (1466)	1401 (1372)	1504 (1469)	1947 (1861)	1995 (1881)
Geschlecht	weiblich	45 %	46 %	47 %	45 %	45 %
	männlich	55 %	54 %	53 %	54 %	53 %
	Divers/keine Angabe				1 %	2 %
Durchschnittsalter		Ø 41	Ø 41	Ø 42	Ø 42	Ø 44
Brutto-Einkommen	<2500 CHF	9 %	7 %	7 %	8 %	7 %
	25.000 – 50.000 CHF	13 %	13 %	12 %	11 %	11 %
	50.001 – 75.000 CHF	27 &	24 %	25 %	25 %	24 %
	75.001 – 100.00 CHF	23 %	24 %	24 %	23 %	23 %
	100.001 – 125.000 CHF	11 %	13 %	16 %	13 %	15 %
	>125.000 CHF	11 %	12 %	11 %	13 %	12 %
	Keine Angabe	6 %	6 %	5 %	7 %	8 %
Arbeitszeit	Vollzeit	73 %	68 %	68 %	68 %	67 %
	Teilzeit	27 %	32 %	32 %	32 %	33 %
Zeit im Unternehmen	0–2 Jahre	29 %	25 %	26 %	27 %	26 %
	3–5 Jahre	20 %	21 %	21 %	21 %	21 %
	6–10 Jahre	17 %	20 %	19 %	19 %	19 %
	11–15 Jahre	12 %	14 %	14 %	11 %	12 %
	>15 Jahre	22 %	21 %	20 %	22 %	22 %
Haushalt	Alleinstehend	17 %	16 %	16 %	16 %	16 %
	Paar mit Kindern	25 %	27 %	27 %	27 %	26 %
	Paar ohne Kinder	37 %	39 %	40 %	37 %	39 %
	Alleinerziehend mit Kind(ern)	8 %	8 %	8 %	8 %	7 %
	Kein familiärer Haushalt	3 %	2 %	2 %	3 %	3 %
	Andere	10 %	8 %	7 %	3 %	3 %

(Fortsetzung)

Tabelle 5.4 (Fortsetzung)

		2012	2014	2016	2018	2020
Sprache	Deutsch	70 %	71 %	66 %	65 %	68 %
	Französisch	23 %	21 %	25 %	20 %	22 %
	Italienisch	7 %	8 %	9 %	10 %	10 %
	Englisch				3 %	
	Portugiesisch				2 %	
Unternehmensgröße	<10 Angestellte	14 %	14 %	12 %	13 %	12 %
	10–249 Angestellte	38 %	40 %	42 %	42 %	40 %
	>249 Angestellte	41 %	42 %	41 %	40 %	44 %
				5 %	5 %	4 %
Vertag	Unbefristet	85 %	87 %	88 %	85 %	90 %
	Befristet	15 %	12 %	11 %	12 %	10 %
	Keine Angabe		1 %	1 %	3 %	

Die Fragebögen der Erhebungen behandeln jeweils fünf Hauptthemen, die in der folgenden Tabelle 5.5 kurz dargestellt werden (Doden et al., 2014, S. 14 ff.; Feierabend et al., 2012, S. 14 ff.; Humm et al., 2016, S. 15 ff.; Pfrombeck et al., 2020, S. 15 ff.; Pfrombeck et al., 2018, S. 15 ff.).

Tabelle 5.5 Hauptthemen des Schweizer HR-Barometers

Thema 1: Arbeitsbedingungen und Arbeitsbeziehungen	Hier wurden die Befragten zu Arbeitsgestaltung und Feedback sowie zu den Beziehungen zu Vorgesetzten und Kolleginnen und Kollegen befragt. Die Fragen beziehen sich auch auf die Themen berufliche Orientierung und Erwartungen. Die meisten Antworten werden auf einer 5-stufigen Likert-Skala gegeben. Dieser Teil enthält auch kategoriale Variablen.
Thema 2: Verbundenheit mit dem Unternehmen.	Dieses Thema wird durch die Konstrukte Commitment, Wechselabsicht und Beschäftigungsfähigkeit abgedeckt. Darüber hinaus werden Fragen zur wahrgenommenen Arbeitsplatzsicherheit gestellt. Alle Fragen müssen auf einer 5-stufigen Likert-Skala beantwortet werden.

(Fortsetzung)

Tabelle 5.5 (Fortsetzung)

Thema 3: Zufriedenheit	In diesem Abschnitt wird nach verschiedenen Aspekten der Zufriedenheit und des Wohlbefindens gefragt. Er umfasst auch die eigene Leistung der Befragten. Die allgemeine Arbeitszufriedenheit wird auf einer Zehn-Punkte-Skala abgefragt. Die anderen Variablen in diesem Teil basieren auf einer 5-Punkte-Likert-Skala oder einer kategorialen Abfrage.
Thema 4: Sonderthema	In jedem Fragebogen gibt es auch Fragen zu einem speziellen Thema, die jeweils auf unterschiedliche Weise gestellt werden und teilweise in die anderen Frageblöcke integriert sind. Die Sonderthemen, die in den verwendeten Jahren behandelt wurden, sind: – 2012: Fehlverhalten und Mut – 2014: Berufserfahrung und Job Crafting – 2016: Loyalität und Zynismus – 2018: Integration und Diskriminierung – 2020: Digitalisierung
Thema 5: Demographische Daten	Demographische Daten werden in Informationen über die Arbeitgeberin bzw. den Arbeitgeber und Informationen über die Einzelperson unterteilt. Die hier abgefragten Informationen umfassen Branche, Unternehmensgröße, Geschlecht und Haushaltseinkommen.

5.3.2 Vorbereitung der Daten und Operationalisierung

Diese Arbeit wird auf der Grundlage von den Datensätzen aus den Jahren 2012, 2014, 2016, 2018 und 2020 analysiert (Doden, 2014; Doden et al., 2014; Grote, 2012; Pfrombeck, 2020, 2018). Diese sind jeweils in SPSS und für einige Jahre auch in Excel verfügbar. Ein ausführlicher Bericht zu jeder der fünf Erhebungen wird zudem in deutscher Sprache veröffentlicht (Doden et al., 2014; Feierabend et al., 2012; Humm et al., 2016; Pfrombeck et al., 2020; Pfrombeck et al., 2018). Der Bericht beschreibt den Projekthintergrund sowie erste Ergebnisse wie Regressionen und Korrelationen.

Um die Daten für die Analyse bearbeiten zu können, wurden diese zunächst entsprechend vorbereitet. Dabei ist es für spätere Analysen entscheidend, dass nur jeweils gleich formulierte Items im Datensatz enthalten und diese zudem gleich kodiert sind. Dies betrifft in der vorliegenden Untersuchung nur das Item × 20 (siehe Tabelle 5.6), welches dem Konstrukt Kündigungsabsicht zuzuordnen ist. Teilweise musste die Variable der erfüllten Erwartungen als Differenzwert zwischen Angeboten und Erwartungen (siehe Abschnitt 4.1.3) noch berechnet werden. Abschließend wurden alle fünf Datensätze in einen gemeinsamen integriert, um später einen Direktvergleich zwischen den Jahren durchführen zu können.

In allen fünf Datensätzen wurden zunächst alle Variablen gelöscht, die für die Analyse nicht verwendet wurden. Von den demographischen Daten wurden die in Tabelle 5.4 aufgelisteten Variablen beibehalten. Es wurden zudem, wie von Hair et al. (2022, S. 62) empfohlen, die Beobachtungen gelöscht, die mehr als 15 % fehlende Wert enthalten.

Für das Jahr 2012 bestand der ursprüngliche Fragebogen aus 1483 Beobachtungen, nach der Reduktion der Beobachtungen mit fehlenden Werten über 15 % reduzierte sich dieser auf N = 1466. In der entsprechenden Datei war zudem die Variable der erfüllten Erwartungen sowie das rekodierte Item × 20 bereits enthalten. Der Datensatz aus dem Jahr 2020 bestand ursprünglich aus 1907 Beobachtungen, wobei es sich um einen noch komplett unbehandelten Datensatz handelte. Nach Löschung der unvollständigen Fragebögen sowie der aus dem Coding-Plan entnommenen, ungültigen Beobachtungen wurde dieser auf die offizielle Stichprobe von 1401 reduziert, die Löschung der Fälle mit mehr als 15 % fehlender Werte führte zu einer weiteren Reduktion auf N = 1372. Die Rekodierung von Item × 20 sowie die Berechnung der Items × 1 bis × 7 wurden hier selbst vorgenommen. Dies gilt auch für das Jahr 2016, bei dem von den ursprünglichen 1504 Fällen nach der Löschung noch 1469 Beobachtungen vorhanden waren. In den Jahren 2018 und 2020 waren keine Neuberechnungen von Variablen notwendig, da diese bereits in den Dateien vorhanden waren. Für das Jahr 2018 wurden die ursprünglichen 1947 Beobachtungen auf 1861 und für das Jahr 2020 von 1995 auf 1881 reduziert.

Bei der Operationalisierung der Konstrukte wurde auf die im Schweizer HR-Barometer angewandten Skalen zurückgegriffen. Die verschiedenen Möglichkeiten zur Messung der Konstrukte wurden bereits in den jeweiligen Kapiteln beschrieben. Im Folgenden soll daher nur eine kurze Übersicht über die in der vorliegenden Untersuchung tatsächlich verwendeten Skalen gegeben werden.

(Un)erfüllte Erwartungen werden von Porter und Steers (1973, S. 152) als Diskrepanz zwischen den Erwartungen einer Person am Arbeitsplatz und den positiven sowie negativen Erfahrungen beschrieben. Die Skala von Raeder et al. (2009, S. 180) fragt sowohl nach den Erwartungen an das Unternehmen als auch nach den Angeboten des Unternehmens. Die Diskrepanz dieser beiden Werte bildet die Grundlage für die erfüllten Erwartungen. Aus diesen beiden, auf einer 5-stufigen Likert-Skala gemessenen Werten, wurde ein Diskrepanzmaß gebildet, das den Grad der erfüllten Erwartungen misst und zwischen -4 und + 4 liegt. Aufgrund der Messung verschiedener Indikatoren der Erwartungen wurde sich für ein formatives Messmodell entschieden.

Die Messung der Aufgabenmerkmale basiert auf dem WDQ (Morgeson & Humphrey, 2006, S. 1337 f.), wobei die drei verwendeten Items Aufgabengeschlossenheit, Bedeutung der Aufgabe sowie Rückmeldung über die Aufgaben direkt den fünf Aufgabenmerkmale aus dem JCM zugeordnet werden können (siehe Abschnitt 4.2.2). Die anderen beiden Aufgabenmerkmale aus dem JCM (Identifikation mit der Aufgabe und Autonomie) sind zwar im Fragebogen des HR-Barometers integriert, wobei die Formulierung über die Jahre verändert wurde. Aus Gründen der Vergleichbarkeit wurden diese daher in der vorliegenden Erhebung nicht mit einbezogen.

Grundlage für die Messung der Beziehungsqualität zwischen Führungskraft und ihren Angestellten ist der LMX-Ansatz. Im Rahmen des Schweizer HR-Barometer wurden drei Items der Skala von Schyns (2002, S. 241) angewendet. Diese basiert auf der LMX-7 Skala von Graen und Uhl-Bien (1995, S. 236 f.). In den Untersuchungen des Schweizer HR-Barometer von 2012 und 2014 wurden lediglich drei der sieben Items verwendet, in den späteren Untersuchungen sechs. Aufgrund der Vergleichbarkeit wurden auch hier nur die drei Items in die Untersuchung mit einbezogen, die zu allen Erhebungszeitpunkten verwendet wurden. Bei dem Fragebogen von Schyns (2002, S. 241) wird von einer eindimensionalen Messung ausgegangen, weshalb hier ein reflektives Messmodell angewendet wurde.

Die Arbeitszufriedenheit wird mit einem Konstrukt aus nur einem Indikator aus dem Schweizer HR-Barometer gemessen. Solche Einzel-Item-Konstrukte weisen in der Regel eine deutlich geringere Validität und Reliabilität auf als die Messung eines Konstrukts mithilfe mehrerer Indikatoren. Gleichzeitig zeigen Studien, dass für das Konstrukt der Arbeitszufriedenheit eine ausreichende Validität auch durch ein Einzel-Item-Konstrukt gegeben ist (Wanous et al., 1997, S. 249).

Das organisationale Commitment wird, wie in Abschnitt 3.3.2 beschrieben, von Meyer et al. (1993, S. 544) in drei Bereiche unterteilt: Affektives, kalkulatorisches und normatives Commitment. Im Schweizer HR-Barometer wurde auf drei Items aus der Skala für das affektive Commitment zurückgegriffen. Es handelt sich um eine reflektive Messung. Die drei Items für die Kündigungsabsicht basieren auf Mowday et al. (1984, S. 7) und wurden reflektiv gemessen. Beim dritten Item handelte es sich um ein negatives Item, das entsprechend umkodiert wurde. Eine Übersicht der Operationalisierung der Konstrukte befindet sich in Tabelle 5.6.

Tabelle 5.6 Operationalisierung der Konstrukte

Konstrukt	Indikator	Item	Messung	Quelle
Erwartungen		*Ich erwarte von meinem Arbeitgeber…/ Mein Arbeitgeber bietet mir…*	formativ	Raeder et al. (2009)
	× 1	…interessante Arbeitsinhalte		
	× 2	…Arbeitsplatzsicherheit		
	× 3	…Loyalität		
	× 4	… Möglichkeiten, Eigenverantwortung zu übernehmen		
	× 5	… Möglichkeiten, meine Fähigkeiten vielfältig einzusetzen		
	× 6	…Entwicklungsmöglichkeiten zu übernehmen		
	× 7	…eine angemessene Entlohnung		
Aufgabengestaltung		*Inwieweit stimmen Sie folgenden Aussagen zu:*	formativ	Morgeson und Humphrey (2006)
	× 8	Die Ergebnisse meiner Arbeit sind vollständige, in sich abgeschlossene Produkte/ Dienstleistungen.		

(Fortsetzung)

Tabelle 5.6 (Fortsetzung)

Konstrukt	Indikator	Item	Messung	Quelle
	× 9	Meine Arbeit wirkt sich bedeutsam auf das Leben anderer Menschen aus.		
	× 10	Durch die Tätigkeit selbst erhalte ich automatisch Rückmeldung über meine Leistung.		
Führung		*Bitte geben Sie an, inwieweit die folgenden Aussagen zu Ihrem/r Vorgesetzten zutreffen.*	reflektiv	Schyns (2002)
	× 11	Mein/e Vorgesetzte/r versteht meine beruflichen Probleme und Bedürfnisse.		
	× 12	Mein/e Vorgesetzte/r würde seinen/ihren Einfluss nutzen, um mir bei Arbeitsproblemen zu helfen.		
	× 13	Das Arbeitsverhältnis mit meinem/r Vorgesetzten ist sehr effektiv.		
Arbeitszufriedenheit	× 14	Wie zufrieden sind Sie alles in allem mit Ihrer Arbeit, auf einer Skala von 1 bis 10, in der 1 vollkommen unzufrieden und 10 vollkommen zufrieden bedeutet?	Einzel-Item	Schweizer Human-Relations Barometer

(Fortsetzung)

Tabelle 5.6 (Fortsetzung)

Konstrukt	Indikator	Item	Messung	Quelle
Organisationales Commitment		*Bitte geben Sie an, inwieweit die folgenden Aussagen für Sie zutreffen.*	reflektiv	Meyer et al. (1993)
	× 15	Ich fühle mich in meinem Unternehmen als Teil einer großen Familie		
	× 16	Ich fühle mich emotional an dieses Unternehmen gebunden		
	× 17	Ich fühle ein starkes Zugehörigkeitsgefühl zu meinem Unternehmen.		
		Bitte geben Sie an, inwieweit die folgenden Aussagen für Sie zutreffen.	reflektiv	Mowday et al. (1984)
	× 18	ti1: Ich werde in naher Zukunft vermutlich nach einer neuen Stelle suchen.		
	X19	ti2: Im Moment bin ich aktiv auf der Suche nach einer neuen Stelle.		
	× 20	ti3a: Ich plane nicht, meine aktuelle Stelle zu verlassen.		

5.4 Auswahl der Methodik

Die Analyse des modifizierten Modells der Kündigungsabsicht wird überwiegend mittels PLS-SEM (SEM; engl. „structural equation modeling") durchgeführt. Bei multivariaten Analyseverfahren wird zwischen Techniken der ersten und Techniken der zweiten Generation unterschieden. Bei den Techniken der multivariaten Analyse der ersten Generation handelt es sich um traditionelle Methoden, die Mitte des 20. Jahrhunderts entwickelt wurden und bei denen von Linearität und Normalität der Beziehungen zwischen den Variablen ausgegangen wird und die durch die Annahmen der Unabhängigkeit und der gleichen Varianz der Variablen begrenzt sind (Hair et al., 2022, S. 3). Die Techniken der zweiten Generation, die in jüngerer Zeit entwickelt wurden, sind flexibler und weniger durch Annahmen eingeschränkt, so dass sie sich besser für den Umgang mit komplexen Datensätzen und die Untersuchung komplexer Beziehungen zwischen Variablen eignen (Hair et al., 2022, S. 4). Zu diesen Techniken gehört SEM. Auf Grund der komplexen Strukturen des modifizierten Modelles in Form verschiedener angenommener Mediationsbeziehungen liegt die Verwendung von SEM also nahe. Zusätzlich wird bereits in Abschnitt 2.2 und aus Tabelle 2.1 ersichtlich, dass bereits in der Vergangenheit eine Mehrzahl Kündigungsabsichtsmodelle mittels SEM untersucht wurden (siehe z. B.: Hom et al., 1984; Michaels & Spector, 1982; Williams & Hazer, 1986).

Es gibt zwei in der Forschung weit verbreitete Methoden der SEM: PLS-SEM und kovarianzbasierte (engl. „covariance based") SEM (CB-SEM; Hair, Ringle & Sarstedt, 2012, S. 312; Jöreskog & Wold, 1982, S. 263 ff.; Lohmöller, 1989, S. 60). CB-SEM ist geeignet, um Modelle zu testen und zu bestätigen, die auf der Überprüfung von Theorien basieren, bei denen Fehlerterme eine zusätzliche Spezifikation erfordern, bei denen das Strukturmodell zirkuläre Beziehungen enthält oder bei denen die Forschungsfrage ein globales Goodness-of-Fit-Kriterium erfordert (Hair et al., 2022, S. 32; Rigdon, Sarstedt & Ringle, 2017, S. 11). Die Verwendung von PLS-SEM bietet sich dagegen unter anderem an, wenn das Modell formativ gemessene Konstrukte beinhaltet und mit Sekundärdaten analysiert werden soll (Hair, Risher, Sarstedt & Ringle, 2019, S. 7; Hair et al., 2022, S. 32). Dies liegt daran, dass es bei der Verwendung von Sekundärdaten weniger Möglichkeiten gibt, die Daten für das Messmodell zu überarbeiten oder zu verfeinern. PLS-SEM gilt als flexibleres Verfahren als CB-SEM, das keine Einschränkungen in Bezug auf die Verwendung von formativen Messungen und Einzel-Items macht (Hair et al., 2019, S. 7; Hair, Sarstedt, Hopkins & G. Kuppelwieser, 2014, S. 110). Wie im Abschnitt 5.3.1 beschrieben, werden Sekundärdaten zur Prüfung des Modells verwendet sowie formative Konstrukte und ein Konstrukt mit einem einzelnen Indikator. Daher wird das modifizierte Modell der Kündigungsabsicht mittels PLS-SEM analysiert.

Neben der empirischen Prüfung des eigentlichen Modells steht auch die Generalisierbarkeit dessen im Fokus dieser Arbeit. Dafür soll es zusätzlich mit alternativen Modellen verglichen sowie auf Heterogenität und zeitliche Stabilität geprüft werden. Mit dem kreuzvalidierter prädiktiver Fähigkeitstest (engl. „cross-validated predicted ability test"; CVPAT) kann die Vorhersagekraft und Verallgemeinerbarkeit des modifizierten Modells der Kündigungsabsicht bewertet werden (Sharma, Liengaard, Hair, Sarstedt & Ringle, 2022, S. 2). Dabei wird das aufgestellte modifizierte Modell mit einer anderen Modellvariante verglichen.

Um die Generalisierbarkeit des Modells zu prüfen, ist neben der Wahl einer repräsentativen Stichprobe für ein Land auch der Test auf Heterogenität möglich. Während grundsätzlich davon ausgegangen wird, dass die Daten aus einer Gesamtpopulation stammen, zeigen sich in vielen realen Szenarien heterogene Bewertungen von Konstrukten, was zu verzerrten Schätzungen und schlechter Modellanpassung führen kann (Hair et al., 2022, S. 286; Sarstedt, Henseler & Ringle, 2011, S. 196). Um eine solche heterogene Bewertung auszuschließen und eine Verallgemeinerbarkeit sicherstellen zu können, werden für wichtige demographische Variablen (z. B. Alter, Geschlecht, Einkommen) Multigruppenanalysen (MGA) durchgeführt.

Es gibt zudem mehrere Möglichkeiten, die Daten auf unbeobachtbare Heterogenität zu prüfen. Eine Möglichkeit wäre eine Cluster-Analyse, diese fokussiert sich allerdings auf die Indikatoren und latenten Variablenwerte, so dass keine Gruppen in PLS-SEM identifiziert werden (Hair, Sarstedt, Ringle & Gudergan, 2018, S. 176; Hair et al., 2022, S. 290). Alternativen zur Cluster-Analyse bilden latente Klassenanalysen wie beispielsweise der Finite-Mixtur(engl. finite-mixture; FIMIX)-PLS-Ansatz (FIMIX-PLS), der Ansatz der Vorhersage-orientierte-Segmentierung (prediction-oriented-segmented; PLS-POS) oder der Genetic-Algorithm-Segmentation-Ansatz, wobei letzterer sehr rechenintensiv ist (Hair et al., 2022, S. 291). Sarstedt, Ringle und Hair (2017, S. 198) empfehlen eine kombinierte Verwendung von FIMIX-PLS und PLS-POS und haben diesen Ansatz in der Analyse Software SmartPLS4 implementiert. Daher wurde für die Analyse der unbeobachtbaren Heterogenität diese Verfahren gewählt (Ringle, Wende & Becker, 2022).

Zur Prüfung der zeitlichen Generalisierbarkeit wurde eine weitere MGA zwischen den fünf erhobenen Datensätzen durchgeführt. Dabei muss zuerst geprüft werden, ob diese fünf Datensätze ähnlich genug sind, um sich miteinander vergleichen zu lassen. Dafür wird zunächst die Messmodellinvarianz von Composite-Modellen (engl. „measurement invariance of composite modells"; MICOM) getestet (Henseler, Ringle & Sarstedt, 2016, S. 406; Matthews, 2017, S. 222).

Empirische Analyse 6

6.1 Schätzung und Gütebeurteilung des modifizierten Modells der Kündigungsabsicht

6.1.1 Beschreibung des allgemeinen Vorgehens

In Abschnitt 2.2 wurde das modifizierte Modell der Kündigungsabsicht aufgestellt und in Abschnitt 5.1 wurden darauf aufbauend Hypothesen abgeleitet. Im Folgenden sollen das Modell und die entsprechenden Hypothesen anhand der Daten des Schweizer-HR Barometer empirisch geprüft werden. Zudem erfolgen Analysen zur Robustheit des modifizierten Modells der Kündigungsabsicht und eine Interpretation der Ergebnisse

Die Analyse des Modells erfolgt mit der Methode PLS-SEM (Hair et al., 2019, S. 3; Lohmöller, 1987, S. 27 ff.; Ringle, Sarstedt, Sinkovics & Sinkovics, 2023, S. 1 ff.) und der SmartPLS-Software (Ringle et al., 2022). Bei diesem statistischen Analyseverfahren werden die Hauptkomponentenanalyse und die multiple Regression kombiniert (Hair et al., 2019, S. 4). Es handelt sich um einen varianzbasierten Ansatz, der das jeweilige Messmodell bestätigt und die strukturelle Beziehung schätzt (Hair et al., 2022, S. 92). Der Ansatz verfolgt das Ziel der Maximierung der erklärten Varianz in den abhängigen Variablen. Die Verwendung dieser Methode ist im Bereich HRM verbreitet und steigt weiter an (Ringle, Sarstedt, Mitchell & Gudergan, 2020, S. 2). Zudem eignet sich diese Methode besonders bei der Verwendung von Sekundärdaten, da es hier weniger Möglichkeiten gibt, das Messmodell zu überarbeiten (Hair et al., 2022, S. 28 f.; Ringle et al., 2023, S. 11).

J. S. Ehrlich, *Die Entwicklung, Analyse und Replikation eines modifizierten Modells der Kündigungsabsicht*, Betriebswirtschaftliche Forschung zur Unternehmensführung 66, https://doi.org/10.1007/978-3-658-46123-2_6

Ein Strukturgleichungsmodell besteht aus einem äußeren Modell, dem Messmodell, und einem inneren Modell, dem Strukturmodell. Eine einfache Darstellung eines solchen Modells befindet sich in Abbildung 6.1. Das Strukturmodell wird aus den Konstrukten bzw. latenten Variablen gebildet, die nicht direkt gemessen werden (Hair, Ringle & Sarstedt, 2011, S. 139; Hair et al., 2022, S. 87 f.). Diese lassen sich zwischen endogenen und exogenen Konstrukten unterscheiden. Endogene Konstrukte werden über andere Konstrukte erklärt (Y_3 & Y_4), während exogene Konstrukte durch keine Pfadbeziehungen erklärt werden (Y_1 & Y_2). Die Beziehungen zwischen den Konstrukten werden anhand von Pfeilen dargestellt (Hair et al., 2022, S. 88).

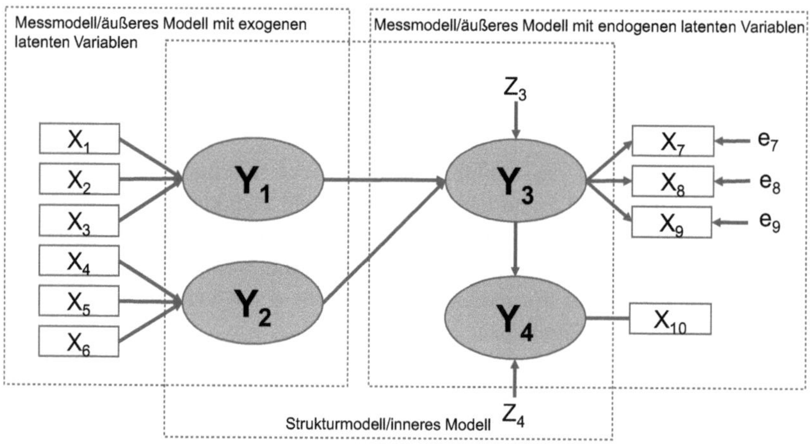

Abbildung 6.1 Ein einfaches Pfadmodell (Hair et al., 2017, S. 12)

Das Strukturmodell beschreibt die Beziehungen zwischen den Konstrukten, die als Grundlage für die Hypothesentestung dienen (Hair et al., 2022, S. 50). Um sicherzustellen, dass die Ergebnisse der Analyse des Strukturmodells als valide und reliabel gelten, wird zunächst das Messmodell betrachtet. Dieses repräsentiert den Zusammenhang zwischen Konstrukten und Indikatoren. Es gibt zwei verschiedene Arten von Messmodellen: reflektive und formative. Beide können in einem Strukturgleichungsmodell vorhanden sein (Hair et al., 2011, S. 139). Bei einem reflektiven Konstrukt wird davon ausgegangen, dass die Indikatoren bzw. Items durch das Konstrukt selbst verursacht werden und daher hoch miteinander korrelieren (Hair et al., 2022, S. 51 f.). Diese sind in der Regel austauschbar, solange die Reliabilität des Konstruktes ausreichend ist. Indikatoren eines formativen Messmodells sind dagegen nicht austauschbar. Es wird davon ausgegangen, dass jeder Indikator eine Facette der Konstruktdefinition darstellt. In Abbildung 6.2 ist dies am Beispiel „Zufriedenheit mit Hotels“ veranschaulicht dargestellt. Die reflektive Messung beinhaltet Indikatoren, die allgemeine Zufriedenheit mit dem Hotel beschreiben. Die formative Messung dagegen besteht aus einzelnen Facetten, die zur Zufriedenheit mit dem Hotel beitragen.

Bei der Erstellung linearer Kombinationen von Indikatoren können die Gewichte in zwei verschiedenen Modi geschätzt werden: Modus A und Modus B (Hair et al., 2022, S. 89). Die Entscheidung, welcher Modus genutzt wird, hängt von der Art der Messung ab (Chin, 2010, S. 655; Hair et al., 2022, S. 89 f.). Bei reflektiv gemessenen Konstrukten wird üblicherweise Modus A verwendet, dieser verwendet Korrelationsgewichte zwischen dem Konstrukt und den Indikatoren. Bei formativen Konstrukten wird meist Modus B genutzt, dieser verwendet Regressionsgewichte zwischen Konstrukten und Indikatoren. Vor der Prüfung des Strukturmodells erfolgt zunächst die Prüfung des Messmodells.

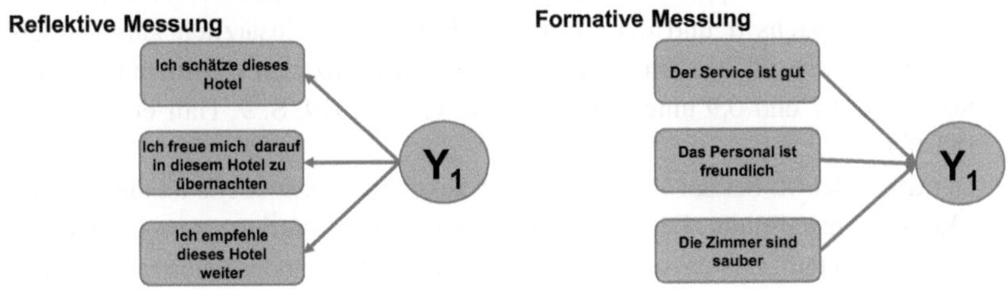

Abbildung 6.2 Zufriedenheit als reflektiv und formativ gemessenes Konstrukt (Hair et al., 2017, S. 43)

Bei der Evaluation des Messmodells ist es das Ziel, Reliabilität und Validität der Messung sicherzustellen. Anhand der Reliabilität wird die Zuverlässigkeit einer Messung bestimmt, während die Validität gegeben ist, wenn eine Messung gültig ist, also das misst, was gemessen werden soll. In einem ersten Schritt wird die Indikatorreliabilität geprüft. Dies geschieht anhand der Größe der äußeren Ladungen der Indikatoren (Hair et al., 2022, S. 117). Äußere Ladungen stellen die Beziehungen zwischen den Indikatoren und dem zugrunde liegenden Konstrukt in einem reflektiven Messmodell dar. Sie quantifizieren das Ausmaß, in dem jeder Indikator mit dem Konstrukt verbunden ist, und können zwischen 0 und 1 liegen. Die Indikatorreliabilität ist gegeben, wenn die Ladungen über 0,708 liegen (Hair et al., 2019, S. 8). Dieser Wert liegt darin begründet, dass eine latente Variable in einem reflektiven Messmodell einen entscheidenden Anteil ihrer Indikatoren erkennen soll, also mindestens 50 %, was einer quadrierten Ladung von 0,708 entspricht (Hair et al., 2022, S. 117).

Reflektiv gemessene Konstrukte werden anhand der internen Konsistenz-Reliabilität und der Validität evaluiert. Diese bewertet das Ausmaß, in dem die Items oder Fragen innerhalb des Tests das gleiche zugrunde liegende Konstrukt oder die gleiche Dimension messen (Hair et al., 2022, S. 118). Diese basiert auf den Interkorrelationen der Items. Sie sollte möglichst hoch sein, um eine starke Ähnlichkeit zu gewährleisten, zu hohe Korrelationen deuten allerdings auf redundante Items hin (Hair et al., 2022, S. 118). Der Wert sollte daher zwischen 0,70 und 0,90 liegen (Hair et al., 2019, S. 8). Dafür werden Cronbachs α, die Composite-Reliabilität P_C und der Reliabilitätskoeffizient p_A verwendet (Hair et al., 2022, S. 119). Da bei der Berechnung von Cronbachs α die Items nicht gewichtet werden, gilt diese als die unpräzisere Messung und eher konservative Messung. Die Composite-Reliabilität liegt meist etwas höher, gilt aber teilweise als zu liberal (Hair et al., 2019, S. 8). Dijkstra und Henseler (2015, S. 4) empfehlen daher p_A als exaktere Messung der Reliabilität, diese liegt meist zwischen Cronbachs α und der Composite-Reliabilität. Zusätzlich kann mittels Bootstrapping geprüft werden, ob die interne Konsistenz sich signifikant von den Grenzwerten 0,7 und 0,9 unterscheiden (Hair et al., 2019, S. 9; Hair et al., 2022, S. 153 ff.).

Der dritte Schritt bei der Prüfung eines reflektiven Messmodells ist die Prüfung der Konvergenzvalidität. Die durchschnittlich erfasste Varianz (engl. „average variance extracted"; AVE) wird berechnet, indem die standardisierten Faktorladungen der Indikatorvariablen, die mit einem Konstrukt verbunden sind, quadriert und dann der Durchschnitt dieser quadrierten Ladungen gebildet werden. Der AVE gibt den durchschnittlichen Anteil der Varianz in den beobachteten Variablen an, der durch das zugrunde liegende Konstrukt erfasst wird (Hair et al., 2022, S. 120). Ähnlich wie bei der Indikatorreliabilität soll hier ein kritischer Anteil von mindestens 50 % erreicht werden. Die AVE sollte also über 0,5 liegen (Hair et al., 2019, S. 9).

Im vierten Schritt wird mittels der Diskriminanzvalidität geprüft, inwieweit sich die Konstrukte voneinander unterscheiden. Das dafür häufig angewendete Fornell-Larcker-Kriterium vergleicht dafür die Quadratwurzel der AVE mit der Korrelationen der Items mit der latenten Variablen (Fornell & Larcker, 1981, S. 49). Ist die Quadratwurzel der AVE höher als die höchste Korrelation, ist die Diskriminanzvalidität gegeben. Allerdings haben Henseler, Ringle und Sarstedt (2015, S. 121) gezeigt, dass das Fornell-Larcker Kriterium bei ähnlich hohen Indikatorladungen nicht gut funktioniert, und daher als Alternative das Heterotrait-Monotrait-Verhältnis (engl. „heterotrait-monotrait"; HTMT) vorgeschlagen. Das HTMT-Verhältnis wird berechnet, indem der Mittelwert der Itemkorrelationen über verschiedene Konstrukte hinweg ermittelt wird (Hair et al., 2022, S. 122). Dieser Wert wird dann im Verhältnis zum (geometrischen) Mittelwert der durchschnittlichen Korrelationen für die Items gesetzt, die dasselbe Konstrukt messen (Ringle et al., 2023, S. 6 f.). Der HTMT-Wert sollte bei konzeptionell ähnlichen Konstrukten unter 0,9 und bei konzeptionell unterschiedlichen Konstrukten bei unter 0,85 liegen (Hair et al., 2019, S. 9).

Bei formativen Messungen werden andere Gütekriterien angewendet als bei reflektiven Messmodellen (Hair et al., 2022, S. 112 f.). In einem ersten Schritt wird hier eine Redundanzanalyse durchgeführt, indem die Konvergenzvalidität beschrieben wird (Hair et al., 2019, S. 9). Diese prüft die Korrelation des formativ gemessenen Konstrukts mit der Messung eines inhaltlich gleichem reflektiven Konstrukts. Für diese Prüfung ist es notwendig, ein solches Konstrukt vorab in den Fragebogen zu integrieren. Da in der vorliegenden Untersuchung Sekundärdaten verwendet wurden und somit im Fragebogen kein eigenes Konstrukt etabliert worden ist, kann diese Analyse in für das hier angewendete Messmodell nicht durchgeführt werden.

Der zweite Schritt bei der Prüfung formativer Messmodelle bezieht sich auf die Kollinearität. Diese beschreibt die Ähnlichkeit zweier formativer Indikatoren und wird anhand des Varianzinflationsfaktor (VIF) beurteilt. Multikollinearität liegt vor, wenn zwei oder mehr Prädiktorvariablen in einem Regressionsmodell stark korreliert sind, was zu einer Instabilität bei der Schätzung der Koeffizienten des Modells führt. Der VIF misst das Ausmaß, in dem die Varianz des geschätzten Regressionskoeffizienten für eine bestimmte Prädiktorvariable aufgrund von Multikollinearität überhöht ist (Hair et al., 2022, S. 147).

Dieser sollte idealerweise unter 3 liegen, bei einem Wert zwischen 3 und 5 ist von Kollinaritätsproblemen auszugehen und über 5 liegen kritische Kollinaritätsprobleme vor (Hair et al., 2019, S. 10). In einem letzten Schritt wird bei formativen Messmodellen die statistische Relevanz und Signifikanz der Indikatorgewichte untersucht. Diese sollten sowohl signifikant als auch größer als 0,1 sein. Die Signifikanz wird mittels des Bootstrappingverfahrens bestimmt (Chernick, 2008, S. 13; Hair et al., 2019, S. 9). Anders als bei reflektiven ist es bei einem formativen Konstrukt möglich, die Beibehaltung eines formativen Indikators inhaltlich zu begründen, wenn dieser notwendig ist, um das Konstrukt vollständig zu erfassen (Hair et al., 2022, S. 142).

6.1.2 Die Prüfung der Messmodelle

Für die Analysen der reflektiven Konstrukte LMX, organisationales Commitment und Kündigungsabsicht wurden die Indikatorladungen, die interne Konsistenz (Cronbachs α und Composite-Reliabilität), die AVE und die Diskriminanzvalidität als Gütekriterien angewendet (Hair et al., 2019, S. 8). Sowohl die Werte für Cronbachs α als auch die Composite-Reliabilität liegen über dem empfohlenen Schwellenwert von 0,7. Alle AVE-Werte liegen über dem kritischen Wert von 0,5. Die Reliabilitätswerte finden sich in den Tabellen 6.1 bis 6.5. Diskriminanzvalidität liegt vor, wenn der aus dem Vergleich reflektiver Konstrukte resultierende HTMT-Wert unter 0,85 liegt (Henseler et al., 2015, S. 123). Dies ist ebenfalls gegeben. Die Faktorladung von x20r ist für die Jahre 2012 und 2014 im kritischen Bereich, steigt dann für die Jahre 2016, 2018 und 2020. Es wurde sich dennoch dazu entschieden, das Item für die weiteren Analysen zu entfernen, da die weiteren Gütekriterien auch bei zwei Items erfüllt werden (Tabelle 6.2) (Tabelle 6.3) (Tabelle 6.4).

Tabelle 6.1 Reliabilität 2012

Latente Variablen	Item	Ladung	ρ_A	ρ_c	Cronbachs α	AVE	Diskriminanzvalidität
LMX	X11	0,923	0,897	0,934	0,893	0,824	Gegeben
	X12	0,887					
	X13	0,913					
Organisationales Commitment	X15	0,874	0,888	0,930	0,887	0,816	Gegeben
	X16	0,908					
	X17	0,927					
Kündigungsabsicht	X18	0,917	0,812	0,847	0,723	0,655	Gegeben
	X19	0,880					
	X20r	0,593					

Tabelle 6.2 Reliabilität 2014

Latente Variablen	Item	Ladung	p_A	p_c	Cronbachs α	AVE	Diskriminanzvalidität
LMX	X11	0,889	0,863	0,916	0,862	0,783	Gegeben
	X12	0,875					
	X13	0,891					
Organisationales Commitment	X15	0,868	0,881	0,926	0,880	0,806	Gegeben
	X16	0,904					
	X17	0,921					
Kündigungsabsicht	X18	0,916	0,831	0,867	0,769	0,783	Gegeben
	X19	0,885					
	X20r	0,665					

Tabelle 6.3 Reliabilität 2016

Latente Variablen	Item	Ladung	p_A	p_c	Cronbachs α	AVE	Diskriminanzvalidität
LMX	X11	0,887	0,853	0,911	0,852	0,773	Gegeben
	X12	0,880					
	X13	0,870					
Organisationales Commitment	X15	0,886	0,902	0,937	0,900	0,833	Gegeben
	X16	0,920					
	X17	0,932					
Kündigungsabsicht	X18	0,917	0,835	0,883	0,800	0,716	Gegeben
	X19	0,873					
	X20r	0,738					

Tabelle 6.4 Reliabilität 2018

Latente Variablen	Item	Ladung	ρ_A	ρ_c	Cronbachs α	AVE	Diskriminanzvalidität
LMX	X11	0,895	0,865	0,916	0,862	0,784	Gegeben
	X12	0,871					
	X13	0,891					
Organisationales Commitment	X15	0,886	0,897	0,935	0,895	0,827	Gegeben
	X16	0,912					
	X17	0,929					
Kündigungsabsicht	X18	0,918	0,843	0,865	0,8626	0,784	Gegeben
	X19	0,889					
	X20r	0,750					

Tabelle 6.5 Reliabilität 2020

Latente Variablen	Item	Ladung	ρ_A	ρ_c	Cronbachs α	AVE	Diskriminanzvalidität
LMX	X11	0,898	0,855	0,910	0,851	0,771	Gegeben
	X12	0,859					
	X13	0,876					
Organisationales Commitment	X15	0,882	0,882	0,910	0,877	0,802	Gegeben
	X16	0,887					
	X17	0,918					
Kündigungsabsicht	X18	0,892	0,791	0,870	0,773	0,691	Gegeben
	X19	0,860					
	X20r	0,734					

Die Berechnung der formativen Konstrukte wurde, wie von Hair et al. (2022, S. 89) empfohlen, im Modus B durchgeführt. Die Ergebnisse wurden mittels Bootstrapping (10.000 Teilstichproben) auf Signifikanz getestet. Dabei wurde der zweiseitige Test mit einem Signifikanzniveau von 5 % angewendet. Zur Prüfung der formativen Konstrukte Erwartungen und Aufgabenmerkmale wurde geprüft, ob die VIF Werte der formativen Konstrukte niedriger als fünf sind (Hair et al., 2019, S. 15). Die VIF Werte liegen alle unter dem Schwellenwert von fünf.

Im nächsten Schritt wurden die Gewichte der Indikatoren auf Signifikanz geprüft. Für das Konstrukt Aufgabenmerkmale sind alle Gewichte signifikant (siehe Tabellen 6.6–6.10). Beim Konstrukt Erwartungen trifft dies nicht für alle Indikatoren zu. Dies ist allerdings bei formativen Konstrukten mit einer höheren Anzahl von Indikatoren nicht ungewöhnlich, da die Indikatoren miteinander „konkurrieren", um das formative Konstrukt zu erklären (Cenfetelli & Bassellier, 2009, S. 695). Neben dem Gewicht kann auch die Ladung des Konstruktes betrachtet werden, liegt diese über 0,5 kann das Konstrukt trotz eines nicht signifikanten Gewichtes als bedeutend angesehen werden (Hair et al., 2022, S. 151). Im vorliegenden Messmodell hat der Indikator X2 (Arbeitsplatzsicherheit) nur im Jahr 2018 ein signifikantes Gewicht, in den anderen Jahren liegt die Ladung zudem knapp unter dem kritischen Wert von 0,5. Gleichzeitig wird dieser Indikator als inhaltlich entscheidend für das Konstrukt eingeordnet und bleibt daher im Messmodell erhalten. Weiterhin auffällig ist der Indikator X4 (Eigenverantwortung), während hier das Gewicht nur in einigen Jahren (2014 und 2016) signifikant ist, liegt die Ladung für alle Jahre über 0,5, womit der Indikator als relevant angesehen werden kann. Außerdem hat der Indikator X6 (Entwicklungsmöglichkeiten) im Jahr 2014 weder ein signifikantes Gewicht noch eine Ladung über 0,5. Dennoch wird dieser Indikator aufgrund der inhaltlichen Relevanz für das Konstrukt Erwartungen beibehalten (Tabelle 6.7) (Tabelle 6.8) (Tabelle 6.9).

Tabelle 6.6 Gewichte und VIFs 2012

Konstrukt	Indikator	Gewicht	Bias-korrigierte Konfidenzintervall		Standardfehler	T-Statistik (>1,96)	VIF
			2,5 %	97,5 %			
Erwartungen	X1	0,271*	0,163	0,382	0,056	4,885	1,506
	X2	*–0,042*	–0,139	0,052	0,048	0,878	1,355
	X3	0,380*	0,279	0,484	0,052	7,237	1,625
	X4	0,060	–0,048	0,166	0,054	1,093	1,640
	X5	0,219*	0,103	0,335	0,060	3,665	1,837
	X6	0,199*	0,085	0,310	0,058	3,432	1,677
	X7	0,265*	0,166	0,362	0,050	5,267	1,383
Aufgabenmerkmale	X8	0,337*	0,194	0,362	0,071	4,733	1,089
	X9	0,224*	0,072	0,377	0,078	2,875	1,086
	X10	0,761*	0,639	0,864	0,057	13,240	1,168

* Signifikant auf einem Niveau von 0,05

Tabelle 6.7 Gewichte und VIFs 2014

Konstrukt	Indikator	Gewicht	Bias-korrigierte Konfidenzintervall		Standardfehler	T-Statistik (>1,96)	VIF
			2,5 %	97,5 %			
Erwartungen	X1	0,321*	0,217	0,428	0,055	5,870	1,627
	X2	*0,017*	–0,080	0,112	0,049	0,345	1,328
	X3	0,432*	0,334	0,532	0,051	8,424	1,598
	X4	0,134*	0,027	0,240	0,054	2,470	1,565
	X5	0,143*	0,042	0,247	0,053	2,728	1,780
	X6	*0,080*	–0,009	0,170	0,045	1,771	1,051
	X7	0,284*	0,194	0,376	0,046	6,168	1,376
Aufgabenmerkmale	X8	0,354*	0,203	0,500	0,077	4,620	1,056
	X9	0,349*	0,193	0,494	0,077	4,525	1,060
	X10	0,708*	0,582	0,827	0,063	11,201	1,112

* Signifikant auf einem Niveau von 0,05

Tabelle 6.8 Gewichte und VIFs 2016

Konstrukt	Indikator	Gewicht	Bias-korrigierte Konfidenzintervall		Standardfehler	T-Statistik (>1,96)	VIF
			2,5 %	97,5 %			
Erwartungen	X1	0,239*	0,135	0,338	0,052	4,594	1,592
	X2	*0,041*	–0,056	0,127	0,046	0,886	1,297
	X3	0,326*	0,213	0,431	0,056	5,869	1,667
	X4	0,162*	0,047	0,278	0,058	2,777	1,640
	X5	0,227*	0,114	0,343	0,058	3,885	1,941
	X6	0,163*	0,060	0,273	0,054	3,018	1,799
	X7	0,228*	0,137	0,327	0,048	4,711	1,334
Aufgabenmerkmale	X8	0,356*	0,180	0,523	0,088	4,061	1,051
	X9	0,452*	0,278	0,609	0,084	5,379	1,075
	X10	0,627*	0,468	0,772	0,079	7,960	1,116

* Signifikant auf einem Niveau von 0,05

Tabelle 6.9 Gewichte und VIFs 2018

Konstrukt	Indikator	Gewicht	Bias-korrigierte Konfidenzintervall		Standardfehler	T-Statistik (>1,96)	VIF
			2,5 %	97,5 %			
Erwartungen	X1	0,350*	0,255	0,447	0,049	7,082	1,502
	X2	0,096*	0,011	0,185	0,045	2,155	1,298
	X3	0,317*	0,219	0,418	0,051	6,223	1,577
	X4	*0,039*	–0,061	0,137	0,051	0,768	1,528
	X5	0,271*	0,166	0,376	0,054	5,047	1,851
	X6	0,155*	0,055	0,257	0,051	3,029	1,700
	X7	0,171*	0,079	0,263	0,048	3,587	1,276
Aufgabenmerkmale	X8	0,340*	0,209	0,464	0,065	5,209	1,048
	X9	0,364*	0,235	0,486	0,064	5,706	1,090
	X10	0,702*	0,585	0,803	0,055	12,649	1,140

* Signifikant auf einem Niveau von 0,05

Tabelle 6.10 Gewichte und VIFs 2020

Konstrukt	Indikator	Gewicht	Bias-korrigierte Konfidenzintervall		Standardfehler	T-Statistik (>1,96)	VIF
			2,5 %	97,5 %			
Erwartungen	X1	0,408*	0,305	0,510	0,053	7,694	1,483
	X2	*0,070*	–0,015	0,155	0,043	1,603	1,279
	X3	0,236*	0,318	0,333	0,050	4,708	1,543
	X4	–0,001	–0,107	0,103	0,054	0,013	1,532
	X5	0,266*	0,156	0,376	0,057	4,709	1,865
	X6	0,244*	0,138	0,350	0,054	4,496	1,610
	X7	0,159*	0,067	0,254	0,048	3,331	1,309
Aufgabenmerkmale	X8	0,413*	0,267	0,554	0,074	5,569	1,056
	X9	0,291*	0,135	0,438	0,077	3,785	1,065
	X10	0,704*	0,572	0,818	0,062	11,319	1,119

* Signifikant auf einem Niveau von 0,05

6.1.3 Die Evaluierung des Strukturmodells

Die Evaluierung des Strukturmodells beinhaltet den Test der Pfadkoeffizienten auf Signifikanz, die Prüfung des Bestimmtheitsmaß R2 sowie die Untersuchung der Prognoserelevanz mittels $PLS_{predict}$ (Hair et al., 2022, S. 188). Vorher sollte das Modell wie auch bereits die formativen Messmodelle auf Kollinearität untersucht werden. Diese wird analog zu formativen Messmodellen mittels der VIF Werte der Konstrukte geprüft. Die Hypothesen zu den direkten Effekten werden durch die Pfadkoeffizienten repräsentiert (Hair et al., 2022, S. 50). Diese können zwischen –1 und 1 liegen. Sie werden wie auch die Gewichte der formativen Konstrukte mittels Bootstrapping auf Signifikanz geprüft (Chernick, 2008, S. 9; Hair et al., 2019, S. 10). Die Relevanz der Einflussvariablen wird anhand der Stärke eines Pfadkoeffizienten geprüft. Pfadkoeffizienten nahe 0 sind als schwach einzustufen, nahe –1 beschreibt einen starken negativen und nahe + 1 einen starken positiven Zusammenhang. Diese Prüfung ist bei Untersuchungen mit hohen Stichprobenzahlen besonders wichtig, da hier Pfadkoeffizienten signifikant sein können, obwohl sie nahe 0 liegen (Hair et al., 2022, S. 193). Die Interpretation der Pfadkoeffizienten sollte jeweils im Verhältnis zu den anderen Pfadkoeffizienten eines Modells vorgenommen werden, um ein umfassendes Verständnis der Beziehungen zwischen den Variablen zu entwickeln. Einzelne Pfadkoeffizienten können lediglich aussagen, ob eine Verbindung zwischen zwei Variablen besteht, aber ohne den Vergleich mit anderen Pfadkoeffizienten kann die relative Stärke oder Bedeutung dieser Verbindung nicht beurteilt werden.

Neben der Untersuchung des Pfadkoeffizientens, auch direkter Effekt genannt, kann die Untersuchung von totalen und indirekten Effekten von Bedeutung sein. Der indirekte Effekt beschreibt Beziehungen zwischen zwei Konstrukten über mindestens ein vermittelndes Konstrukt und ist vor allem im Rahmen der Mediationsanalyse relevant (Nitzl et al., 2016, S. 1852). Der totale Effekt ist die Summe aus direkten und indirekten Effekten (Hair et al., 2022, S. 194). An dieser Stelle ist noch einmal zu beachten, dass das Item X20r für die in diesem und den Analysen in den folgenden Kapiteln entfernt wurde, und sich damit die Ergebnisse des Messmodells und damit des Strukturmodells minimal verändern. Im folgenden Abschnitt wird zunächst das Strukturmodell evaluiert und anschließend die Hypothesen zu den direkten Effekten und den Mediationsbeziehungen geprüft.

Die Evaluierung des Strukturmodells beginnt mit der Prüfung der inneren VIF Werte, dies geschieht analog zu den äußeren VIF Werten, die für die Evaluation des formativen Messmodelle herangezogen worden sind. Die inneren VIFs befinden sich in Tabelle 6.11. Es zeigt sich, dass alle VIFs unter dem Grenzwert von 3 liegen und somit keine Kollinearität vorliegt.

Tabelle 6.11 Innere VIF Werte

	2012	2014	2016	2018	2020
Kündigungsabsicht					
Commitment	1,462	1,353	1,367	1,440	1,424
Arbeitszufriedenheit	1,462	1,353	1,367	1,440	1,424
Commitment					
Arbeitszufriedenheit	1,462	1,641	1,650	1,553	1,437
Erwartungen	1,542	1,612	1,549	1,530	1,362
Aufgabenmerkmale	1,151	1,123	1,088	1,124	1,093
LMX	1,629	1,613	1,578	1,542	1,448
Arbeitszufriedenheit					
Erwartungen	1,340	1,414	1,365	1,365	1,283
Aufgabenmerkmale	1,107	1,090	1,066	1,091	1,067
LMX	1,414	1,462	1,390	1,430	1,308

Zur Prüfung der Signifikanz der Pfadkoeffizienten wurde wie auch bereits bei der Evaluierung des Messmodells die Bootstrappingmethode herangezogen (Chernick, 2008, S. 9; Hair et al., 2019, S. 10). Die Pfadkoeffizienten für alle fünf Erhebungen des Modells sind signifikant, siehe Tabelle 6.12. Eine Übersicht der Pfadkoeffizienten ist in Tabelle 6.12 dargestellt.

Tabelle 6.12 Die Pfadkoeffizienten des modifizierten Modells der Kündigungsabsicht

	2012	2014	2016	2018	2020
Erwartungen→Arbeitszufriedenheit	0,340*	0,351*	0,351*	0,354*	0,292*
Erwartungen→Commitment	0,112*	0,100*	0,140*	0,127*	0,164*
Aufgabenmerkmale→Arbeitszufriedenheit	0,150*	0,142*	0,109*	0,354*	0,147*
Aufgabenmerkmale→Commitment	0,095*	0,122*	0,098*	0,125*	0,076*
LMX→Arbeitszufriedenheit	0,345*	0,301*	0,336*	0,274*	0,292
LMX→Commitment	0,159*	0,313*	0,183*	0,200*	0,164*
Arbeitszufriedenheit→Commitment	0,381*	0,255*	0,318*	0,349*	0,340*
Arbeitszufriedenheit→Kündigungsabsicht	–0,438*	–0,411*	–0,384*	–0,410*	–0,331*
Commitment→Kündigungsabsicht	–0,177*	–0,224*	–0,223*	–0,235*	–0,262*

* auf einem Niveau von 0,01 signifikant

Das Bestimmtheitsmaß R2 beschreibt, wie gut die gemessenen Konstrukte durch ihre jeweiligen Einflussvariablen erklärt werden (Hair et al., 2022, S. 195). Die Werte liegen zwischen 0 und 1, wobei das Konstrukt umso besser erklärt wird, je näher es an 1 ist. Allerdings hängt die Interpretation des R2 von der jeweiligen Disziplin und auch der Anzahl an Einflussvariablen ab, daher ist es schwierig, klare Richtwerte zu nennen (Hair et al., 2019, S. 11).

Die Prognoserelevanz beschreibt, wie präzise ein PLS-SEM Modell Daten voraussagen kann, die nicht zur Schätzung des Modells verwendet wurden (Hair et al., 2022, S. 196). Um die Prognoserelevanz eines Modells zu testen, wird die von Shmueli, Ray, Velasquez Estrada und Chatla (2016, S. 4552) vorgeschlagene $PLS_{predict}$ Prozedur verwendet. Hierbei wird der Datensatz zufällig in k gleich große Untergruppen unterteilt, davon werden k-1 zu einer Analysestichprobe kombiniert. Diese wird dann zur Vorhersage der verbleibenden Untergruppe verwendet. Dieses Verfahren wiederholt sich k-mal, wobei jede Untergruppe jeweils einmal als Vorhersagegruppe verwendet wird. Bei ausreichender Stichprobengröße wird $k = 10$ empfohlen (Hair et al., 2022, S. 198 f.). Für die Beurteilung der Prognoserelevanz eines Modells können der mittlere absolute Fehler (engl. „mean average error", MAE) und der mittlere quadratische Fehler (engl. „root mean square error", RMSE) herangezogen werden. Bei der Analyse stehen die Werte des Zielkonstruktes im Vordergrund. Dabei wird als erstes geprüft, ob die $Q^2_{Predict}$ Werte größer als 0 und somit besser sind als der naivste Benchmark sind. Anschließend werden die RMSE (oder MAE) Werte mit Hilfe eines linearen (Regressions)modells (LM) mit den PLS-SEM Ergebnissen verglichen, um zu prüfen, ob die Verwendung eines theoretisch fundierten PLS Pfadmodells die Prognosefähigkeit der verwendeten Indikatoren verbessert. Daher sollten die RMSE (oder MAE) Werte eines PLS-SEM kleiner als die des LM sein (Hair et al., 2019, S. 15).

Die jeweiligen Bestimmtheitsmaße R^2 sowie wie die Prognoserelevant $Q^2_{Predict}$ sind in Tabelle 6.13 abgebildet. Das R^2 hängt von der Anzahl der exogenen Variablen, durch die ein Konstrukt erklärt wird, sowie dem Forschungsfeld, in dem sich bewegt wird, ab (Sarstedt, Hair & Ringle, 2022, S. 6). Das Modell von Williams und Hazer (1986, S. 122) berichtet von einem R^2 von 0,44 für Arbeitszufriedenheit, einem R^2 von 0,38 für organisationales Commitment und einem R^2 von 0,42 für Kündigungsabsicht. Diese Werte bewegen sich in einem ähnlichen Bereich wie die in den vorliegenden Untersuchungen geschätzten R^2.

Tabelle 6.13 Bestimmtheitsmaße und Prognoserelevanz

	2012		2014		2016		2018		2020	
	R^2	$Q^2_{Predict}$	R^2	$Q^2_{Predict}$	R^2	$Q^2_{Predict}$	R^2	$Q^2_{Predict}$	R^2	$Q^2_{Predict}$
Arbeitszufriedenheit	0,428	0,420	0,391	0,383	0,401	0,393	0,369	0,363	0,328	0,321
Commitment	0,362	0,271	0,377	0,333	0,331	0,264	0,382	0,299	0,385	0,302
Kündigungsabsicht	0,310	0,182	0,313	0,2184	0,285	0,222	0,329	0,190	0,273	0,157

Die $Q^2_{Predict}$ sind in Tabelle 6.13 dargestellt und haben alle einen Wert über 0, was bedeutet, dass das Modell besser funktioniert als der naivste Benchmark. Bei dem Vergleich der PLS-SEM RMSE-Werte mit den LM RMSE-Werten in Bezug auf die Zielvariable Kündigungsabsicht zeigt sich, dass das Modell keine Vorhersagekraft hat. Die Ergebnisse befinden sich in Tabelle 6.14. Die CVPAT Modellevaluierung bestätigt zudem die $PLS_{Predict}$-Ergebnisse (Sharma et al., 2022, S. 1669).

Tabelle 6.14 Vergleich RMSE zwischen PLS-SEM und LM

	2012 PLS-SEM – LM	2014 PLS-SEM – LM	2016 PLS-SEM – LM	2018 PLS-SEM – LM	2020 PLS-SM – LM
X18	1,890 > 1,783	1,182 > 1,174	1,187 > 1,171	1,211 > 1,192	1,206 > 1,196
X19	1,104 > 1,102	1,136 > 1,135	1,066 > 1,060	1,52 > 1,149	1,071 > 1,067

Eines der Ziele dieser Arbeit ist es, die Generalisierbarkeit des modifizierten Modells der Kündigungsabsicht zu prüfen. Dafür bietet sich der CVPAT an. Dieser dient dazu, zwei verschiedene Modelle miteinander zu vergleichen (Liengaard et al., 2021, S. 364). CVAPT ist ein statistisches Verfahren, das bewertet, ob ein AM eine höherer Prognoserelevanz hat als ein etabliertes Modell (EM; Hair et al., 2022, S. 208). Sharma et al. (2022, S. 7) beschreiben drei Schritte um CVPAT durchzuführen, wobei der dritte Schritt optional ist:

1. Auswahl des Zielkonstruktes: Es wird ausgewählt, ob der Fokus der Analyse auf einem spezifischen endogenen Konstrukt oder auf allen endogenen Konstrukten liegt.
2. Bewertung des Vorhersagemodells: Bewertung der prädiktiven Validität.
3. Vergleich der prädiktiven Validität von zwei theoretischen Modellen.

Für die vorliegende Untersuchung wird nur ein endogenes Konstrukt ausgewählt, die Zielvariable Kündigungsabsicht. Um das Vorhersagemodell bewerten zu können, wird getestet, ob die PLS-SEM Vorhersage signifikant besser ist als der die naive Benchmark des Indikator Mittelwerts (engl. „indicator average"; IA;

Sharma et al., 2022, S. 8). Anschließend wird untersucht, ob die PLS-SEM Vorhersagen besser sind als der Benchmark des LM (Sharma et al., 2022, S. 8). Als EM für diese Analyse wird das modifizierte Modell der Kündigungsabsicht genommen. In diesem wird eine vollständige Mediation der Beziehung zwischen den Einflussvariablen und Kündigungsabsicht durch Arbeitszufriedenheit und organisationalem Commitment angenommen. Das AM geht von direkten Einflüssen der drei Einflussvariablen auf die Kündigungsabsicht aus und ist somit komplexer als das EM. In Abbildung 6.3 sind die beiden Modelle noch einmal dargestellt.

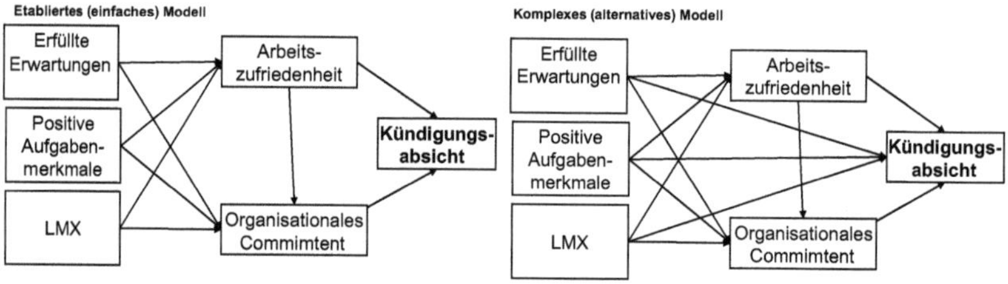

Abbildung 6.3 Etabliertes und alternatives Modell. (Eigene Darstellung)

Die CVPAT-Analyse wird in SmartPLS mittels dem $\text{PLS}_{\text{Predict}}$-Algorithmus ausgeführt. Um zu testen, ob eine generelle prädiktive Validität vorliegt, wird zunächst der IA-Wert herangezogen. Der durchschnittliche Verlust von PLS-SEM sollte niedriger sein als der durchschnittliche Verlust der Benchmarks, was durch eine negative Differenz der durchschnittlichen Verlustwerte ausgedrückt wird. Wie aus Tabelle 6.15 ersichtlich wird, ist dies sowohl für die Kündigungsabsicht als gewählte Zielvariable als auch für das gesamte Modell der Fall. Die Unterschiede sind alle auf einem Niveau von 0,01 signifikant, und somit hat das Modell eine prädiktive Validität. Allerdings kann, wie die Tabelle 6.16, zeigt nicht von einer starken prädiktiven Validität ausgegangen werden, da es hier keine signifikanten Unterschiede zwischen den PLS-SEM und den LM-Werten gibt. Diese Ergebnisse bestätigen die Ergebnisse $\text{PLS}_{\text{Predict}}$-Analyse.

Tabelle 6.15 CVPAT Ergebnisse IA

	2012 PLS-SEM – IA	2014 PLS-SEM – IA	2016 PLS-SEM – IA	2018 PLS-SEM – IA	2020 PLS-SEM – IA
Arbeitszufriedenheit	–1,312	–1,091	–1,125	–1,285	–0,847
Commitment	–0,271	–0,297	–0,271	–0,316	–0,300
Kündigungsabsicht	–0,256	–0,257	–0,333	–0,307	–0,226
Gesamtes Modell	–0,440	–0,416	–0,434	–0,475	–0,367

* Anmerkung: IA = indicator average; $p < 0{,}01$

Tabelle 6.16 CVPAT Ergebnisse LM

	2012 PLS-SEM – LM	2014 PLS-SEM – LM	2016 PLS-SEM – LM	2018 PLS-SEM – LM	2020 PLS-SEM – LM
Arbeitszufriedenheit	–0,004	0,020	0,007	0,003	0,017
Commitment	–0,006	–0,002	–0,005	0,011	–0,002
Kündigungsabsicht	0,009	0,012	0,025	0,030	0,020
Gesamtes Modell	–0,001	0,007	0,007	0,016	0,008

* Anmerkung: LM = linear model; $p < 0{,}01$

Das modifizierte Modell der Kündigungsabsicht wurde außerdem mit einer komplexeren Variante verglichen, was dem dritten, optionalen Schritt der CVPAT Prozedur entspricht. Dafür wird der durchschnittliche Verlust (engl. „average loss") des etablierten Modells mit dem des alternativen Modells verglichen (Sharma et al., 2022, S. 9). Die Ergebnisse dieser Analyse befinden sich in Tabelle 6.17. Dabei zeigen die Verlustwerte keine substantiellen Unterschiede zwischen EM und AM für die fünf Erhebungsjahre. Allerdings sind selbst die sehr geringen Unterschiede für die Jahre 2014, 2016, 2018 und 2020 signifikant. Dies lässt sich vermutlich auf die großen Stichprobengrößen zurückführen, es lässt sich dennoch davon ausgehen, dass beide Modelle eine ähnliche Vorhersagekraft haben.

Tabelle 6.17 CVPAT Modellvergleiche

	CVPAT's Average Loss Difference									
	2012		2014		2016		2018		2020	
	EM Loss	AM Loss	EM Loss	AM Loss	EM Loss	AM Loss	EM Loss	AM Loss	EM Loss	AM Loss
Arbeitszufriedenheit	0,578	0,582	0,616	0,614	0,607	0,606	0,637	0,637	0,679	0,678
Commitment	0,710	0,710	0,704	0,704	0,731	0,731	0,690	0,690	0,696	0,696
Kündigungsabsicht	0,731	0,731	0,734	0,724	0,758	0,721	0,714	0,700	0,770	0,755
Gesamtes Modell	0,696	0,700	0,700	0,700	0,719	0,707	0,690	0,684	0,718	0,713

6.1.4 Evaluierung der Hypothesen zu den direkten Effekten

Im vorherigen Kapitel wurden insgesamt 22 Hypothesen aufgestellt und begründet. Dabei handelt es sich sowohl um Hypothesen zu direkten Effekten als auch zu Mediationseffekten. Diese Hypothesen wurden anhand der Daten aus dem Schweizer HR-Barometer geprüft. Die Operationalisierung wurde bereits in Abschnitt 5.3.2 beschrieben.

Sowohl Messmodell als auch das Strukturmodell entsprechen den Gütekriterien. Abbildung 6.4 zeigt das Pfadmodell mit den jeweils direkten Effekten und die dazugehörigen Hypothesen 1–5. Wie bereits bei der Evaluierung des Strukturmodells beschrieben, sind alle Pfadkoeffizienten signifikant. Neben den Pfadkoeffizienten sollen an dieser Stelle zusätzlich die Effektstärke f^2 und die totalen Effekte zur Diskussion hinzugezogen werden.

Die Effektstärke f^2 beschreibt ein Maß, das die prädiktive Relevanz eines endogenen Konstrukts innerhalb eines Modells bewertet. Die Effektstärke f^2 gibt die Stärke des Einflusses einer Variablen in Bezug auf die erklärte Varianz R^2 auf die Zielvariable an (Hair et al., 2022, S. 195). Werte von 0,02, 0,15 und 0,35 sind als niedrig, medium oder stark einzuschätzen (Cohen, 1988, S. 184, f.).

In Tabelle 6.18 sind die jeweiligen Effektstärken dargestellt. Dabei zeigt sich, dass insbesondere für den Einfluss der erfüllten Erwartungen auf das organisationale Commitment (Hypothese 1b), außer für das Jahr 2020, kein messbarer Effekt vorliegt. Dies gilt ebenso für die Jahre 2012, 2016 und 2020 für den Einfluss der Aufgabenmerkmale auf das organisationale Commitment (Hypothese 1a). Auch die Effektstärke des Einflusses der Aufgabenmerkmale auf die Arbeitszufriedenheit im Jahr 2012 liegt unter 0,02, hier liegt daher ebenfalls kein messbarer Effekt vor.

Zusätzlich zu den Effektstärken sollen zur Hypothesenevaluierung auch die totalen Effekte herangezogen werden. Die totalen Effekte in der PLS-Modellierung beziehen sich auf die kombinierten direkten und indirekten Effekte, die eine bestimmte unabhängige Variable auf eine abhängige Variable hat (Hair et al., 2022, S. 230). Bei der Untersuchung der Gesamtwirkung einer unabhängigen Variablen berücksichtigt die PLS-Modellierung alle möglichen Pfade, über die die Variable die abhängige Variable beeinflussen kann. Dies umfasst sowohl den direkten Pfad, bei dem sich die unabhängige Variable direkt auf die abhängige Variable auswirkt, als auch alle indirekten Pfade, bei denen die unabhängige Variable andere latente Variablen beeinflusst, die wiederum die abhängige Variable beeinflussen. Gibt es neben den direkten Pfaden, die auf ein Konstrukt wirken, keine weiteren indirekten Beziehungen, ist der totale Effekt gleich dem direkten

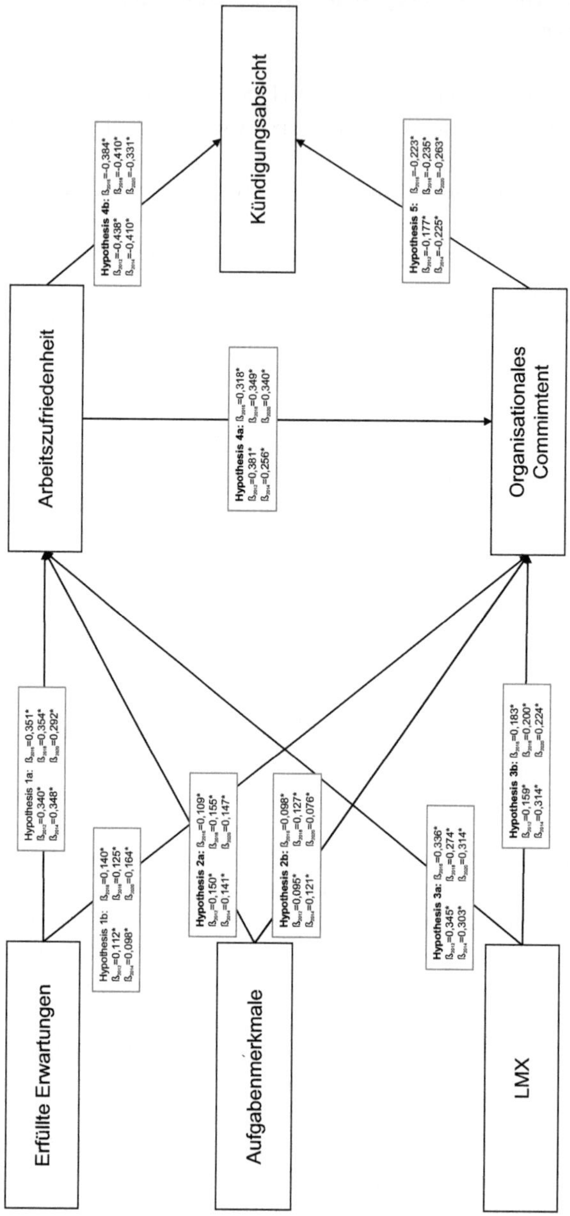

Abbildung 6.4 Modifiziertes Modell der Kündigungsabsicht mit Pfadkoeffizienten. (Eigene Darstellung)

Tabelle 6.18 Effektstärken

	2012	2014	2016	2018	2020
Erwartungen→Arbeitszufriedenheit	0,151	0,140	0,151	0,145	0,099
Erwartungen→Commitment	*0,013*	*0,009*	*0,019*	*0,016*	0,031
Aufgabenmerkmale→Arbeitszufriedenheit	*0,019*	0,030	*0,019*	0,035	0,030
Aufgabenmerkmale→Commitment	*0,012*	0,021	*0,013*	0,035	*0,009*
LMX→Arbeitszufriedenheit	0,146	0,103	0,135	0,083	0,112
LMX→Commitment	0,024	0,098	0,032	0,042	0,056
Arbeitszufriedenheit→Commitment	0,130	0,064	0,091	0,124	0,127
Arbeitszufriedenheit→Kündigungsabsicht	0,190	0,181	0,151	0,174	0,106
Commitment→Kündigungsabsicht	0,031	0,054	0,051	0,057	0,066

Anmerkung: Kursive Zahlen zeigen Werte unter 0,02 und somit Werte ohne messbaren Effekt

Effekt. Dies trifft auf die Beziehungen der drei Einflussvariablen auf die Arbeitszufriedenheit sowie die Beziehung zwischen organisationalem Commitment und Kündigungsabsicht zu. Darum wird der direkte Effekt nur zur Stützung der Hypothesen 1b, 2b, 3b und 4b herangezogen. Die totalen Effekte befinden sich in Tabelle 6.19.

Tabelle 6.19 Totale Effekte

	2012	2014	2016	2018	2020
Erwartungen→Commitment	0,242*	0,187*	0,251*	0,248*	0,263*
Aufgabenmerkmale→Commitment	0,152*	0,151*	0,133*	0,182*	0,126*
LMX→Commitment	0,290*	0,391*	0,290*	0,295*	0,331*
Arbeitszufriedenheit→Kündigungsabsicht	–0,505*	–0,468*	–0,545*	–0,491*	–0,340*

* auf einem Niveau von 0,01 signifikant

Es zeigt sich, dass die direkten Einflüsse der drei Einflussvariablen auf die Arbeitszufriedenheit größer sind als auf das organisationale Commitment. Werden nur die direkten Effekte betrachtet, zeigt sich, dass die Aufgabenmerkmale über alle Jahre den geringsten Einfluss auf die Arbeitszufriedenheit haben. Die Stärke des Einflusses der erfüllten Erwartungen und der Beziehungsqualität auf die Arbeitszufriedenheit ist über alle Jahre auf einem ähnlichen Niveau. In den Jahren 2012 und 2020 hat die Beziehungsqualität einen leicht höheren Einfluss und in den Jahren 2014, 2016 und 2018 haben erfüllte Erwartungen einen höheren Einfluss auf die Arbeitszufriedenheit. Die Effektstärken des Einflusses der Aufgabenmerkmale ist sehr gering und in den Jahren 2012 und 2016 nicht messbar. Die Effektstärken des Zusammenhangs zwischen erfüllten Erwartungen und Arbeitszufriedenheit sind überwiegend im moderaten Bereich, nur im Jahr 2020 etwas niedriger. Die Effektgrößen der Beziehung zwischen dem LMX und der Arbeitszufriedenheit liegen alle im niedrigen Bereich, nur 2012 kann mit einem Wert von 0,141 zum moderaten Bereich gezählt werden. Anders als bei der Untersuchung der direkten Effekte wird hier deutlich, dass die erfüllten Erwartungen eine größere Bedeutung für die Arbeitszufriedenheit haben als die Beziehung zwischen der Führungskraft und ihren Mitarbeiterinnen und Mitarbeitern. Zusammenfassend lässt sich sagen, dass die Hypothesen 1a, 2a und 3a bestätigt werden können.

Ähnlich wie bei der Arbeitszufriedenheit üben die Aufgabenmerkmale auch auf das organisationale Commitment im Vergleich zu den erfüllten Erwartungen und dem LMX den geringsten Einfluss aus. Zudem gibt es nur für die Jahre 2014, 2018 und 2020 messbare, geringe Effektstärken. Der Einfluss der erfüllten Erwartungen und des LMX auf das organisationale Commitment ist zwar wieder auf einem ähnlichen Niveau, gleichzeitig zeigt sich hier für alle fünf Messzeitpunkte ein stärkerer Einfluss durch die Beziehungsqualität. Auffällig ist zudem, dass die erfüllten Erwartungen, außer für das Jahr 2020, keine messbare Effektstärke aufzeigen. Bei der Beziehung zwischen dem LMX und dem organisationalen Commitment liegen die Effektstärken alle im niedrigen Bereich. Für die Hypothesen 1b, 2b und 3b können an dieser Stelle zusätzlich die totalen Effekte hinzugezogen werden. Hier zeigt sich das gleiche Bild wie bei den direkten Effekten: Alle Beziehungen sind signifikant, den schwächsten Einfluss auf das organisationale Commitment haben die Aufgabenmerkmale und den stärksten Einfluss hat der LMX. Die Hypothesen 1b und 2b werden aufgrund der nicht vorhandenen Effektstärke nur teilweise angenommen, während die Hypothese 3b vollständig angenommen werden kann.

Die direkten Effekte von Arbeitszufriedenheit auf das organisationale Commitment und die Kündigungsabsicht sind beide signifikant, dies gilt auch für den totalen Effekt von Arbeitszufriedenheit auf die Kündigungsabsicht. Die Effektstärken des Einflusses von Arbeitszufriedenheit auf Commitment liegen für alle

Jahre im niedrigen bis moderaten Bereich. Für den Einfluss zwischen Arbeitszufriedenheit und Kündigungsabsicht liegen die Effektstärken, mit Ausnahme des Jahres 2020, alle im moderaten Bereich. Die Hypothesen 4a und 4b werden somit bestätigt. Der Einfluss von organisationalem Commitment auf die Kündigungsabsicht ist signifikant und die Effektgrößen liegen alle im mittleren Bereich. Damit lässt sich auch Hypothese 5 bestätigen. Eine Übersicht der Hypothesen zu den direkten Effekten befindet sich in Tabelle 6.20.

Tabelle 6.20 Prüfung der Hypothesen zu den direkten Beziehungen

Hypothese	Wirkungsbeziehung	Evaluation
H1a	Die Erfüllung der Erwartungen der Arbeitnehmerinnen und Arbeitnehmer steht in einem positiven Zusammenhang mit der Arbeitszufriedenheit.	bestätigt
H1b	Die Erfüllung der Erwartungen der Arbeitnehmerinnen und Arbeitnehmer steht in einem positiven Zusammenhang mit organisationalem Commitment.	Teilweise bestätigt
H2a	Ein hohes Maß an Erfüllung der Aufgabenmerkmale steht in einem positiven Zusammengang mit Arbeitszufriedenheit.	Bestätigt
H2b	Ein hohes Maß an Erfüllung der Aufgabenmerkmale steht in einem positiven Zusammenhang mit organisationalem Commitment.	Teilweise bestätigt
H3a	Eine qualitativ hochwertige Beziehung zwischen Führungskraft und Mitarbeiterinnen und Mitarbeiter steht in einem positiven Zusammenhang mit Arbeitszufriedenheit.	Bestätigt
H3b	Eine qualitativ hochwertige Beziehung zwischen Führungskraft und Mitarbeiterinnen und Mitarbeitern steht in einem positiven Zusammenhang zu organisationalem Commitment.	Bestätigt
H4a	Eine höhere Arbeitszufriedenheit führt zu höherem organisationalem Commitment.	Bestätigt
H4b	Organisationales Commitment steht in einem negativen Zusammenhang zur Kündigungsabsicht.	Bestätigt
H5	Organisationales Commitment steht in einem negativen Zusammenhang zur Kündigungsabsicht.	Bestätigt

6.1.5 Evaluierung der Mediationsbeziehungen

Es wurde zunächst der direkte Effekt zwischen zwei Variablen geprüft. Ein weiterer wichtiger Schritt ist die Prüfung von Mediationseffekten. Die Grundannahme eines Mediationseffekt besagt, dass eine dritte Variable zwischen zwei direkt miteinander zusammenhängenden Variablen vermittelt (Hair et al., 2022, S. 229; Nitzl et al., 2016, S. 1851). In Abbildung 6.5 ist ein solches Mediationsmodell beispielhaft dargestellt. Wird nur der direkte Effekt (p_3) zwischen Wassertemperatur (Y_1) und Anzahl der Rettungseinsätze (Y_3) betrachtet, erscheint der Zusammenhang negativ, obwohl eine kältere Wassertemperatur für den Körper gefährlicher ist. Wird allerdings die Anzahl der Schwimmer (Y_2) mit einbezogen, wird der Zusammenhang positiv. Die Wassertemperatur lässt die Anzahl der Schwimmer steigen (p_1), und durch die höhere Anzahl der Schwimmer wiederum steigt die Anzahl an Rettungseinsätzen (p_2).

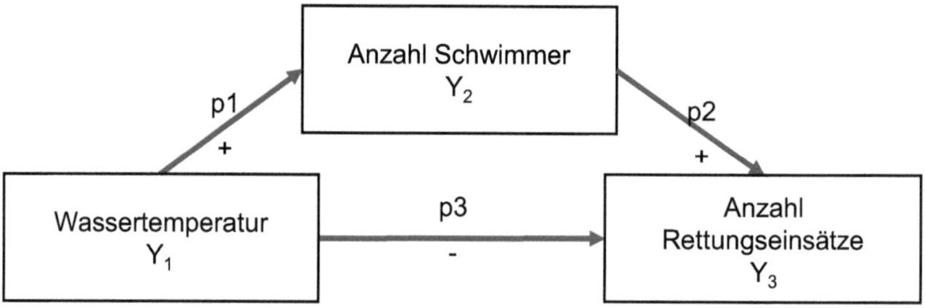

Abbildung 6.5 Mediationsmodell (Hair et al., 2017, S. 197)

Bei einer Mediationsanalyse wird zunächst die Signifikanz des indirekten Effektes (p_1 x p_2) geprüft, anschließend die Signifikanz des direkten Effekts (p_3) und abschließend das Vorzeichen von p_1 x p_2 x p_3 (Carrión et al., 2017, S. 175 ff.; Nitzl et al., 2016, S. 1853). Anhand dieser Analyse kann zudem bestimmt werden, um welche Form eines Mediationseffekt es sich handelt. Eine vollständige Mediation liegt vor, wenn der indirekte Effekt signifikant und der direkte Effekt nicht signifikant ist. Sind beide Effekte signifikant, liegt eine partielle Mediation vor (Hair et al., 2022, S. 234 f.). Bei einer partiellen Mediation wird zudem je nach

Vorzeichen zwischen einer komplementären und einer kompetitiven Mediation unterschieden. Das Vorgehen bei einer Mediationsanalyse wird in Abbildung 6.6 dargestellt.

Wird für einen Zusammenhang mehr als ein Mediator angenommen, wird eine multiple Mediation geprüft. Werden diese jeweils einzeln in einfachen Mediationsanalysen geprüft, könnte dies zu einer verzerrten Parameterschätzung führen, die bei einer multiplen Regression reduziert wird (Preacher & Hayes, 2008, S. 881). Eine multiple Mediation erfolgt nach der gleichen Vorgehensweise, die bereits in Abbildung 6.6 dargestellt wurde: Zunächst wird die Signifikanz aller indirekten Effekte, inklusive der spezifischen indirekten Effekte sowie des direkten Effekts geprüft (Hair et al., 2022, S. 239). Ein spezifischer indirekter Effekt bezieht sich auf eine Beziehung zwischen zwei Variablen, die durch eine oder mehrere intervenierende Variablen vermittelt oder beeinflusst wird. Außerdem sollte die Signifikanz des total indirekten Effekts geprüft werden, der aus der Summe der indirekten Effekte besteht (Nitzl et al., 2016, S. 881). Zum Vergleich der Stärke des Einflusses multipler Mediationen können die jeweiligen spezifischen Effekte herangezogen werden, dies sind die indirekten Effekte über einen Mediator (Preacher & Hayes, 2008, S. 1860).

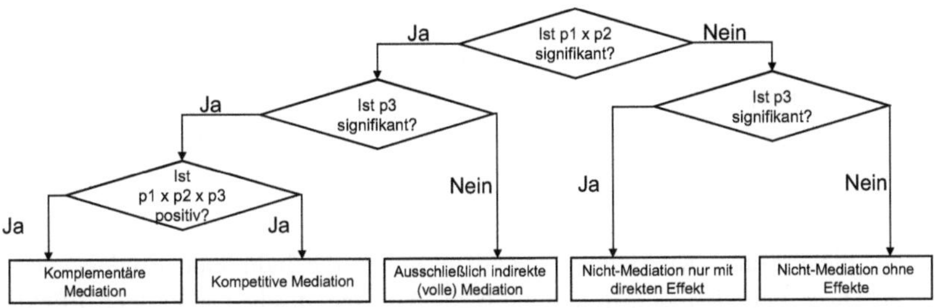

Abbildung 6.6 Ablauf einer Mediationsanalyse (Hair et al., 2017, S. 199)

Nach der Prüfung der direkten Effekte aus dem Strukturmodell werden die angenommenen Mediationseffekte untersucht (Hair et al., 2022, S. 228 ff.; Nitzl et al., 2016, S. 1849 ff.). Da es dafür nötig ist, auch die direkten Effekte zu untersuchen, wurde für diese Berechnung das im Rahmen der CVPAT Analyse beschriebene AM als Grundlage genommen. Die Übersicht der für die Mediationsanalysen benötigten direkten Effekte auf Grundlage des alternativen Modells befindet sich in Tabelle 6.21. Bei der Betrachtung zeigt sich, dass der direkte Effekt von den Aufgabenmerkmalen auf die Kündigungsabsicht zu keinem der Erhebungsjahre signifikant ist. Der Einfluss des LMX auf die Kündigungsabsicht ist lediglich im Jahr 2016 signifikant.

Tabelle 6.21 Direkte Effekte auf Basis des alternativen Modells

	2012	2014	2016	2018	2020
Erwartungen → Commitment	0,117*	0,097*	0,140*	0,124*	0,162*
Erwartungen → Kündigungsabsicht	–0,087	–0,126*	–0,202*	–0,134*	–0,159*
Aufgabenmerkmale → Commitment	0,093*	0,119*	0,097*	0,127*	0,077*
Aufgabenmerkmale → Kündigungsabsicht	0,061	0,051	0,047	0,065	0,032
LMX → Arbeitszufriedenheit	0,346*	0,304*	0,336*	0,275*	0,314*
LMX → Commitment	0,157*	0,315*	0,182*	0,200*	0,226*
LMX → Kündigungsabsicht	–0,078	–0,021	–0,109*	–0,053*	–0,009
Arbeitszufriedenheit → Kündigungsabsicht	–0,379*	–0,358*	–0,256*	–0,349*	–0,283*

Für die Prüfung der Mediation wurden zudem die indirekten Effekte untersucht. Diese befinden sich in Tabelle 6.22. Alle spezifischen indirekten Effekte sind signifikant. Daraus lässt sich schließen, dass die angenommenen partiellen Mediationen (H6a, 6b, H6c und H10) bestätigt werden können. Der direkte Effekt der erfüllten Erwartungen auf das organisationale Commitment ist signifikant ebenso wie der indirekte Effekt auf die Kündigungsabsicht über das organisationale Commitment. Das bedeutet, dass die Hypothese 8a verworfen wird. Gleiches gilt für die Hypothese 9a, da auch der indirekte Effekt der erfüllten Erwartungen auf die Arbeitszufriedenheit signifikant ist.

Tabelle 6.22 Spezifische indirekte Effekte auf Basis des alternativen Modells

	2012	2014	2016	2018	2020
Erwartungen → Arbeitszufriedenheit → Commitment	0,127*	–0,02*	–0,023*	–0,026*	–0,036*
Erwartungen → Arbeitszufriedenheit → Commitment → Kündigungsabsicht	–0,02*	–0,016*	–0,018*	–0,02*	–0,024*
Erwartungen → Arbeitszufriedenheit → Kündigungsabsicht	–0,127*	0,078*	0,107*	0,096*	0,107*
Erwartungen → Commitment → Kündigungsabsicht	–0,018*	–0,109*	–0,086*	–0,096*	–0,089*
Aufgabenmerkmale → Arbeitszufriedenheit → Commitment	0,057*	0,089*	0,111*	0,123*	0,1*
Aufgabenmerkmale → Arbeitszufriedenheit → Commitment → Kündigungsabsicht	–0,009*	–0,005*	–0,027*	–0,054*	–0,042*
Aufgabenmerkmale → Arbeitszufriedenheit → Kündigungsabsicht	–0,057*	–0,018*	–0,018*	–0,025*	–0,022*
Aufgabenmerkmale → Commitment → Kündigungsabsicht	–0,015*	–0,007*	–0,006*	–0,011*	–0,011*
LMX → Arbeitszufriedenheit → Commitment	0,132*	–0,024*	–0,016*	–0,026*	–0,017*
LMX → Arbeitszufriedenheit → Commitment → Kündigungsabsicht	–0,02*	–0,125*	–0,089*	–0,123*	–0,083*
Qualität Führungsbeziehung → Arbeitszufriedenheit → Kündigungsabsicht	–0,131*	–0,063*	–0,03*	–0,041*	–0,05*
LMX →Commitment → Kündigungsabsicht	–0,024*	–0,052*	–0,052*	–0,072*	–0,076*
Arbeitszufriedenheit → Commitment → Kündigungsabsicht	–0,059*	0,036*	0,034*	0,054*	0,05*

Der direkte Effekt der Aufgabenmerkmale auf die Kündigungsabsicht dagegen ist nicht signifikant, während sowohl der indirekte Effekt der Aufgabenmerkmale über die Arbeitszufriedenheit als auch über das organisationale Commitment auf die Kündigungsabsicht für alle fünf Erhebungsjahre signifikant ist. Daraus kann geschlussfolgert werden, dass die Beziehung zwischen Aufgabenmerkmalen und

Kündigungsabsicht sowohl über Arbeitszufriedenheit (7b) als auch über das organisationale Commitment (H8b) mediiert wird. Der direkte Effekt zwischen dem LMX und der Kündigungsabsicht ist lediglich im Jahr 2016 signifikant, hier liegt dementsprechend sowohl für die Arbeitszufriedenheit als auch das organisationale Commitment als Mediator lediglich eine partielle Mediation vor. Für die anderen fünf Erhebungsjahre ist der direkte Effekt allerdings nicht signifikant, weshalb die Hypothesen 7c und 8c teilweise angenommen werden.

Die Hypothesen 9a, 9b und 9c beziehen sich jeweils auf eine multiple Mediation. Hierfür werden nicht nur die direkten und indirekten Effekte hinzugezogen, sondern zusätzlich auch die totalen indirekten Effekte. Diese befinden sich in Tabelle 6.23 und sind alle signifikant. Die Hypothesen 9a, 9b und 9c lassen sich dementsprechend alle bestätigen, wobei Arbeitszufriedenheit und organisationales Commitment die Beziehung zwischen Erwartungen und Kündigungsabsicht partiell mediieren und die Beziehung zwischen Aufgabenmerkmalen und Kündigungsabsicht vollständig mediiert wird. Die Beziehungen zwischen dem LMX und der Kündigungsabsicht wird in den Jahren 2012, 2014, 2018 und 2020 vollständig durch Arbeitszufriedenheit und organisationales Commitment mediiert und im Jahr 2016 partiell. In Tabelle 6.24 befindet sich eine Übersicht zu den Mediationshypothesen.

Tabelle 6.23 Totale indirekte Effekte

	2012	2014	2016	2018	2020
Erwartungen → Commitment	0,127*	0,089*	0,111*	0,123*	0,100*
Erwartungen → Kündigungsabsicht	–0,165*	–0,162*	–0,131*	–0,174*	–0,141*
Aufgabenmerkmale → Commitment	0,057*	0,036*	0,034*	0,054*	0,050*
Aufgabenmerkmale → Kündigungsabsicht	–0,081*	–0,082*	–0,049*	–0,091*	–0,070*
LMX → Commitment	0,132*	0,078*	0,107*	0,096*	0,107*
LMX → Kündigungsabsicht	–0,176*	–0,188*	–0,134*	–0,157*	–0,163*
Arbeitszufriedenheit → Kündigungsabsicht	–0,059*	–0,052*	–0,052*	–0,072*	–0,076*

Tabelle 6.24 Prüfung der Hypothesen zu den Mediationsbeziehungen

Hypothese	Wirkungsbeziehung	Evaluation
H6a	Der Zusammenhang zwischen erfüllten Erwartungen von Mitarbeiterinnen und Mitarbeiter und affektivem Commitment wird durch Arbeitszufriedenheit partiell mediiert.	Bestätigt
H6b	Der Zusammenhang zwischen Aufgabenmerkmalen und affektivem Commitment wird durch Arbeitszufriedenheit partiell mediiert.	Bestätigt
H6c	Der Zusammenhang zwischen einer qualitativ hochwertigen Beziehung zwischen einer Führungskraft und deren Angestellten und organisationalem Commitment wird durch Arbeitszufriedenheit partiell mediiert.	Bestätigt
H7a	Der Zusammenhang zwischen erfüllten Erwartungen von Mitarbeiterinnen und Mitarbeitern und Kündigungsabsicht wird durch Arbeitszufriedenheit mediiert.	Nicht bestätigt
H7b	Der Zusammenhang zwischen Aufgabenmerkmalen und Kündigungsabsicht wird vollständig durch Arbeitszufriedenheit mediiert.	Bestätigt
7c	Der Zusammenhang zwischen einer qualitativ hochwertigen Beziehung zwischen Führungskraft und Mitarbeiterinnen und Mitarbeitern und Kündigungsabsicht wird durch Arbeitszufriedenheit mediiert.	Teilweise bestätigt
8a	Der Zusammenhang zwischen der Erfüllung von Erwartungen der Mitarbeiterinnen und Mitarbeiter und Kündigungsabsicht wird durch organisationales Commitment mediiert.	Nicht bestätigt
8b	Der Zusammenhang zwischen positiven Arbeitsplatzmerkmalen und Kündigungsabsicht wird vollständig durch organisationales Commitment mediiert.	Bestätigt
H8c	Der Zusammenhang zwischen einer qualitativ hochwertigen Beziehung zwischen Führungskraft und ihren Angestellten und Kündigungsabsicht wird vollständig durch organisationales Commitment mediiert.	Teilweise bestätigt
H9	Der Zusammenhang zwischen Arbeitszufriedenheit und Kündigungsabsicht wird durch organisationales Commitment mediiert.	Bestätigt

(Fortsetzung)

Tabelle 6.24 (Fortsetzung)

Hypothese	Wirkungsbeziehung	Evaluation
10a	Der Zusammenhang zwischen der Erfüllung von Erwartungen und Kündigungsabsicht wird durch affektives Commitment und Arbeitszufriedenheit vollständig mediiert.	Bestätigt
10b	Der Zusammenhang zwischen Aufgabenmerkmalen und Kündigungsabsicht wird durch affektives Commitment und Arbeitszufriedenheit mediiert.	Bestätigt
10c	Der Zusammenhang zwischen einer positiven Beziehung zwischen Führungskraft und deren Angestellten und die Kündigungsabsicht wird durch affektives Commitment und Arbeitszufriedenheit mediiert.	Bestätigt

6.2 Analysen zur Robustheit: Heterogenität

6.2.1 Beobachtbare Heterogenität

Neben der eigentlichen Prüfung des Modells und der Hypothesen ist es das Ziel dieser Arbeit, dieses auch auf Möglichkeiten zur empirischen Generalisierbarkeit zu prüfen. Die verschiedenen Möglichkeiten, dieses zu tun, wurden bereits in 5.2 vorgestellt. Die dieser Arbeit vorliegenden Datensätze sind mithilfe des Schweizer Bundesamtes für Statistik erhoben worden und haben daher den Anspruch auf Repräsentativität für alle Schweizer Arbeitnehmerinnen und Arbeitnehmer (Pfrombeck et al., 2020, S. 14 ff.). Ziel ist es, ein allgemeingültiges, über die Jahre hinweg gültiges Modell aufzustellen, weshalb es zusätzlich sowohl auf un- als auch auf beobachtbare Heterogenität getestet wurde.

Beobachtbare Heterogenität lässt sich unter anderem anhand von MGAs feststellen (Hair et al., 2022, S. 287). Dafür werden die Datensätze aus den verschiedenen Jahren in Bezug auf Gruppenunterschiede, wie Alter, Geschlecht oder Beruf getestet. Für diese Testung können verschiedene Ansätze verwendet werden:

- Der parametrische Ansatz, der in der Forschung weit verbreitet ist und bei dem es sich um eine Version eines t-Tests für zwei unabhängige Stichproben handelt (Sarstedt & Mooi, 2019, S. 163). Eine weitere Variante des parametrischen Ansatzes ist der Welch-Satterwaite t-Test, dieser nimmt allerdings keine gleichen Varianzen an (Matthews, 2017, S. 224). Der parametrische Ansatz basiert auf Verteilungsannahmen, die mit der Verteilungsfreiheit bei der PLS-SEM nicht vereinbar sind (Hair et al., 2018, S. 148; Hair et al., 2022, S. 289).

- Beim Permutationstest werden die Beobachtungen zwischen den Gruppen permutiert und das Modell jeweils neu geschätzt. Dieser Ansatz ist mit PLS-SEM vereinbar, benötigt allerdings ähnlich große Stichproben (Chin & Dibbern, 2010, S. 172).
- Der PLS-Multigruppenansatz basiert auf den Ergebnissen der Bootstrappingmethode und ist auf Test einseitiger-Hypothesen ausgerichtet (Matthews, 2017, S. 220).

Hair et al. (2018, S. 170) empfehlen grundsätzlich den Permutationstest, betonen aber gleichzeitig den Vorteil, den Ansatz mehrere Methoden anzuwenden. Daher werden alle vier beschriebenen Möglichkeiten von MGAs im Folgenden angewendet.

Vor der Durchführung einer MGA wird empfohlen, das Modell auf Messinvarianz zu testen (Henseler et al., 2016, S. 406). Messinvarianz ist eine grundlegende Voraussetzung für die Robustheit und Validität von Mehrgruppenanalysen. Sie bezieht sich auf die Konsistenz des Messmodells über verschiedene Gruppen hinweg und besagt, dass die Beziehung zwischen den beobachteten Indikatoren und den latenten Konstrukten invariant bleibt. Die Prüfung der Messinvarianz ermöglicht es, die Vergleichbarkeit von Messmodellen über Gruppen hinweg zu bewerten und festzustellen, ob sinnvolle gruppenübergreifende Vergleiche möglich sind. Indem die Messinvarianz geprüft wird, erhöht sich die Vergleichbarkeit der latenten Konstrukte, was genaue Interpretationen und gültige Gruppenvergleiche ermöglicht. Die Messinvarianz schützt vor Verzerrungen, die durch Variationen der Messeigenschaften zwischen den Gruppen entstehen können, und gewährleistet, dass die untersuchten Konstrukte in den verschiedenen Untergruppen konsistente Bedeutungen und Ausprägungen besitzen. Ohne Messinvarianz können Gruppenvergleiche zu irreführenden oder fehlerhaften Schlussfolgerungen führen. Sie ist eine Voraussetzung für zuverlässige und aussagekräftige Gruppenvergleiche, da sie sicherstellt, dass die Messeigenschaften über Gruppen hinweg stabil bleiben. Durch die Prüfung der Messinvarianz kann die Generalisierbarkeit von Modellen über verschiedene Gruppen hinweg bewerten werden. Wenn die Messinvarianz nicht nachgewiesen ist, wird es schwierig, die Ergebnisse über die untersuchten Gruppen hinaus zu verallgemeinern. Daher ist die Prüfung der Messinvarianz entscheidend für eine robuste und zuverlässige Verallgemeinerbarkeit des Modells in PLS-SEM (Hair et al., 2018, S. 139).

Für die Prüfung auf Messmodellinvarianz wurde die von Henseler et al. (2016, S. 406) entwickelte Prozedur für die Prüfung der MICOM angewendet. Dieses wird in drei Schritten durchgeführt (Hair et al., 2018, S. 140). Sind die ersten beiden Schritte erfüllt, können die Datensätze mithilfe einer MGA verglichen werden (Chin & Dibbern, 2010, S. 172; Matthews, 2017, S. 220).

Der erste Schritt stellt die konfigurale Invarianz sicher. Hier wird geprüft, ob identische Indikatoren im Messmodell verwendet, die Daten identisch behandelt und die identischen Algorithmuseinstellungen angewendet wurden (Henseler et al., 2016, S. 413). Wurde dieser Schritt erfolgreich durchgeführt, wird im zweiten Schritt die kompositionelle Invarianz geprüft. Dafür werden die Composite-Variablen auf eine möglichst hohe Ähnlichkeit hin getestet, dies geschieht mittels Permutation (Hair et al., 2018, S. 146 ff.). Finden sich hier keine signifikanten Unterschiede, ist es möglich, die verschiedenen Datensätze mittels MGA zu vergleichen. Wenn die Datensätze zu einem großen Datensatz zusammengefasst werden sollen, muss ein dritter Schritt erfüllt sein. Hier wird die Ähnlichkeit von Mittelwerten und Varianzen der unterschiedlichen Datensätze ebenfalls mittels Permutation getestet. Finden sich auch hier keine signifikanten Unterschiede können die Daten aggregiert werden (Hair et al., 2018, S. 147 ff.; Henseler et al., 2016, S. 415 f.).

In dieser Arbeit werden verschiedene demographische und organisationale Merkmale auf Gruppenunterschiede geprüft. Tabelle 6.25 gibt eine Übersicht zu den getesteten Kategorien, gewählten Gruppen und jeweiligen Gruppengrößen pro Jahr. Für die Gruppierung der Kategorie Alter wurde der Argumentation von Drabe (2015, S. 21 ff.) gefolgt. Das Gehalt wurde ursprünglich in sechs Stufen abgefragt, diese wurden zu drei (niedrig, mittel & hoch) zusammengefasst. Ähnliches gilt für die Zeit im Unternehmen, hier wurden die fünf ursprünglichen Kategorien zu 3 Gruppen zusammengefasst. Für jedes Jahr wurden alle Gruppen einer Kategorie mit jeweils allen anderen Gruppen aus der entsprechenden Kategorie verglichen. Dies wurde getrennt für jedes der fünf Erhebungsjahre durchgeführt.

Tabelle 6.25 Kategorien, Gruppen und Gruppengrößen

		Gruppengröße				
Kategorie	Gruppe	2012	2014	2016	2018	2020
Geschlecht	männlich	808	744	769	1009	1021
	weiblich	656	619	691	843	849
Alter	unter 36*	514	471	504	615	596
	36–49	525	505	476	626	621
	über 49	426	395	489	620	664
Gehalt	niedriges Gehalt	309	280	274	347	977
	mittleres Gehalt	728	663	719	923	922
	hohes Gehalt	334	346	399	489	520
Arbeitszeit	Teilzeit	450	481	533	672	676
	Vollzeit	1015	888	936	1189	1205
Zeit im Unternehmen	< 5Jahre	636	490	582	641	652
	5–10 Jahre	331	324	372	513	521
	> 10 Jahre	497	439	504	685	691
Haushalt	Alleinstehend	243	215	232	303	312
	Paar mit Kindern	367	370	397	522	511
	Paar ohne Kinder	546	528	569	697	741
	Alleinerziehend	115	103	118	145	127
	Kein Familiärer Haushalt	47	25	33	51	50
	Andere	146	108	98	109	111
Sprache	Deutsch	1026	976	979	1229	1287
	Französisch	329	289	357	365	409
	Italienisch	110	107	133	184	185
	Englisch				44	
	Portugiesisch				39	
Unternehmensgröße	<10 Personen	201	189	173	251	212
	10–249 Personen	558	539	611	780	774
	>249 Personen	600	588	611	603	861
Vertrag	befristet	207	160	155	223	187
	unbefristet	1253	1200	1295	1610	1678

Bevor die MGA durchgeführt wurden, wurden, wie eben beschrieben, alle Gruppenvergleiche auf Messmodell Invarianz getestet. Der erste Schritt ist dahingehend erfüllt, dass für alle Gruppen die gleichen Items sowie die gleiche Analysemethode angewendet wurde. In einem zweiten Schritt wurden die Composite-Variablen auf Ähnlichkeit getestet. Ziel ist es hier, keine signifikanten Unterschiede zwischen den Jahren zu finden, es wurde ein Signifikanzniveau von 0,01 angewendet, da es sich um eine explorative Prüfung handelt (Hair et al., 2018, S. 159). Da die Composite-Invarianz für Einzel-Item-Konstrukte immer 1 ergibt wurde für das Item Arbeitszufriedenheit diese nicht getestet (Hair et al., 2018, S. 143). Im Jahr 2014 konnte wurden sowohl für die Gruppen der Kategorie Alter sowohl für die Gruppen der Kategorie Gehalt signifikante Unterschiede gefunden werden, so dass für dieses Jahr und diese Kategorien keine MGAs durchgeführt wurden. Zusätzlich unterschieden sich die Gruppen in der Kategorie Sprache für mehrere Jahre signifikant, so dass diese für alle Jahre nicht auf Gruppenunterschiede getestet wurden.

Für alle Gruppen, die den zweiten Schritt der MICOM erfüllt haben, wurden MGAs mit allen vier beschriebenen Methoden durchgeführt (Permutation, PLS-MGA, parametrischer Test und Welch-Satterwaite t-Test). In Tabelle 6.26 sind alle signifikanten Unterschiede für alle fünf Erhebungsjahre dargestellt, es ist zudem jeweils gekennzeichnet, wo der Test einen signifikanten Unterschied zwischen den Pfadkoeffizienten festgestellt hat. Ein Typ-1-Fehler tritt in der statistischen Hypothesentestung auf, wenn die Nullhypothese fälschlicherweise abgelehnt wird, obwohl sie tatsächlich wahr ist. Um einen Typ-1-Fehler zu vermeiden, wird eine Šidák-Prozedur durchgeführt (Hair et al., 2018, S. 158). Die Formel dafür lautet: $\alpha_{neu} = 1\text{-}(1\text{-} \alpha_{alt})^{1/m)}$., m ist die Anzahl der Gruppenvergleiche. Wie aus Tabelle 6.26 ersichtlich ist, wird es Gruppenvergleiche zwischen zwei, drei und sechs Gruppen geben. Für den Vergleich zwischen zwei Gruppen wird von einem Signifikanzniveau von 0,05 ausgegangen. Bei drei Gruppen gibt es insgesamt drei Gruppenvergleiche, nach Durchführung der eine Šidák-Prozedur liegt für diese Vergleiche das Signifikanzniveau bei 0,017 und bei den Haushalten gibt es sechs Gruppen, dies entspricht 15 Gruppenvergleichen und einem Signifikanzniveau von 0,003.

Die vorliegende Arbeit hat den entscheidenden Mehrwert, dass nicht nur ein Datensatz analysiert wird, sondern insgesamt fünf Datensätze. Um einen Vergleich der Datensätze über die verschiedenen Erhebungsjahre hinweg durchzuführen, wird dies dem Vorgehen der anderen MGAs entsprechend durchgeführt. Dafür wurden zunächst alle Datensätze zu einem zusammengefasst, wobei die zusätzliche Variable Erhebungsjahr ergänzt wurde. Bereits bei der Operationalisierung der Items (siehe Abschnitt 5.3.2) wurde darauf geachtet, jeweils

Tabelle 6.26 Signifikante Gruppenunterschiede

	2012	2014	2016	2018	2020
Geschlecht					
Erwartungen → Arbeitszufriedenheit		$x^{A,B,C,D}$			
Aufgabenmerkmale → Commitment			$x^{A,B,C,D}$		$x^{A,B,C,D}$
Alter (36-49 vs. >49)					
Aufgabenmerkmale → Commitment	X^{A}				
LMX → Commitment		$x^{A,B,C,D}$			
Gehalt (niedrig vs. hoch)					
LMX → Commitment		$X^{B,C,}$	$X^{C,D}$		
Gehalt (mittel vs. hoch)					
LMX → Commitment			$x^{A,B,C,D}$		
Vollzeit vs. Teilzeit					
Arbeitszufriedenheit → Commitment			$X^{A,B,C,D}$		
Aufgabenmerkmale → Arbeitszufriedenheit	$X^{A,B,C,D}$				
Erwartungen → Commitment		$X^{A,B,C}$	$X^{A,B,C,D}$	$X^{A,B,C,D}$	
LMX → Commitment		$X^{A,B,C,D}$		$X^{A,B,C,D}$	
Zeit im Unternehmen (kurz vs. mittel)					
Aufgabenmerkmale → Arbeitszufriedenheit		$X^{A,B,C,D}$			

(Fortsetzung)

Tabelle 6.26 (Fortsetzung)

	2012	2014	2016	2018	2020
Zeit im Unternehmen (kurz vs. lang)					
Commitment → Kündigungsabsicht				$X^{A,B,C,D}$	
Zeit im Unternehmen (mittel vs. lang)					
Arbeitszufriedenheit → Kündigungsabsicht					$X^{A,B,C,D}$
Haushalt (alleinstehend vs. Paar m. K.)					
Aufgabenmerkmale → Commitment					$X^{A,B,C,D}$
Haushalt (alleinstehend vs. nicht familiär)					
Erwartungen → Commitment					$X^{A,B}$
Unternehmensgröße (klein vs. mittel)					
Erwartungen → Arbeitszufriedenheit	$X^{A,B,C,D}$				
LMX → Commitment	$X^{A,B,C,D}$				
LMX → Arbeitszufriedenheit			$X^{B,D}$		

(Fortsetzung)

Tabelle 6.26 (Fortsetzung)

	2012	2014	2016	2018	2020
Unternehmensgröße (klein vs. groß)					
Erwartungen → Commitment			$x^{A,B,C,D}$		
LMX → Commitment	$X^{A,B,C,D}$	$X^{A,B,C,D}$			X^{A}
Arbeitszufriedenheit → Commitment			$x^{A,B,C,D}$		
Commitment → Kündigungsabsicht			$x^{A,B,C,D}$		
Unternehmensgröße (mittel vs. groß)					
Erwartungen → Commitment			$X^{A,B,C,D}$		
Commitment → Kündigungsabsicht				$X^{B,C,D}$	
Vertrag (befristet vs. unbefristet)					
Aufgabenmerkmale → Commitment	$X^{A,C}$				
Aufgabenmerkmale → Arbeitszufriedenheit					$X^{A,C}$
LMX → Arbeitszufriedenheit	$X^{B,D}$				
Erwartungen → Commitment		X^{A}			

Anmerkung: A = Permutation, B = PLS-MGA, C = Parametrischer Test, D = Welch-Satterwaite t-Test nur identisch formulierte Items zu verwenden, um den Schritt 1 der MICOM, die konfigurale Invarianz, sicherzustellen. Auch Schritt zwei der MICOM, die Composite-Invarianz, wurde für die meisten Jahre sichergestellt, was einen Vergleich der verschiedenen Datensätze untereinander ermöglicht. Die Prüfung des zweiten Schritts wurde allerdings für die Datensätze 2014 und 2020 für das Konstrukt Erwartungen nicht erfüllt, weshalb für die beiden Pfade, die von diesem Konstrukt ausgehen, eine MGA nicht zulässig ist. Nach Durchführung der MICOM werden die verschiedenen Erhebungsjahre auf signifikante Unterschiede getestet. Insgesamt wurden alle Jahre jeweils miteinander verglichen, was insgesamt zehn Gruppenvergleiche bedeutet. Nach Durchführung der Šidák-Prozedur liegt das Signifikanzniveau für diese Vergleiche bei 0,005. Insgesamt gibt es nur eine Beziehung, die sich zwischen den Jahren signifikant voneinander unterscheidet: Der Einfluss des LMX auf das organisationales Commitment in den Jahren 2012 und 2014. Im Jahr 2012 ist ß = 0,157 und im Jahre 2014 ist ß = 0,307. Die totalen Effekte dieses Einflusses dagegen unterscheiden sich nicht signifikant. Dies deutet daraufhin, dass der grundsätzliche Einfluss des LMX auf das organisationale Commitment konstant bleibt.

6.2.2 Unbeobachtbare Heterogenität

Die Prüfung eines Datensatzes auf unbeobachtete Heterogenität ist wichtig, da sie eine genauere Darstellung der zugrunde liegenden Population ermöglicht. Einzelpersonen innerhalb einer Stichprobe können einzigartige Merkmale und Verhaltensweisen aufweisen, die die Beziehungen zwischen den beobachteten Variablen beeinflussen. Indem diese Heterogenität erkannt und berücksichtigt wird, kann die wahre Komplexität des untersuchten Phänomens besser erfasst werden. Üblicherweise wird für diese Art der Prüfung eine Cluster-Analyse angewendet (Sarstedt & Mooi, 2019, S. 238). Im Kontext von PLS-SEM besteht bei Cluster-Analysen allerdings der Nachteil, dass diese Methode die Mess- und Strukturbeziehungen nicht berücksichtigt, obwohl genau diese Beziehungen wahrscheinlich zu den Gruppenunterschieden führen (Hair et al., 2018, S. 176). Dadurch erzielen diese schlechte Ergebnisse, wenn es darum geht, Gruppenunterschiede festzustellen (Sarstedt & Ringle, 2010, S. 15).

Um ein Strukturgleichungsmodell auf unbeobachtbare Heterogenität zu testen, empfehlen Hair et al. (2018, S. 177) den FIMIX-PLS-Ansatz, der ein Instrument zur Erfassung und zum Verständnis der Komplexität individueller Unterschiede darstellt. Der FIMIX-PLS-Algorithmus dient als Grundlage für diesen Ansatz und ermöglicht es, verschiedene plausible Konfigurationen latenter Segmente innerhalb der Daten zu untersuchen. Zu diesem Zweck wird der Algorithmus iterativ ausgeführt, wobei von einer unterschiedlichen Anzahl von Segmenten ausgegangen wird, um mehrere Lösungen zu generieren.

Bei der Durchführung des FIMIX PLS-Algorithmus sind einige Entscheidungen zu treffen. Wie bereits beschrieben, handelt es sich um einen iterativen Ansatz. Um eine Balance zwischen einer akzeptablen Rechenzeit sowie Ergebnissen zu erzielen, wird ein Maximum von 5.000 Iterationen und ein Stop-Kriterium von 10^{-5} empfohlen (Hair, Sarstedt, Matthews & Ringle, 2016, S. 67; Hair et al., 2018, S. 180). Zudem sollte die Prozedur mehrmals durchgeführt und die Lösung mit dem besten log-likelihood (LnL) Wert gewählt werden. Es werden zehn Wiederholungen empfohlen.

Nachdem der FIMIX-PLS-Algorithmus mit unterschiedlichen Segmentanzahlen ausgeführt wurde, werden die erhaltenen Ergebnisse auf ihre statistische Angemessenheit und Interpretierbarkeit hin bewertet (Hair et al., 2016, S. 69). Es werden Schlüsselindikatoren und Anpassungsmaße geprüft, um die Angemessenheit der einzelnen Lösungen zu bewerten. Im Folgenden werden die zu prüfenden Maße kurz erläutert, insgesamt gilt, je kleiner der Wert eines Informationskriteriums, desto besser die Segmente-Lösung (Hair et al., 2016, S. 70; Hair et al., 2018, S. 184):

- Akaikes Informationskriterium (AIC): Hat eine Tendenz die Segmentgröße zu unterschätzen und sollte daher für die Bestimmung der Obergrenze angewendet werden. Insgesamt hat das Kriterium eine eher schwache Aussagekraft.
- Modifiziertes Akaikes Informationskriterium mit Faktor drei (AIC_3): Hat ebenfalls die Tendenz die Segmentsgröße zu unterschätzen, sollte in Kombination mit CAIC und BIC betrachtet werde. Insgesamt hat das Kriterium eine mittlere bis gute Aussagekraft.
- Modifiziertes Akaikes Informationskrierium Faktor vier (AIC_4): Hat die Tendenz die Anzahl der Segmente sowohl über- als auch zu unterschätzen. Insgesamt hat das Kriterium eine gute Aussagekraft.
- Bayesian Informationskriterium (BIC): Hat die Tendenz die Anzahl der Segmente zu unterschätzen und sollte daher mit dem AIC_3 zusammen betrachtet werden. Insgesamt hat das Kriterium eine gute Aussagekraft.
- Konsistentes Akaikes's Informationskriterium (CAIC): Hat die Tendenz die Anzahl der Segmente zu unterschätzen und sollte daher mit dem AIC_3 zusammen betrachtet werden. Insgesamt hat das Kriterium eine gute Aussagekraft.
- Minimale Beschreibungslänge mit Faktor fünf (MDL5): Hat eine sehr starke Tendenz die Zahl der Segmente zu unterschätzen. Insgesamt hat das Kriterium eine niedrige Aussagekraft.

Zusätzlich zu den Informationskriterien sollte das normierte Entropiekriterium (EN) herangezogen werden. Diese betrachtet die Segmentzugehörigkeitswahrscheinlickeit der Beobachtungen und liegt zwischen 0 und 1 (Hair et al., 2016, S. 69; Hair et al., 2018, S. 183). Ein höherer Wert ist dabei als besser zu bewerten, wobei mindestens ein Wert von 0,5 gegeben sein sollte, ein Wert von über 0,9 deutet auf eine Überschätzung einer geeigneten Segmentzahl hin (Sarstedt, Radomir, Moisescu & Ringle, 2022, S. 401). Anhand dieser Kriterien wird die Anzahl der Segmente gewählt. Da die FIMIX-PLS eine explorative Herangehensweise ist, sollten bei der Beurteilung zusätzlich praktische und theoretische Überlegungen mit einbezogen werden (Hair et al., 2018, S. 185).

Nach der Bestimmung der Anzahl der Segmente wird die latente Segmentstruktur im Detail betrachtet, um tiefere Einblicke in die zugrunde liegende Heterogenität der Daten zu gewinnen (Hair et al., 2016, S. 73). Dafür wird die vorhersageorientierte Segmentierung in PLS-SEM PLS-POS angewendet. Bei dieser wird die durch FIMIX-PLS ausgewählte Anzahl an Segmenten angegeben, und auf Basis der FIMIX-PLS erfolgt dann eine Zuteilung der Fälle zu den verschiedenen Gruppen (Hair et al., 2018, S. 185). Die Erklärung der durch PLS-POS zugeteilten Gruppen erfolgt über Kreuztabellen und abschließend über eine MGA (Hair et al., 2018, S. 193 f.).

Die FIMIX-PLS Prozedur wurde nach den oben genannten Kriterien für ein bis fünf Segmente für jedes der Erhebungsjahre durchgeführt, die Ergebnisse befinden sich in den Tabellen 6.27–6.31. Für die Jahre 2012 und 2014 erreicht keine Segmentanzahl den kritischen EN-Wert von 0,5. Für die Jahre 2016, 2018 und 2020 wird dieser Wert jeweils für die fünf Segmente-Lösungen erreicht. Für 2016 zusätzlich für die drei und vier Segmente-Lösung, die Informationskriterien deuten hier aber auch eindeutig auf eine fünf Segmente-Lösung hin. Allerdings sind für diese Lösungen die Gruppengröße des fünften Segments für eine weitere Analyse zu allen drei Erhebungsjahren zu gering, um die Analyse weiter fortführen zu können. Insgesamt bietet der FIMIX-PLS-Ansatz einen umfassenden Rahmen für die Untersuchung unbeobachteter Heterogenität in Strukturgleichungsmodellen. Die Analyse der vorliegenden Datensätze deutet allerdings nicht auf eine solche Heterogenität hin.

Tabelle 6.27 Ergebnisse FIMIX 2012

Informationskriterium	1 Segment	2 Segmente	3 Segmente	4 Segmente	5 Segmente
AIC	9.432,624	9.081,340	9.033,786	9.004,707	8.893,187
AIC3	9.444,624	9.106,340	9.071,786	9.055,707	8.957,187
AIC4	9.456,624	9.131,340	9.109,786	9.106,707	9.021,187
BIC	9.494,839	9.210,956	9.230,802	9.269,123	9.225,003
CAIC	9.506,839	9.235,956	9.268,802	9.320,123	9.289,003
MDL5	9.839,701	9.929,419	10.322,866	10.734,787	11.064,268
LnL	–4.704,312	–4.515,670	–4.478,893	–4.451,353	–4.382,593
EN	0	0,433	0,35	0,446	0,428
Segmentgröße	Segment 1	Segment 2	Segment 3	Segment 4	Segment 5
Größe des Segments	100 %	67,7 %	41,7 %	48,7 %	29,6 %
Größe des Segments		32,3 %	35,3 %	23,6 %	28,5 %
Größe des Segments			22,9 %	18,9 %	20,6 %
Größe des Segments				8,7 %	14,2 %
Größe des Segments					7,0 %

Tabelle 6.28 Ergebnisse FIMIX 2014

Informationskriterium	1 Segment	2 Segmente	3 Segmente	4 Segmente	5 Segmente
AIC	8.918,987	8.679,990	8.631,539	8.605,496	8.505,250
AIC3	8.930,987	8.704,990	8.669,539	8.656,496	8.569,250
AIC4	8.942,987	8.729,990	8.707,539	8.707,496	8.633,250
BIC	8.980,471	8.808,082	8.826,239	8.866,803	8.833,165
CAIC	8.992,471	8.833,082	8.864,239	8.917,803	8.897,165
MDL5	9.322,407	9.520,449	9.909,037	10.320,032	10.656,826
LnL	–4.447,493	–4.314,995	–4.277,770	–4.251,748	–4.188,625
EN	0	0,357	0,375	0,326	0,422
Segmentgröße	Segment 1	Segment 2	Segment 3	Segment 4	Segment 5
Größe des Segments	100 %	63,5 %	53,0 %	35,9 %	32,7 %
Größe des Segments		36,5 %	25,4 %	24,1 %	23,4 %
Größe des Segments			21,6 %	21,4 %	21,0 %
Größe des Segments				18,7 %	17,8 %
Größe des Segments					5,2 %

Tabelle 6.29 Ergebnisse FIMIX 2016

Informationskriterium	1 Segment	2 Segmente	3 Segmente	4 Segmente	5 Segmente
AIC	8.943,955	8.623,419	7.937,993	7.821,423	7.690,946
AIC3	8.955,955	8.648,419	7.975,993	7.872,423	7.754,946
AIC4	8.967,955	8.673,419	8.013,993	7.923,423	7.818,946
BIC	9.005,439	8.751,511	8.132,693	8.082,731	8.018,861
CAIC	9.017,439	8.776,511	8.170,693	8.133,731	8.082,861
MDL5	9.347,376	9.463,878	9.215,491	9.535,960	9.842,521
LnL	–4.459,978	–4.286,710	–3.930,997	–3.859,712	–3.781,473
EN	0	0,409	0,676	0,741	0,673
Segmentgröße	Segment 1	Segment 2	Segment 3	Segment 4	Segment 5
Größe des Segments	100 %	66,1 %	42,9 %	42,9 %	36,1 %
Größe des Segments		33,9 %	42,0 %	39,9 %	31,0 %
Größe des Segments			15,1 %	15,1 %	16,2 %
Größe des Segments				2,1 %	15,1 %
Größe des Segments					1,6 %

Tabelle 6.30 FIMIX 2018

Informationskriterium	1 Segment	2 Segmente	3 Segmente	4 Segmente	5 Segmente
AIC	11.154,477	10.823,999	10.746,982	10.532,593	10.365,293
AIC3	11.166,477	10.848,999	10.784,982	10.583,593	10.429,293
AIC4	11.178,477	10.873,999	10.822,982	10.634,593	10.493,293
BIC	11.218,737	10.957,874	10.950,472	10.805,698	10.708,013
CAIC	11.230,737	10.982,874	10.988,472	10.856,698	10.772,013
MDL5	11.571,777	11.693,374	12.068,432	12.306,118	12.590,894
LnL	–5.565,238	–5.386,999	–5.335,491	–5.215,296	–5.118,647
EN	0	0,358	0,38	0,486	0,502
Segmentgröße	Segment 1	Segment 2	Segment 3	Segment 4	Segment 5
Größe des Segments	100 %	50,6 %	46,7 %	35,4 %	29,7 %
Größe des Segments		44,4 %	28,1 %	32,3 %	26,8 %
Größe des Segments			25,2 %	23,6 %	19,2 %
Größe des Segments				8,6 %	16,0 %
Größe des Segments					8,3 %

Tabelle 6.31 Ergebnisse FIMIX 2020

Informationskriterium	1 Segment	2 Segmente	3 Segmente	4 Segmente	5 Segmente
AIC	11.227,663	10.850,657	10.657,235	10.555,630	10.325,898
AIC3	11.239,663	10.875,657	10.695,235	10.606,630	10.389,898
AIC4	11.251,663	10.900,657	10.733,235	10.657,630	10.453,898
BIC	11.291,722	10.984,113	10.860,088	10.827,880	10.667,545
CAIC	11.303,722	11.009,113	10.898,088	10.878,880	10.731,545
MDL5	11.643,957	11.717,937	11.975,501	12.324,881	12.546,134
LnL	–5.601,832	–5.400,328	–5.290,618	–5.226,815	–5.098,949
EN	0	0,398	0,611	0,485	0,560
Segmentgröße	Segment 1	Segment 2	Segment 3	Segment 4	Segment 5
Größe des Segments	100 %	65,9 %	64,5 %	41,2 %	40,4 %
Größe des Segments		34,1 %	28,0 %	32,7 %	26,2 %
Größe des Segments			7,5 %	18,6 %	14,8 %
Größe des Segments				7,5 %	13,5 %
Größe des Segments					5,2 %

6.3 Interpretation der Ergebnisse

Das erste Forschungsanliegen dieser Arbeit behandelt die Frage nach einem gültigen und stabilen Modell der Kündigungsabsicht. Die Forschung zur Kündigung als Ergebnis der Arbeitseinstellung begann in den 1950er Jahren, als ein Zusammenhang zwischen zufriedenstellenden Arbeitsmerkmalen und Kündigung festgestellt wurde (Judge et al., 2017, S. 360). Die Kündigungsabsicht gilt als besonders geeignet zur Vorhersage für eine tatsächliche Kündigung (Griffeth et al., 2000, S. 470). Es gibt eine Vielzahl von Modellen der Kündigungsabsicht. Grundlage für die Entwicklung dieser Modelle bildete die Veröffentlichung von March und Simon (1958). Gleichzeitig gilt das Modell von Mobley et al. (1979, S. 517) als wesentlich bedeutender für die Forschung. Insgesamt hängen die verschiedenen Publikationen und bedeutenden Modelle aus den 70er und 80er Jahren stark miteinander zusammen und bauen aufeinander auf. Dabei unterscheiden sich die Modelle in Hinblick darauf, ob sich diese auf die konkreten Schritte hin zur Kündigung konzentrieren (Hom & Griffeth, 1991, S. 357; Mobley, 1977, S. 238) oder eine Vielzahl von Einflussvariablen mit einbeziehen (Bluedorn, 1982, S. 270; Price & Mueller, 1981, S. 549). Das konzeptionelle Modell von Mobley et al. (1979, S. 517) ist dagegen so umfassend, dass es sowohl eine Vielzahl an Einflussvariablen als auch einzelne Schritte des Kündigungsprozesses berücksichtigt. Gemeinsam haben die Publikationen, dass bevorzugt Pfadanalysen verwendet wurden, um die jeweiligen Kündigungsabsichtsmodelle empirisch zu prüfen. Eine vereinfachte Version der Modells von Mobley et al. (1979, S. 512) wurde von Michaels und Spector (1982) empirisch geprüft und von Williams und Hazer (1986) re-analysiert.

Die vorliegende Arbeit verwendete ein Querschnittsdesign und nutzte PLS-SEM, um die Gültigkeit und Zuverlässigkeit des modifizierten Modells der Kündigungsabsicht zu untersuchen. Das Messmodell erwies sich in allen Erhebungsjahren (2012, 2014, 2016, 2018 und 2020) als gültig und zuverlässig. Dies verdeutlicht die Qualität der Daten und die Eignung des gewählten statistischen Ansatzes zur Untersuchung der Beziehungen innerhalb des Modells. Durch die nachgewiesene Gültigkeit und Zuverlässigkeit des Strukturgleichungsmodells ist es möglich, die Interpretation der spezifischen Beziehungen und Hypothesen zu vertiefen und die komplexen Zusammenhänge zu analysieren.

Die Analyse der Ergebnisse zeigt, dass ein wesentlicher Teil der Hypothesen des Modells vollständig oder teilweise bestätigt wurde, was die im theoretischen Teil hergeleiteten Beziehungen unterstützt. Wie in Abschnitt 4.2 hergeleitet wurde, ist die Bedeutung der Aufgabenmerkmale ein bereits über einen sehr langen Zeitraum belegter Einflussfaktor auf Arbeitseinstellungen wie Arbeitszufriedenheit und organisationales Commitment (Oldham & Fried, 2016, S. 21). Vor allem der vorliegende JCT gilt als bedeutende Theorie im Rahmen von motivationalen Einflussfaktoren auf Arbeitszufriedenheit. Gleichzeitig ist es auffällig, dass der Einfluss der Aufgabenmerkmale auf Arbeitszufriedenheit, organisationales Commitment und im totalen Effekt auch auf die Kündigungsabsicht, deutlich geringer ausfällt als die Einflüsse der erfüllten Erwartungen und des LMX. Die Analysen von Michaels und Spector (1982, S. 57) sowie Williams und Hazer (1986, S. 227) kommen dabei zu ähnlichen Ergebnissen. Während Aufgabenmerkmale in der Vergangenheit große Beachtung fanden, zeigen neuere Entwicklungen die wachsende Bedeutung in der Forschung von sozialen Dimensionen wie dem LMX, oder dem Arbeitskontext und wie den erfüllten Erwartungen (Oldham & Fried, 2016, S. 24). Der Einfluss der erfüllten Erwartungen und des LMX auf die Arbeitszufriedenheit ist auf einem ähnlichen Niveau, was sich erneut mit den Ergebnissen von Michaels und Spector (1982, S. 57) sowie Williams und Hazer (1986, S. 227) deckt. Bei den totalen Effekten auf die Kündigungsabsicht zeigt sich, dass der LMX-Ansatz und somit die soziale Ebene den stärksten Einfluss hat. Wie in Abschnitt 4.1.2 erläutert, hat die Führungskraft als Person, die das Unternehmen repräsentiert, auch einen Einfluss auf die impliziten Erwartungen des psychologischen Vertrags (Robinson & Morrison, 2000, S. 536). Hier könnte eine mögliche Erklärung des dynamischen Einflusses beider Variablen liegen. Insgesamt scheint die menschliche Komponente für die Arbeitszufriedenheit und das organisationale Commitment und damit insgesamt für die Kündigungsabsicht die bedeutendste Komponente des modifizierten Modells der Kündigungsabsicht zu sein.

Im Kapitel 3 wurde die Bedeutung der Konstrukte Arbeitszufriedenheit und organisationales Commitments hervorgehoben. Durch die Analyse empirischer Daten und theoretischer Perspektiven wurde in diesem Kapitel die essentielle Bedeutung dieser Konstrukte im Kontext des Organisationsverhaltens weiter herausgestellt. Die Ergebnisse stützen die Annahme, dass beide Konstrukte einen signifikanten Einfluss auf Kündigungsabsicht ausüben. Zusätzlich wurde in der vorliegenden Arbeit die komplexe Dynamik der Zusammenhänge zwischen Arbeitszufriedenheit, organisationalem Commitment und Kündigungsabsicht sowie der drei Einflussfaktoren erfüllte Erwartungen, Aufgabenmerkmale und LMX untersucht, wobei ihre mediierten Rolle von Arbeitszufriedenheit und organisationalem Commitment betont wurde.

Neben den Beziehungen des Strukturmodells wurde dieses zudem mittels PLS_{Pedict} und CVPAT auf prädiktive Validität getestet. Beide Analysen bestätigten die generelle Vorhersagekraft des Modells, was die Relevanz dessen weiter hervorhebt. Es wurde zudem mit einem alternativen, komplexeren Modell verglichen. Dabei zeigten sich nur minimale Unterschiede zwischen den beiden Modellen, was wiederum ebenfalls die Bedeutsamkeit des einfachen, etablierten Modells betont.

Die zweite Forschungsfrage dieser Arbeit beschäftigt sich mit der Verallgemeinerbarkeit und Stabilität des aufgestellten modifizierten Modells der Kündigungsabsicht. Um diese Aspekte zu prüfen, wurde eine Replikationsstudie gewählt. Wie in Abschnitt 5.2.2 diskutiert, wurden in der vorliegenden Arbeit zwei verschiedene Arten von Replikationen durchgeführt: Eine konzeptionelle Erweiterung und eine empirische Verallgemeinerung (Lynch et al., 2015, S. 4; Tsang & Kwan, 1999, S. 2). Im Zusammenhang mit der Verallgemeinerung wurden in Abschnitt 5.2.1 fünf verschiedene Formen erläutert, die theoretische Verallgemeinerung, die Verallgemeinerung in einer Population, die Verallgemeinerung zwischen Populationen, die kontextuelle Verallgemeinerung und die zeitliche Verallgemeinerung (Tsang, 2016, S. 99 ff.). Diese werden nun in Zusammenhang mit den durchgeführten Analysen gebracht und diskutiert.

Die theoretische Verallgemeinerbarkeit des modifizierten Modells der Kündigungsabsicht wurde überwiegend im theoretischen Teil dieser Arbeit dargelegt, in dem verschiedene Modelle der Kündigungsabsicht vorgestellt wurden. Aus diesen Untersuchungen wurde schließlich das modifizierte Modell der Kündigungsabsicht abgeleitet. Die dort angenommenen Beziehungen wurden zusätzlich mit aktuellen Studien im Rahmen der Hypothesenherleitung weiter theoretisch untermauert. Diese umfassende Literaturrecherche verdeutlicht die anhaltende Relevanz und Gültigkeit des Modells und gewährleistet somit seine theoretische Verallgemeinerbarkeit.

Das modifizierte Modell der Kündigungsabsicht ist die konzeptionelle Erweiterung des von Michaels und Spector (1982, S. 57) geprüften Strukturmodells. Die dafür verwendeten Daten des Schweizer HR-Barometers sind repräsentativ für die Schweizer Arbeitnehmerinnen und Arbeitnehmer. Damit ist eine Generalisierung der Stichprobe auf die Population gegeben. Das modifizierte Modell der Kündigungsabsicht wurde mit fünf verschiedenen Datensätzen geprüft. Die Prüfungen des Modells mit den Datensätzen aus den Jahren 2014, 2016, 2018 und 2020 können als empirische Verallgemeinerungen der empirischen Prüfung aus dem Jahr 2012 angesehen werden. Neben der bereits diskutierten allgemeinen Gültigkeit des Modells für alle Erhebungen wurden Analysen zur Robustheit durchgeführt, insbesondere in Form von MGAs. Für die Prüfung der Generalisierbarkeit zwischen Populationen wurden die fünf Erhebungen in unterschiedliche demographische Gruppen (Geschlecht und Alter) eingeteilt und auf Unterschiede getestet. Hier fanden sich nur sehr wenige Unterschiede, und diese ließen sich nicht für mehr als zu zwei Erhebungszeitpunkten bestätigen. Die Daten zeigen also nur geringe bis gar keine Unterschiede zwischen unterschiedlichen Gruppen in der Population, was auf eine hohe Generalisierbarkeit der Ergebnisse hindeutet. Tiefergehende Analysen, wie weitere demographische Merkmale, wären nötig, um diese Homogenität weiter zu bestätigen.

Für die kontextuale Generalisierbarkeit wurden deutlich mehr Faktoren hinzugezogen, hier wurden Einkommensunterschiede, Arbeitszeit, Zeit im Unternehmen, Haushalt, Unternehmensgröße und Vertrag auf Unterschiede untersucht. Insbesondere in Bezug auf die Arbeitszeit und die Unternehmensgröße finden sich einige signifikante Unterschiede. Auch diese sind zwar nicht für alle Erhebungszeitpunkte replizierbar, zeigen aber, dass die kontextuelle Generalisierbarkeit nur eingeschränkt gegeben ist. Die zeitliche Verallgemeinerbarkeit zeigt sich durch die MGA über die verschiedenen Erhebungszeitpunkte hinweg. Da sich hier tatsächlich nur ein signifikanter Unterschied zwischen den Jahren 2012 und 2014 finden lässt, ist diese für den gemessenen Zeitraum gegeben.

Obwohl die Verallgemeinerbarkeit von Forschungsergebnissen ein zentrales Ziel der Wissenschaft ist, muss anerkannt werden, dass eine vollständige Verallgemeinerbarkeit oft schwer zu erreichen ist. Mehrere Faktoren tragen zu dieser

Einschränkung bei, darunter die Einzigartigkeit verschiedener Populationen oder Kontexte, die Variabilität der Stichprobencharakteristika und das Potenzial für nicht berücksichtigte Variablen oder verwechselbare Faktoren. Es ist üblich, dass sich Forschungsstudien auf bestimmte Bevölkerungsgruppen oder Bedingungen konzentrieren, was die Verallgemeinerbarkeit der Ergebnisse auf andere Gruppen oder Situationen einschränken kann. Darüber hinaus kann es innerhalb von und zwischen Einzelpersonen oder Gruppen zu inhärenten Schwankungen kommen, die eine allgemeine Verallgemeinerung der Ergebnisse erschweren.

Selbst wenn eine vollständige Verallgemeinerbarkeit nicht möglich ist, besteht dennoch die Möglichkeit, aussagekräftige Erkenntnisse zu gewinnen und durch sorgfältig konzipierte Studien, bei denen die externe Validität und die Replizierbarkeit in unterschiedlichen Stichproben oder Kontexten im Vordergrund stehen, wertvolle Beiträge zum Fachgebiet zu leisten. Die Ergebnisse der empirischen Prüfung des modifizierten Modells der Kündigungsabsicht sind über verschiedene Jahre, demographische und kontextuelle Faktoren stabil sowie repräsentativ für eine bestimmte Population. Damit sind bereits wichtige Faktoren berücksichtigt worden, die zu einer möglichen Verallgemeinerbarkeit des Modells beitragen.

Diskussion 7

7.1 Zusammenfassung der Ergebnisse

Die vorliegende Arbeit hat als Grundlage eine umfangreiche und breite Literaturbasis. Die Arbeit basiert auf dem von Mobley et al. (1979, S. 547) in den späten 70er Jahren etablierten Modell der Kündigungsabsicht, das bis heute tausendfach zitiert wurde. Auch die empirischen Prüfungen (Bluedorn, 1982, S. 269; Michaels & Spector, 1982, S. 54) des Modells von Mobley finden nach wie vor große Beachtung in der Forschung und bilden die Grundlage für Replikationen und Erweiterungen (Mathieu et al., 2016, S. 114; Williams & Hazer, 1986, S. 221). Aus diesen Modellen wurde das modifizierte Modell der Kündigungsabsicht abgeleitet und empirisch validiert.

Die Kündigungsabsicht gilt als die eine der besten Vorhersagen für eine tatsächliche eintretende Kündigung von Mitarbeiterinnen und Mitarbeitern (Griffeth et al., 2000, S. 470). In Abgrenzung von der Kündigungsabsicht zur eigentlichen Kündigung und verwandten Begriffen wurden zunächst verschiedene Verhaltensweisen beschrieben, die mit diesen in Verbindung stehen, wie Fluktuation, Rückzugsverhalten und Ruhestand. Anschließend wurden die verschiedenen Klassifizierungen von Kündigungen beschrieben, um diese unterscheiden zu können und darauf basierend entsprechende Maßnahmen einführen zu können. Kündigungen lassen sich in drei Kategorien klassifizieren: freiwillige und unfreiwillige, funktionale und dysfunktionale sowie vermeidbare und unvermeidbare Kündigungen. Die Unterscheidung zwischen freiwilligen und unfreiwilligen Kündigungen ist schwierig, da sich die Definitionen je nach Unternehmen und geltenden Gesetzen ändern können. Funktionale Kündigungen beschreiben eine Trennung, die für die Organisation vorteilhaft ist, während dysfunktionale Kündigungen für die

J. S. Ehrlich, *Die Entwicklung, Analyse und Replikation eines modifizierten Modells der Kündigungsabsicht*, Betriebswirtschaftliche Forschung zur Unternehmensführung 66, https://doi.org/10.1007/978-3-658-46123-2_7

Organisation nachteilig sind. Es wird empfohlen, dass Unternehmen Kündigungen in Bezug auf ihre Funktionalität und Dysfunktionalität analysieren und Strategien entwickeln, um die negativen Auswirkungen von dysfunktionalen Kündigungen zu reduzieren. Schließlich werden vermeidbare und unvermeidbare Kündigungen als eine weitere Klassifizierung diskutiert, wobei vermeidbare Kündigungen durch effektive Managementpraktiken verhindert werden können, während unvermeidbare Kündigungen auf Faktoren außerhalb der Kontrolle des Managements zurückzuführen sind.

Außerdem wurden Faktoren diskutiert, die die Kündigungsabsicht von Arbeitnehmerinnen und Arbeitnehmern beeinflussen. Demographische Einflüsse wie Alter, Geschlecht und Bildung zeigen nur einen geringen Einfluss auf die Kündigungsabsicht, es lassen sich allerdings Motive unterscheiden. Ältere Mitarbeiterinnen und Mitarbeiter verlassen das Unternehmen eher aus Alters- oder Gesundheitsgründen, während jüngere Mitarbeiterinnen und Mitarbeiter eher neue Karrierechancen nutzen wollen. Männer legen mehr Wert auf materialistische Aspekte wie Gehalt oder Beförderungen, während für Frauen ein angenehmes Betriebsklima im Vordergrund steht und weniger materialistische Aspekte. Persönlichkeitsmerkmale wie Neurotizismus, Gewissenhaftigkeit, Extraversion, Verträglichkeit und Offenheit für neue Erfahrungen beeinflussen ebenfalls die Kündigungsabsicht, ebenso Merkmale wie Vergütung, Beförderungen und Betriebsklima. Dabei zeigt sich, dass die Verteilungsgerechtigkeit bei der Vergütung eine entscheidende Rolle spielt.

Kündigungen haben Auswirkungen auf das soziale System des Unternehmens, insbesondere auf die verbleibenden Mitarbeiterinnen und Mitarbeiter, die dadurch eine erhöhte Arbeitsbelastung erfahren und die Arbeit von Kolleginnen und Kollegen übernehmen müssen, was zu Demoralisierung führen kann. Eine hohe Kündigungsrate kann es den verbleibenden Mitarbeiterinnen und Mitarbeitern auch erschweren, enge Arbeitsbeziehungen aufzubauen, und kann dazu führen, dass sie das Unternehmen ebenfalls verlassen möchten. Allerdings kann die Kündigung von Mitarbeiterinnen und Mitarbeitern auch Chancen für die verbleibenden Mitarbeiterinnen und Mitarbeiter bieten, wie beispielsweise neue Karrierewege und die Möglichkeit, neues Personal einzuarbeiten. Unternehmen haben auch mit Kosten für Trennung, Neubesetzung und mit immateriellen Verlusten zu kämpfen. Gleichzeitig bieten Kündigungen auch die Chance, sich von leistungsschwächeren Mitarbeiterinnen und Mitarbeitern zu trennen.

Die Kernelemente des modifizierten Modells der Kündigungsabsicht, Arbeitszufriedenheit und organisationales Commitment gehören zu den am meisten untersuchten Konstrukten in der Arbeits- und Organisationspsychologie (Judge et al., 2017, S. 361). Arbeitsbezogene Einstellungen sind wichtige Faktoren für die Arbeitsleistung und das Wohlbefinden von Mitarbeiterinnen und Mitarbeitern (Judge et al., 2017, S. 357). Es handelt sich um psychologische Zustände, die die Beziehung zwischen Mitarbeiterinnen und Mitarbeitern und dem Arbeitsplatz betreffen. Neben Arbeitszufriedenheit und Commitment wurden in dieser Arbeit Konstrukte Wohlbefinden, Motivation, OCB, Engagement und Identifikation erläutert, um ein besseres Verständnis für die Unterschiede und Gemeinsamkeiten zu ermöglichen.

Arbeitszufriedenheit wird als angenehmer emotionaler Zustand beschrieben, der sich aus der Einschätzung ergibt, dass die eigene Arbeit das Erreichen der eigenen beruflichen Werte ermöglicht oder erleichtert (Weiss, 2002, S. 190). Die Arbeitszufriedenheit kann global oder als Konstrukt mit mehreren Facetten angesehen werden (Judge et al., 2020, S. 2012).

In den 50er Jahren war die humanistische Perspektive auf Arbeitszufriedenheit verbreitet. Die humanistische Perspektive sieht die Bedürfnisse des Einzelnen nach Wachstum, Entwicklung und Sinn als wichtige Faktoren für die Arbeitszufriedenheit. Zeitlich folgte dann die kognitive Perspektive, die Arbeitszufriedenheit als rationalen Abwägungsprozess beschreibt. Bis heute hat sich die affektive Komponente durchgesetzt, die die emotionale Bewertung der Arbeitssituation beschreibt. Diskutierte Einflussvariablen waren dispositionelle, kontextuelle und ereignisbezogene Ansätze. Als Einflussfaktoren wurden Leistung und Effektivität sowie OCB diskutiert. Abgeschlossen wurde das Thema Arbeitszufriedenheit mit einer Übersicht über verschiedene Möglichkeiten der Messung.

Commitment wird als eine tiefgreifende emotionale und kognitive Verbindung zu einem bestimmten Kontext wie Arbeit, Organisation, Beziehung oder Überzeugung definiert. Um dieses Konstrukt zu betrachten, wurde zunächst eine Übersicht zum allgemeinen Commitment in der Arbeitswelt gegeben. Das Prozessmodell des Commitments beschreibt die Einflussfaktoren und Auswirkungen von Commitment (Klein & Park, 2020, S. 168). Diese lassen sich in individuelle Charakteristiken, Ziel-Charakteristiken, interpersonelle Faktoren, organisationale Faktoren und soziale Faktoren unterteilen, die die Wahrnehmung des Ziels und der Umwelt beeinflussen und zum eigentlichen Commitment führen. Die allgemeinen Auswirkungen von Commitment sind Kontinuität und Motivation. Diese führen dann wiederum zu einer Handlung. In weiteren Ausführungen wurde das organisationale Commitment ausführlicher betrachtet, insbesondere das affektive Commitment. Dieses beschreibt die emotionale Bindung an ein Unternehmen und wird als Kernkonstrukt des organisationalen Commitments gesehen. Abschließend wurde auch diesem Abschnitt eine Übersicht zu verschiedenen möglichen Messungen des organisationalem Commitment beigefügt.

Sowohl Arbeitszufriedenheit als auch organisationales Commitment beruhen auf subjektiven Empfindungen und hängen eng zusammen, da sie oft von denselben Faktoren beeinflusst werden. Arbeitszufriedenheit bezieht sich auf die Zufriedenheit einer Mitarbeiterin oder eines Mitarbeiters mit verschiedenen Aspekten der Arbeit, während organisationales Commitment eine allgemeine affektive Reaktion auf die Organisation als Ganzes widerspiegelt. Die wissenschaftliche Literatur diskutiert drei mögliche kausale Beziehungen zwischen den beiden Konstrukten: Erstens, dass Arbeitszufriedenheit das Commitment beeinflusst; zweitens, dass Commitment die Arbeitszufriedenheit beeinflusst; und drittens, dass sich beide Konstrukte gegenseitig beeinflussen. Die meisten Studien legen nahe, dass Arbeitszufriedenheit das Commitment beeinflusst.

Als Einflussvariablen wurden in dieser Arbeit erfüllte Erwartungen, Aufgabenmerkmale und LMX definiert. Porter und Steers (1973, S. 152) beschreiben die Diskrepanz zwischen den Erwartungen einer Person an den Arbeitsplatz und den realen positiven sowie negativen Erfahrungen als unerfüllte Erwartungen. Die Folgen dieser Diskrepanz finden seitdem in verschiedenen organisationspsychologischen Theorien, wie beispielsweise dem psychologischen Vertrag, eine hohe Beachtung (Earnest et al., 2011, S. 288; Rousseau, 1995, S. 118). Ein tatsächlicher Zusammenhang zwischen den erfüllten Erwartungen und arbeitsbezogenen Einstellungen wird dabei intensiv diskutiert. Während einige Studien einen direkten Zusammenhang sehen (Ababneh, 2020, S. 306; Maden et al., 2016, S. 6; Wanous et al., 1992, S. 289), wird von anderen Autoren die Hypothese verfolgt, dass es mehr um positive Erfahrungen als um die Erwartungen an sich geht (Irving & Montes, 2009, S. 445). Die Enttäuschung von Arbeitnehmerinnen und Arbeitnehmern spielt unter anderem in der Theorie des psychologischen Vertrags eine große Rolle (Rousseau, 1995, S. 118). Dieser Vertrag beruht auf individuellen Überzeugungen von gegenseitigen Verpflichtungen zwischen Mitarbeiterinnen und Mitarbeitern und Unternehmen. Es handelt sich hierbei sowohl um implizite als auch explizite Versprechungen beider Seiten (Rousseau, 1995, S. 118). Der Erwartungsansatz und die Theorie des psychologischen Vertrags haben einige inhaltliche Überschneidungen, gleichzeitig gibt es auch inhaltliche Unterscheidungen (Ababneh, 2020, S. 327). Während es sich beim psychologischen Vertrag um einen gegenseitigen Austausch auf der Basis von Vertrauen handelt, beschreibt der Erwartungsansatz, dass Erwartungen auf Erfahrungen zurückzuführen sind.

Bereits im Zusammenhang mit der industriellen Revolution begann das Thema der Gestaltung von Arbeitsplätzen an Bedeutung zu gewinnen, und es wurden erste Arbeiten dazu verfasst (Babbage, 1832, S. 169 ff.; Smith, 1801, S. 6). Zu dieser Zeit wurde zunächst davon ausgegangen, dass vereinfachte und spezialisierte Tätigkeiten zu einer Verbesserung der Fähigkeiten und somit auch zu einer erhöhten Produktivität führen. Diese Ideen wurden Anfang des 20. Jahrhunderts von Taylor (1911, S. 26 ff.) in seiner Theorie des Scientific Management aufgegriffen und in den Bereich der Arbeitsmotivation eingeordnet. Herzberg (1968, S. 57 ff.) widersprach dieser Theorie und stellte die These auf, dass Tätigkeiten lieber inhaltlich angereichert als standardisiert werden sollten. Hackman und Oldham (1976, S. 251) kritisierten Herzberg (1968, S. 57 ff.) für die Schwierigkeit, die aufgestellten Annahmen empirisch zu testen und zu messen. Sie entwickelten daher den JDS, der folgende fünf Kernelemente - Aufgabenidentität, Aufgabenbedeutung, Aufgabenvielfalt, Autonomie und Feedback – beinhaltet, die zur Steigerung der Arbeitszufriedenheit beitragen sollen (Hackman & Oldham, 1975, S. 159; Hackman & Oldham, 1976, S. 251). In den folgenden Jahren wurden die fünf Arbeitsplatzmerkmale immer wieder diskutiert und erweitert (Bakker & Demerouti, 2007, S. 274; Morgeson & Humphrey, 2006, S. 1322). Gleichzeitig wurde die Theorie immer wieder aufs Neue belegt. Die fünf Merkmale aus dem JDS gelten bis heute als die beste und häufigst genutzte Art, Arbeitsplatzgestaltung zu messen (Humphrey et al., 2007, S. 1335; Oldham & Fried, 2016, S. 22).

Die Betrachtung von Führung und Führungspersönlichkeiten geht historisch bereits sehr weit zurück. Die ersten wissenschaftlichen Untersuchungen sind Anfang des 20. Jahrhunderts zu finden (Lord et al., 2017, S. 453). Führung kann beschrieben werden als ein Vorgang, bei dem ein Individuum eine Gruppe von Individuen beeinflusst, um ein gemeinsames Ziel zu erreichen (Northouse, 2021, S. 6). Viele Führungsansätze fokussieren entweder die Führungskraft oder die Mitarbeiterinnen und Mitarbeiter – die Beziehungsqualität zwischen Führungskraft und Mitarbeiterinnen und Mitarbeitern wird dagegen selten betrachtet. Diesen Schwerpunkt setzt die Theorie des LMX. Diese stellt Führung als Prozess dar, der die Interaktion zwischen Führungskraft und ihren Angestellten betont (Northouse, 2021, S. 157). Der Ansatz besagt, dass Führungskräfte zu all ihren Mitarbeiterinnen und Mitarbeitern hochwertige dyadische Beziehungen aufbauen sollten, mit dem Ziel, alle Mitarbeiterinnen und Mitarbeiter in die innere Gruppe zu integrieren, so dass sich alle in der inneren Gruppe befinden (Graen & Uhl-Bien, 1995, S. 225). Da dies in der Praxis kaum möglich ist, besteht die Gefahr der Ausgrenzung von Mitarbeiterinnen und Mitarbeitern, was ein häufiger Kritikpunkt an diesem Ansatz ist (Northouse, 2021, S. 169). Es gibt zudem unterschiedliche Skalen und Messungen, um die Beziehung von Führungskraft und ihren Angestellten zu untersuchen, was die einheitliche Operationalisierung erschwert (Northouse, 2021, S. 171). Eine hohe Beziehungsqualität zwischen Führungskraft und ihren Angestellten führt unter anderem zu einer geringeren Fluktuation, zu einer stärkeren Bindung sowie zu einer gesteigerten Arbeitszufriedenheit (Dulebohn et al., 2012, S. 82 f.).

Neben der breiten Literaturgrundlage ist ein Kernmerkmal der vorliegenden Arbeit die hohe Datenqualität. Die Stichprobe des Schweizer HR-Barometers wird als geschichtete Stichprobe in Zusammenarbeit mit dem Schweizer Bundesamt für Statistik gezogen (Pfrombeck et al., 2020, S. 16). Auf diese Weise kann sichergestellt werden, dass die Daten für die gesamte arbeitende Schweizer Bevölkerung repräsentativ sind. Der Fragebogen ist standardisiert, womit die Vergleichbarkeit über die Jahre sichergestellt ist. Durch die Mehrfach-Messung zu verschiedenen Zeitpunkten erhalten die Ergebnisse zudem eine erhöhte Reliabilität und Validität (Wang et al., 2016, S. 13).

Die hohe Qualität der Daten ermöglichte außerdem eine umfassende Datenanalyse. Das Modell bzw. die fünf Modelle wurde nach den Kriterien von Hair et al. (2019, S. 15) geprüft. Hier zeigte sich, dass sowohl die Messmodelle als auch die Strukturgleichungsmodelle sowohl reliabel als auch valide sind. Die Prüfung des Modells auf Messmodellinvarianz zeigte, dass die Daten mit Hilfe von MGAs verglichen werden können (Henseler et al., 2016, S. 406). Auf diese Weise konnten in dieser Arbeit auf Grundlage der umfangreichen Literaturanalyse und mit einer sehr hohen Datenqualität mittels einer umfassenden Datenanalyse stabile und gültige Ergebnisse erzielt werden.

Die Ergebnisse betonen die Bedeutung sowohl der Arbeitszufriedenheit als auch jene der Führungskraft im Kündigungsprozess. Es zeigt sich zudem, dass das Thema der erfüllten Erwartungen eine deutlich größere Rolle spielt als die Aufgabenmerkmale. Anhand der verschiedenen Robustheitsprüfungen wurde die Stabilität des Modells und somit eine hohe Generalisierbarkeit gezeigt.

7.2 Implikationen für die Praxis

7.2.1 Wichtigkeits-Leistungs-Analyse

Eine IPA ist ein Instrument zur Analyse und Visualisierung der relativen Bedeutung und Leistung verschiedener Konstrukte (Martilla & James, 1977, S. 77). Sie hilft Einblicke in die Bereiche zu gewinnen, die Aufmerksamkeit und Verbesserung erfordern. Durch die bisherigen Analysen konnte so der LMX als wichtigster Einflussfaktor auf die Kündigungsabsicht identifiziert werden. Durch die IPA wird diese Analyse durch die Dimension des Leistungsniveaus (Performance) von latenten Variablen ergänzt. Eine IPA kann auf Indikator- und Konstruktebene durchgeführt werden. Die Indikatoren bestimmten die Werte der latenten Variablen und damit ihre Leistung (Ringle & Sarstedt, 2016, S. 1860). Darum werden die Werte auf einer Skala zwischen 0 und 100 skaliert, wobei 0 für die niedrigste und 100 für die höchste Leistung steht. So wird die Interpretation und Vergleichbarkeit der Werte vereinfacht. Die Bedeutung des Konstruktes wird anhand des totalen Effektes bestimmt (Ringle & Sarstedt, 2016, S. 1871). Wie bereits in Abschnitt 6.1.3 beschrieben, handelt es sich hierbei um die Summe der direkten und indirekten Effekte einer Beziehung im Strukturgleichungsmodell. In Tabelle 7.1 sind die Ergebnisse der IPA auf Konstruktebene dargestellt, das Zielkonstrukt ist die Kündigungsabsicht. Da bei einer IPA alle Indikatoren die gleiche Richtung haben müssen, wurden vor der Berechnung die beiden Items, mit denen die Kündigungsabsicht berechnet wurde, re-codiert (Ringle & Sarstedt, 2016, S. 1868).

Tabelle 7.1 Ergebnisse der IPA auf Konstruktebene

	Bedeutung	Leistung
2012		
Erwartungen	0,197	41,271
Aufgabenmerkmale	0,089	66,470
LMX	0,198	66,536
Arbeitszufriedenheit	0,514	70,887
Organisationales Commitment	0,155	60,211
2014		
Erwartungen	0,174	42,533
Aufgabenmerkmale	0,090	66,792
LMX	0,220	68,323
Arbeitszufriedenheit	0,472	71,228
Organisationales Commitment	0,220	61,553
2016		
Erwartungen	0,191	42,400
Aufgabenmerkmale	0,066	66,056
LMX	0,211	68,581
Arbeitszufriedenheit	0,471	72,057
Organisationales Commitment	0,222	62,554
2018		
Erwartungen	0,210	42,074
Aufgabenmerkmale	0,107	66,607

(Fortsetzung)

Tabelle 7.1 (Fortsetzung)

	Bedeutung	Leistung
LMX	0,186	66,578
Arbeitszufriedenheit	0,499	71,824
Organisationales Commitment	0,239	62,607
2020		
Erwartungen	0,183	43,431
Aufgabenmerkmale	0,071	64,350
LMX	0,185	69,244
Arbeitszufriedenheit	0,437	74,686
Organisationales Commitment	0,274	63,892

In einem weiteren Schritt wurde eine Wichtigkeits-Leistungs-Karte (engl. „importance-performance-map“; IPMA) für die Einflussfaktoren des modifizierten Modells der Kündigungsabsicht erstellt, die sich auf die priorisierten Faktoren konzentriert. Durch die Darstellung der Bedeutung eines Konstrukts auf einer Achse und seiner Leistung auf der anderen Achse bietet eine IPMA, eine visuelle Darstellung der relativen Positionen der Konstrukte (Hair et al., 2022, S. 274).

Die IPMA ist sowohl für die Theorie als auch für die Praxis eine wichtige Methode. Die IPMA ermöglicht es, Schlüsselbereiche zu identifizieren, die Aufmerksamkeit erfordern, und Prioritäten für Interventionen oder Verbesserungen zu setzen. Durch die Konzentration der Bemühungen auf Konstrukte mit hoher Bedeutung, aber geringer Leistung, können die Ressourcen effektiv zugewiesen werden, um die Wirkung zu maximieren.

Das Zielkonstrukt dieser Analyse ist die Kündigungsabsicht. Die Matrix ist in vier Bereiche unterteilt, die es ermöglichen, spezifische Bereiche für die Konstrukte zu identifizieren. Für die Festlegung der Quadranten wird der Median der Leistungsindizes und der Gesamteffekte verwendet, da er im Vergleich zum arithmetischen Mittelwert eine größere Widerstandsfähigkeit gegenüber Extremwerten bietet (Martilla und James 1977, S. 79). Die IPMA befindet sich in Abbildung 7.1. In Anlehnung an die Studien von Martilla und James (1977, S. 79) und Matzler, Bailom, Hinterhuber, Renzl und Pichler (2004, S. 272) können die vier Bereiche wie folgt interpretiert werden:

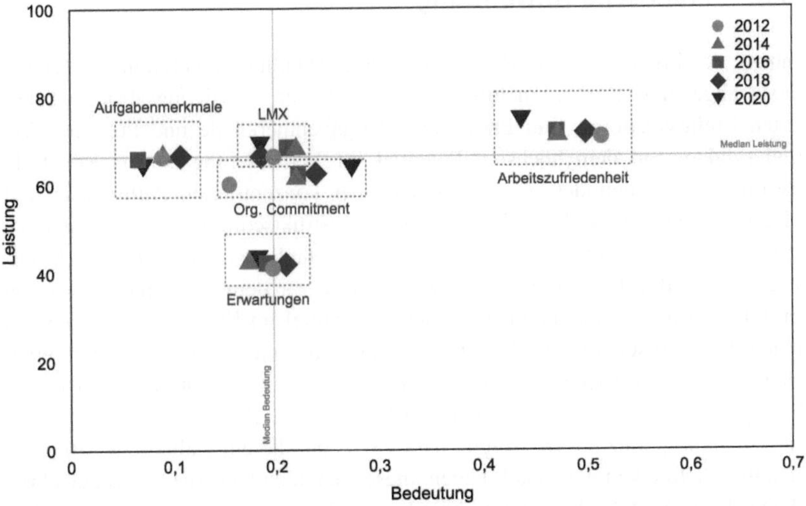

Abbildung 7.1 Wichtigkeits-Leistungs-Karte. (Eigene Darstellung)

A = Niedrige Priorität: In diesem Bereich weisen Einflussvariablen des Modells eine geringe Bedeutung und ein geringes Leistungsniveau auf. Daher sollten nur minimale Managementanstrengungen für Interventionen in diesem Bereich aufgewendet werden (Feistel, 2008, S. 232).

B = Potenzialüberhang: Hohe Leistungswerte in Kombination mit geringer Wichtigkeit bedeuten, dass die verfügbaren Ressourcen und Mittel besser an anderer Stelle investiert werden sollten (Matzler et al., 2004, S. 272).

C = Aufrechterhaltung der Dynamik: Dieser Quadrant spiegelt eine relativ hohe Leistung und Wichtigkeit wider, was darauf hindeutet, dass Maßnahmen in diesem Bereich beibehalten oder möglicherweise verbessert werden sollten (Feistel, 2008, S. 232).

D = Konzentrierte Aufmerksamkeit: Dieser Quadrant ist durch relativ niedrige Leistungsniveaus und hohe Wichtigkeit gekennzeichnet und bietet das größte Potenzial zur Steigerung der Effektivität. Folglich ist es ratsam, die Anstrengungen zu konzentrieren und die Ressourcen in diesem Bereich einzusetzen (Matzler et al., 2004, S. 272)

7.2.2 Praktische Anwendung

Anhand der Ergebnisse der IPA werden einige Handlungsempfehlungen für die Praxis abgeleitet. Die im modifizierten Modell der Kündigungsabsicht diskutierten Einflussfaktoren sind Erwartung, Aufgabenmerkmale und Führung. Der Einflussfaktor mit dem höchsten Potential für Verbesserung ist das Konstrukt Erwartungen, es befindet sich im Bereich der konzentrierten Aufmerksamkeit (Matzler et al., 2004, S. 272). Um den Konstruktscore für Erwartungen zu steigern, gilt es, ein Erwartungsmanagement zu etablieren, das heißt, den Mitarbeiterinnen und Mitarbeitern ein realistisches Bild von dem zu vermitteln, was bei der Tätigkeit auf sie zukommt. Ein wichtiges Mittel im Erwartungsmanagement stellen die in Abschnitt 4.1.1 bereits kurz angesprochenen RJPs dar, die zu einer erhöhten Arbeitszufriedenheit und zu stärkerem Commitment führen (Bilal & Bashir, 2016, S. 220; Earnest et al., 2011, S. 867). Bereits 1956 wurde eine Untersuchung publiziert, die zeigte, dass Personen, die ein realistisches Bild der zukünftigen Tätigkeit entwickelt haben, diese eher auch längerfristig weiterführen (Weitz, 1956, S. 245). Dieses Ergebnis konnte 20 Jahre später repliziert werden, und bis heute gibt es verschiedene Studien, die den Einfluss von RJPs bestätigen (Bilal & Bashir, 2016, S. 224; Earnest et al., 2011, S. 877; Farr, O'Leary & Bartlett, 1973, S. 284).

RJPs helfen dabei, dass ein Unternehmen von Bewerberinnen und Bewerbern als vertrauenswürdig eingeschätzt wird und dort das Wohlergehen von Mitarbeiterinnen und Mitarbeitern im Fokus steht (Dugoni & Ilgen, 1981, S. 590; Earnest et al., 2011, S. 877). Durch diese Wahrnehmung wird das Commitment und somit die Bindung an das Unternehmen weiter gestärkt (Cialdini, Petrova & Goldstein, 2004, S. 72; Meglino, DeNisi, Youngblood & Williams, 1988, S. 260). RJPs verlängern zudem die Beschäftigungsdauer, da sie die Überzeugung für die ursprüngliche Organisationswahl verstärken (Earnest et al., 2011, S. 877; Ilgen & Seely, 1974, S. 453). Personen, die sich gut über ihre potentielle Tätigkeit informiert fühlen, empfinden eine größere Freiheit und Verantwortung für diese Entscheidung und fühlen sich somit dieser stärker verpflichtet (O'Reilly & Chatman, 1986, S. 611). Dies kann auch dazu führen, dass Bewerberinnen und Bewerber, die trotz Warnungen über Nachteile eine Stelle annehmen, an die sie sich gebunden fühlen (Ilgen & Seely, 1974, S. 453; O'Reilly & Chatman, 1986, S. 613). Mitarbeiterinnen und Mitarbeiter, die RJPs vor ihrer Entscheidung für ein Stellenangebot erhalten haben, spüren kognitive Dissonanz über ihre erste Entscheidung, wenn sie später mit unangenehmen Arbeitsbedingungen konfrontiert werden (Vroom & Deci, 1971, S. 46).

Es gibt Hinweise, dass die Bereitstellung genauer Arbeitsplatzinformationen in Form von RJPs zu einer besseren Passung zwischen Bewerberin oder Bewerber und dem Arbeitsplatz führen kann (Breaugh & Starke, 2000, S. 411; Bretz & Judge, 1998, S. 336). Diese Studie zeigt allerdings auch, dass eine realistische Tätigkeitsvorschau bei Personen mit einer geringeren Berufserfahrung dazu führt, dass eher weniger qualifizierte Bewerberinnen und Bewerber eine Stelle annehmen. Mit zunehmender Berufserfahrung nimmt dieser Effekt jedoch ab (Bretz & Judge, 1998, S. 335). RJPs ermöglichen Bewerberinnen und Bewerbern eine Selbstauswahl auf der Grundlage eines genauen Verständnisses der Stellenanforderungen, der Unternehmenskultur und des Arbeitsumfelds. Dieser Selbstselektionsprozess stellt sicher, dass Bewerberinnen und Bewerber, die besser zu der Stelle und dem Unternehmen passen, sich eher bewerben und das Stellenangebot annehmen.

Shibly (2019, S. 71) hat als Kernelemente von RJPs Genauigkeit, Spezifität, Breite, Glaubwürdigkeit und Wichtigkeit definiert. Die Genauigkeit beschreibt das Ausmaß, in dem der RJP die Stellenanforderungen, die Aufgaben und das Arbeitsumfeld genau wiedergibt (Popovich & Wanous, 1982, S. 8). Spezifität bedeutet, dass den Bewerberinnen und Bewerbern detaillierte und spezifische Informationen zur Verfügung gestellt werden, die es ihnen ermöglichen, sich ein klares Bild von der Stelle zu machen (Roberson, Collins & Oreg, 2005, S. 320). Die Breite der bereitgestellten Informationen wird dadurch sichergestellt, dass sowohl positive als auch negative Aspekte behandelt werden, und somit ein umfassendes Bild der Stelle geboten wird (Breaugh & Billings, 1988, S. 295). Die wahrgenommene Vertrauenswürdigkeit und Zuverlässigkeit der Informationen sind die wichtigsten Bestandteile des Schlüsselelements Glaubwürdigkeit (Popovich & Wanous, 1982, S. 11). Die Glaubwürdigkeit der RJPs hat einen großen Einfluss auf die Wirksamkeit der Phase vor der Einstellung, da sie die Wahrnehmung und die Erwartungen der Bewerberinnen und Bewerber prägt. Earnest et al. (2011, S. 887) betonen insbesondere die Bedeutung von Glaubwürdigkeit und Ehrlichkeit, um sicherzustellen, dass die in RJPs bereitgestellten Informationen mit den tatsächlichen Bedingungen am Arbeitsplatz übereinstimmen und dadurch positive berufsbezogene Ergebnisse fördern.

Weitere Möglichkeiten des Erwartungsmanagements bilden Befragungen der Mitarbeiterinnen und Mitarbeiter sowie ein effektives Qualitätsmanagement (de Menezes & Escrig, 2019, S. 1230; Matthaei, 2019, S. 9). Beide dienen als Diagnoseinstrument für Unternehmen, um wertvolle Einblicke in die Erwartungen, Wahrnehmungen und Anliegen der Mitarbeiterinnen und Mitarbeiter zu erhalten. In Umfragen werden quantitative und qualitative Daten zu verschiedenen Aspekten wie Arbeitsumfeld, Vergütung, Karriereentwicklung und Work-Life-Balance erhoben (Matthaei, 2019, S. 10). Durch die Analyse der Ergebnisse können Unternehmen feststellen, in welchen Bereichen die Erwartungen von Mitarbeiterinnen und Mitarbeitern erfüllt werden und in welchen Bereichen Verbesserungen erforderlich sind. Qualitätsmanagement bietet einen Rahmen für Unternehmen, um die Erwartungen von Mitarbeiterinnen und Mitarbeiter systematisch zu erfüllen und zu übertreffen (de Menezes & Escrig, 2019, S. 1244). Qualitätsmanagement ist ein systematischer Ansatz zur Sicherstellung und Verbesserung der Qualität von Produkten oder Dienstleistungen in einem Unternehmen. Dies schließt auch den Umgang mit Mitarbeiterinnen und Mitarbeitern ein (Arulrajah, 2017, S. 420). Befragungen von Mitarbeiterinnen und Mitarbeitern sowie ein effektives Qualitätsmanagement ermöglichen es Unternehmen auch, ihre Praktiken als Reaktion auf die sich verändernden Erwartungen der Mitarbeiterinnen und Mitarbeiter anzupassen und zu verfeinern, was zu einem positiven Arbeitsumfeld und einer höheren Arbeitszufriedenheit und organisationalem Commitment sowie dadurch zu einer verringerten Kündigungsabsicht führt.

Die Führungskraft kann als Repräsentantin bzw. Repräsentant für das Unternehmen auch indirekt die Erwartungen der Mitarbeiterinnen und Mitarbeiter beeinflussen (Rousseau, 1995, S. 114). Zusätzlich haben die Ergebnisse der vorliegenden Arbeit gezeigt, dass die Beziehung zwischen der Führungskraft und ihren Mitarbeiterinnen bzw. Mitarbeitern den stärksten Einfluss auf die Variablen Arbeitszufriedenheit, organisationales Commitment und Kündigungsabsicht hat. Die IPA zeigt, dass bei diesem Konstrukt der Fokus darauf gelegt werden sollte, die gute Dynamik beizubehalten (Matzler et al., 2004, S. 272).

Ein qualitativ hochwertiger Austausch zwischen Führungskraft und Angestellten ist durch gegenseitiges Vertrauen, Respekt und offene Kommunikation gekennzeichnet (Graen & Uhl-Bien, 1995, S. 230; Lord et al., 2017, S. 442). Führungskräfte sollten regelmäßige und offene Kommunikationskanäle mit ihren Teammitgliedern einrichten (Gajendran & Joshi, 2012, S. 1254). Dazu gehört auch, dass den Teammitgliedern Gelegenheit gegeben wird, ihre Ideen, ihre Bedenken und ihr Feedback mitzuteilen. Wenn Führungskräfte aktiv zuhören und auf die Beiträge ihrer Teammitglieder reagieren, verbessert dies die Qualität der Beziehung (Dulebohn et al., 2012, S. 1720). Eine Möglichkeit hier praktisch anzusetzen, wären vermehrte Kommunikationstrainings für Führungskräfte. Wirksame Schulungsprogramme für Führungskräfte vermitteln den Teilnehmerinnen und Teilnehmern die notwendigen Instrumente, Kenntnisse und Fähigkeiten, um erfolgreiche Führungskräfte zu werden (Kragt & Guenter, 2018, S. 406; Stiehl, Felfe, Elprana & Gatzka, 2015, S. 84). Diese sollten in erster Linie Selbsterkenntnis, Kommunikation, zwischenmenschliche und emotionale Intelligenz, kontinuierliches Lernen und praktische Anwendung beinhalten. Durch die Entwicklung dieser Schlüsselkompetenzen sind Führungskräfte in der Lage, ihre Teams zu inspirieren, eine Kultur der Zusammenarbeit und des Vertrauens zu fördern und die Herausforderungen eines dynamischen Geschäftsumfelds zu meistern, was letztlich zum Erfolg des Unternehmens beiträgt (Kragt & Guenter, 2018, S. 413).

Ein starker Faktor im Zusammenhang mit LMX ist die Stärkung der Mitarbeiterinnen und Mitarbeiter (Harris et al., 2009, S. 373). Dabei handelt es sich um einen Führungsprozess, bei dem Mitarbeiterinnen und Mitarbeiter Autorität, Autonomie und Ressourcen gewinnen, um ihre Arbeit selbst zu gestalten, Entscheidungen zu treffen und einen sinnvollen Beitrag für die Organisation zu leisten (Ahluwalia, 2020, S. 35). Dies schafft ein Umfeld des Vertrauens, des gegenseitigen Respekts und der offenen Kommunikation zwischen Führungskräften und Mitarbeiterinnen bzw. Mitarbeitern. Diese nehmen dadurch ihre Führungskräfte als unterstützend und fürsorglich wahr, was zu einem reziproken Austausch von Ressourcen und somit einer Erhöhung des LMX führt (Dulebohn et al., 2012, S. 1735). Erdogan und Bauer (2010, S. 1112) konnten zudem zeigen, dass auch die wahrgenommene Gerechtigkeit am Arbeitsplatz einen entscheidenden Einfluss auf den LMX hat. Das Klima der organisationalen Gerechtigkeit beschreibt die gemeinsame Wahrnehmung von Fairness unter den Mitarbeiterinnen und Mitarbeitern in Bezug auf die Verteilung von Ressourcen, Entscheidungsprozessen und zwischenmenschlicher Behandlung (Erdogan & Bauer, 2010, S. 1105).

Ein entscheidender Teil zum Aufbau einer guten Beziehung zwischen Führungskräften und Mitarbeiterinnen und Mitarbeitern ist auch abhängig von der Persönlichkeit sowohl der Führungskräfte als auch der Mitarbeiterinnen und Mitarbeiter. Dulebohn et al. (2012, S. 1732) zeigen in ihrer Meta-Analyse, dass vor allem Personen mit hohen Werten in Extraversion und Verträglichkeit dazu neigen, hochwertige Beziehungen aufzubauen. Dies gilt sowohl für die Perspektive der Führungskräfte als auch für die der Mitarbeiterinnen und Mitarbeiter. Persönlichkeitsmerkmale wie die aus dem Fünf-Faktoren Modell gelten im Allgemeinen als stabil und eignen sich somit nur bedingt für Maßnahmen der Personalentwicklung. Es könnte allerdings im Rahmen der Personalauswahl durch entsprechende diagnostische Tools darauf geachtet werden, welche Mitarbeiterinnen und Mitarbeiter entsprechende Eigenschaften bereits besitzen.

Im modifizierten Modell der Kündigungsabsicht wurden zudem die Aufgabenmerkmale als Einflussfaktor untersucht. Hier zeigte sich bei der IPA bereits, ähnlich wie beim LMX, ein relativ hohes Leistungsniveau. Gleichzeitig ist der Einfluss auf die Kündigungsabsicht im Vergleich zu Erwartungen und LMX eher geringer. Die Aufgabenmerkmale liegen daher im Bereich des Potentialüberhangs

(Matzler et al., 2004, S. 272). Es werden dennoch einige Implikationen für die Praxis diskutiert.

Eine verbesserte Wahrnehmung der Aufgabenmerkmale kann durch Aufgabenanreicherung (engl. „job enrichment“), Aufgabenerweiterung (engl. „job enlargement“) oder Aufgabenrotation (engl. „job rotation“) hervorgerufen werden (Chen, Wu, Chang & Lin, 2015, S. 299; Magaji, Akpa & Akinlabi, 2017, S. 267; Raza, Pakistan & Nawaz, 2011, S. 270). Aufgabenanreicherung beschreibt eine Erweiterung der Arbeitsplatzinhalte, um den Mitarbeiterinnen und Mitarbeitern eine größere Herausforderung zu bieten (Magaji et al., 2017, S. 263). Dies kann beispielsweise durch eine Ausweitung des Verantwortungsbereichs oder die Zuweisung von anspruchsvolleren Aufgaben geschehen. Durch Aufgabenanreicherung könnenn die Arbeitsinhalte interessanter und erfüllender gestaltet werden. Im Gegensatz dazu bleibt bei der Aufgabenerweiterung das Niveau der Tätigkeit gleich, jedoch werden zusätzliche Aufgaben hinzugefügt, um die Bandbreite der Aufgaben zu erweitern (Raza et al., 2011, S. 269). Hierdurch soll Mitarbeiterinnen und Mitarbeitern eine größere Vielfalt an Tätigkeiten geboten werden. Dadurch wird die Arbeitsroutine verändert und es entwickeln sich neue Fähigkeiten. Eine weitere Möglichkeit zur Verbesserung der Wahrnehmung von Aufgabenmerkmalen ist die Aufgabenrotation, bei der die Mitarbeiterinnen und Mitarbeiter systematisch ihre Arbeitsplätze oder Arbeitsumfelder wechseln (Chen et al., 2015, S. 298). Dieser Ansatz zielt darauf ab, monotone Arbeitsabläufe zu vermeiden und den Mitarbeiterinnen und Mitarbeitern die Möglichkeit zu geben, neue Kenntnisse und Erfahrungen in verschiedenen Bereichen zu sammeln. Durch Aufgabenrotation können Mitarbeiterinnen und Mitarbeiter ihr Fachwissen erweitern, ihre Fähigkeiten diversifizieren und ein besseres Verständnis für verschiedene Aspekte des Unternehmens erlangen.

Eine weitere Möglichkeit zur Verbesserung der Aufgabenmerkmale ist die bereits in Abschnitt 4.2.3 thematisierte proaktive Arbeitsplatzgestaltung. Dabei nehmen Mitarbeiterinnen und Mitarbeiter aktiv Veränderungen an ihren eigenen Arbeitsaufgaben, Beziehungen oder der eigenen Sinngebung in die Arbeit vor, um eine bessere Passung zwischen ihren individuellen Bedürfnissen und den Anforderungen der Arbeitsstelle herzustellen (Akkermans & Tims, 2017, S. 174). Indem sie ihre Aufgaben anpassen, können Mitarbeiterinnen und Mitarbeiter mehr Autonomie, Sinnhaftigkeit und persönliche Entwicklung in ihrer Arbeit erfahren. Unternehmen können eine proaktive Arbeitsgestaltung fördern, indem sie den Mitarbeiterinnen und Mitarbeitern ein hohes Maß an Autonomie und Entscheidungsfreiheit gewähren (Akkermans & Tims, 2017, S. 190). Sie können auch offene Kommunikation und den Austausch von Ideen zwischen den Mitarbeiterinnen und Mitarbeitern unterstützen, um Kreativität und Eigeninitiative zu fördern.

Es ist hilfreich, ein Arbeitsklima zu schaffen, das Veränderungsbereitschaft fördert, damit Mitarbeiterinnen und Mitarbeiter sich ermutigt fühlen, ihre Aufgaben nach ihren individuellen Bedürfnissen und Fähigkeiten anzupassen. Dabei gilt es zu beachten, dass eine proaktive Arbeitsgestaltung eine individuelle Entscheidung von Mitarbeiterinnen und Mitarbeitern ist und nicht jede oder jeder die gleichen Bedürfnisse, oder Möglichkeiten oder die Bereitschaft für Veränderungen besitzt.

Die IPA-Ergebnisse stammen aus einer repräsentativen Umfrage, die für alle Arbeitnehmerinnen und Arbeitnehmer in der Schweiz gilt. Diese Repräsentativität erstreckt sich über verschiedene Branchen, und die MGA zeigt, dass keine signifikanten Unterschiede zwischen verschiedenen Gruppen bestehen. Dies bedeutet, dass das gemessene Leistungsniveau der Konstrukte nicht auf bestimmte Branchen oder Unternehmen beschränkt ist. Angesichts der Stabilität und Validität des Modells kann es als Grundlage für Mitarbeiterbefragungen in Unternehmen verwendet werden, um das spezifische Leistungsniveau der Einflussvariablen in einem Unternehmen zu erfassen und daraus gezielte Maßnahmen abzuleiten.

7.3 Implikationen für die Forschung

7.3.1 Limitationen

Die Untersuchung hat einige Einschränkungen, die im Folgenden diskutiert werden. Zunächst handelt es sich bei den verwendeten Daten um Querschnittsdaten und nicht um Paneldaten. Dies bedeutet, dass die Daten zu einem bestimmten Zeitpunkt erhoben wurden und keine Informationen über Veränderungen im Laufe der Zeit liefern. Eine solche Analyse ermöglicht keine interindividuellen Vergleiche über die Zeit und ist somit statisch (Ployhart & Vandenberg, 2010, S. 95). Es ist wichtig zu beachten, dass die Verwendung von Querschnittsdaten keine Aussage darüber zulässt, ob die beobachteten Zusammenhänge kausal sind oder ob es sich um bloße Korrelationen handelt (Ployhart & Vandenberg, 2010, S. 95; Taris, Kessler & Kelloway, 2021, S. 1). Daher kann die Frage nach der Richtung des Zusammenhangs zwischen den Konstrukten im Modell aufgrund der statischen Daten nicht eindeutig beantwortet werden (Wang et al., 2016, S. 6). Gleichzeitig lässt sich die Richtung des Zusammenhangs theoretisch und empirisch herleiten. Mittels theoretischer Überlegungen, die in den Kapiteln 2, 3 und 4, diskutiert wurden und auf Basis früherer empirischer Befunde konnten in Abschnitt 5.1 Hypothesen aufgestellt werden, die eine mögliche Richtung des Zusammenhangs zwischen den Konstrukten im Modell voraussetzen. Dennoch sollten die Ergebnisse im Kontext der Querschnittsdaten interpretiert werden.

Da keine Langzeitverfolgung der Individuen oder eine Erfassung von Veränderungen im Laufe der Zeit möglich war, ist es wichtig, die Ergebnisse richtig einzuordnen und nicht als kausale Zusammenhänge zu interpretieren. Zukünftige Forschungsarbeiten könnten von der Verwendung von Paneldaten profitieren, um Veränderungen über die Zeit zu erfassen und eine genauere Beurteilung der Kausalität zu ermöglichen.

Des Weiteren ist anzumerken, dass die Daten für die vorliegende Untersuchung auf Selbstberichten basieren. Dies kann zu potenziellen Einschränkungen führen, da Selbstberichte subjektiv geprägt sind und von individuellen Wahrnehmungen und Interpretationen abhängen (Podsakoff et al., 2003, S. 881). Es ist möglich, dass eine verzerrte Wahrnehmung oder soziale Erwünschtheit die Genauigkeit der gemeldeten Arbeitszufriedenheit, des organisationalen Commitments und der Kündigungsabsicht beeinflusst haben könnten (Sjöström & Holst, 2002, S. 136). Zukünftige Untersuchungen könnten daher alternative Methoden wie beobachtete Verhaltensmaße oder tatsächliche Kündigungen in Betracht ziehen, um die Validität der Ergebnisse zu verbessern.

Auf Grund der sekundäranalytischen Form der Untersuchung ergeben sich weitere Limitationen. Anders als bei primäranalytischen Forschungsprojekten musste an dieser Stelle eine Fragestellung passend zum Datensatz gefunden werden und nicht eine passende Methode zur Fragestellung (Davis-Kean et al., 2015, S. 258; Doolan & Froelicher, 2009, S. 203). Dies führt außerdem zu einer Begrenzung von Mess- sowie Analysemethoden (Curran et al., 2008, S. 2; Doolan & Froelicher, 2009, S. 204). Diese Problematik wurde in der vorliegenden Untersuchung durch die Erhebung über mehrere Jahre hinweg zusätzlich erschwert. Um eine Vergleichbarkeit der Daten sicherzustellen wurden einige Items gestrichen, was teilweise dazu führte, dass die von Methodikerinnen und Methodikern empfohlene Anzahl von mindestens vier oder fünf Items pro Dimension nicht erreicht wurde (Carpenter, 2018, S. 29). Diese Limitation wird insbesondere bei der Verwendung einer Einzel-Item-Messung für die Arbeitszufriedenheit deutlich. Einzel-Item-Konstrukte weisen in der Regel eine deutlich geringere Validität und Reliabilität auf, als die Messung eines Konstrukts mithilfe mehrerer Items (Dolbier et al., 2005, S. 194). Gleichzeitig zeigen Studien, dass für das Konstrukt der Arbeitszufriedenheit eine ausreichende Validität auch durch ein Einzel-Item-Konstrukte gegeben ist (Dolbier et al., 2005, S. 196; Wanous et al., 1997, S. 249). Zudem wurden die Items aller Skalen in der vorliegenden Untersuchung im Rahmen der Prüfung des Messmodells auf Validität und Reliabilität untersucht. Obwohl nicht alle Skalen die Mindestzahl erreicht haben, konnten dabei keine Auffälligkeiten festgestellt werden.

Trotz dieser Limitationen kann die sekundäranalytische Form der Untersuchung dennoch wertvolle Einblicke liefern und zur Erweiterung des Wissensstandes beitragen. Sie ermöglicht es, vorhandene Datenressourcen zu nutzen und Forschungsfragen auf der Grundlage bereits erhobener Daten zu beantworten (Davis-Kean et al., 2015, S. 261; Doolan & Froelicher, 2009, S. 205). Es ist jedoch wichtig, die Limitationen zu berücksichtigen und die Ergebnisse im Kontext der spezifischen Merkmale des Datensatzes zu interpretieren.

Eine weitere Limitation der vorliegenden Arbeit ergibt sich aus den Ergebnissen der MICOM. Diese ergab, dass die Daten aus den Jahren 2014 und 2020 nicht vergleichbar sind. Die fehlende Vergleichbarkeit der Daten zwischen verschiedenen Zeitpunkten kann unterschiedliche Ursachen haben. Eine mögliche Erklärung könnte in Veränderungen der Messinstrumente oder der Fragebogenkonstruktion liegen. Selbst scheinbar geringfügige Anpassungen in den Fragen oder Antwortskalen könnten zu Unterschieden in den gemessenen Konstrukten führen und die Vergleichbarkeit der Daten beeinträchtigen (Henseler et al., 2016, S. 418). Darüber hinaus können Veränderungen in der Stichprobe oder im Kontext der Untersuchung über die Zeit hinweg auftreten, was zu systematischen Unterschieden in den Daten führen kann.

Um dieser Limitation entgegenzuwirken, sollten zukünftige Studien ein besonderes Augenmerk auf die Gewährleistung der Messmodellinvarianz zwischen verschiedenen Zeitpunkten legen. Eine sorgfältige Überprüfung und Validierung der Messinstrumente sowie eine konsistente Anwendung über die Zeit hinweg sind von entscheidender Bedeutung, um vergleichbare Daten zu erhalten (Henseler et al., 2016, S. 418). Die Verwendung standardisierter und etablierter Messinstrumente, die bereits auf ihre Invarianz geprüft wurden, kann dabei hilfreich sein.

Die Testung auf Messmodellinvarianz bezieht sich nicht nur auf die Durchführung einer MGA, sondern zudem auf die Möglichkeit des Zusammenführens verschiedener Datensätze zu einem Gesamtdatensatz (Henseler et al., 2016, S. 406). Die Voraussetzungen für diesen dritten Schritt war nicht gegeben, so dass das Modell nicht mit einem zusammengefassten Datensatz getestet werden konnte. Gegen eine Aggregation der Daten würde allerdings zudem die inhaltliche Herausforderung sprechen, dass die Inhaltsvalidität von Items über einen längeren Zeitraum abnehmen kann (Curran et al., 2008, S. 15). Daher ist ein solcher Schritt auch für die bearbeitete Fragestellung nicht sinnvoll.

Als weitere Limitation kann die fehlende Berücksichtigung anderer Nationen genannt werden. Sousa-Poza und Sousa-Poza (2000, S. 517) haben in einer umfassenden Analyse Unterschiede im Niveau der Einflussfaktoren auf Arbeitszufriedenheit festgestellt. Dabei zeigte sich jedoch auch, dass die beiden entscheidendsten Einflussfaktoren, ein interessanter Job und eine gute Beziehung zum Management, sowohl in der Schweiz als auch in Deutschland signifikant sind (Sousa-Poza & Sousa-Poza, 2000, S. 525). Doden, Morf und Schmelzer (2015, S. 6) kamen zu dem Schluss, dass sich Einflüsse wie Arbeitsplatzunsicherheit und Arbeitsmarktfähigkeit in Deutschland und der Schweiz stark ähneln. Eine Untersuchung bezüglich kultureller Ähnlichkeit von Roose (2010, S. 20) zeigt eine hohe Übereinstimmung zwischen Deutschland und der Schweiz. Es kann also angenommen werden, dass sich die Ergebnisse zumindest auch auf Deutschland übertragen lassen.

Eine weitere Einschränkung des modifizierten Modells der Kündigungsabsicht liegt in seiner relativ begrenzten Vorhersagegenauigkeit, die sowohl bei der Analyse mit $PLS_{Predict}$ als auch bei der Analyse mit CVAPT zum Ausdruck kam. Trotz umfangreicher theoretischer Überlegungen und sorgfältiger Operationalisierung war das Ausmaß der Genauigkeit bei der Vorhersage nicht auf dem gewünschten Niveau. Dies lässt sich auch durch die Herausforderung bei der Operationalisierung durch die Sekundärdaten begründen (Curran et al., 2008, S. 2; Doolan & Froelicher, 2009, S. 204). Dabei ist anzumerken, dass die Vorhersagegenauigkeit von Modellen von verschiedenen Faktoren abhängt und dass es mehrere mögliche Gründe für die mittelmäßige Leistung des modifizierten Modells der Kündigungsabsicht geben kann. Es könnte sein, dass die gewählten Indikatoren nicht ausreichend aussagekräftig sind oder dass weitere relevante Variablen nicht in die Modellierung einbezogen wurden (Becker, Rai & Rigdon, 2013, S. 5 f.).

7.3.2 Zukünftige Forschungsfelder

Ziel der Arbeit war es, das Ursprungsmodell von Mobley et al. (1979, S. 547) auf Gültigkeit und Stabilität zu prüfen. Replikationen stellen ein wichtiges Instrument der Wissenschaft zur Überprüfung bisheriger Ergebnisse dar (Eisend & Kuß, 2017, S. 205). Die vorliegende Arbeit stellt valide und repräsentative Ergebnisse vor, die durch die Wiederholung sowie intensive Analyse weniger anfällig für Zufälligkeiten sind. Das geprüfte Modell kann somit als valide Grundlage für weitere Forschung verwendet werden.

Eine wichtige Implikation für zukünftige Forschung besteht darin, das entwickelte Modell, das erfolgreich mit PLS-SEM analysiert wurde, erneut mit CB-SEM oder anderen geeigneten Methoden zu untersuchen. CB-SEM und PLS-SEM sind zwei weit verbreitete Ansätze für die Modellierung von Strukturgleichungen, die sich jedoch in den zugrunde liegenden Schätzmethoden und

Annahmen unterscheiden (Hair et al., 2019, S. 4; Hair et al., 2022, S. 4). Durch die Durchführung einer vergleichenden Analyse mit CB-SEM kann ein umfassenderes Verständnis für die Leistung und Robustheit des Modells gewonnen und so die Gültigkeit und Zuverlässigkeit ihrer Ergebnisse verbessert werden. PLS-SEM ist eine nicht-parametrische Methode, die sich nicht stark auf Verteilungsannahmen stützt, wodurch sie sich für die Untersuchung komplexer Modelle mit kleinen Stichprobengrößen oder nicht-normalen Daten eignet (Rigdon et al., 2017, S. 5). CB-SEM hingegen setzt multivariate Normalität voraus und erfordert einen größeren Stichprobenumfang (Hair et al., 2022, S. 19). Da für die Analyse des modifizierten Modells der Kündigungsabsicht relativ große Stichproben von jeweils über 1.000 Teilnehmerinnen und Teilnehmern verwendet wurden, könnte auch eine Analyse mit CB-SEM zu zuverlässigen Ergebnissen führen. So kann geprüft werden, ob die Ergebnisse von PLS-SEM mit denen der CB-SEM übereinstimmen und die Verallgemeinerbarkeit der Ergebnisse über verschiedene methodische Annahmen hinweg bestimmt werden.

Das modifizierte Modell der Kündigungsabsicht konzentriert sich auf Umweltfaktoren als Einflüsse auf Arbeitszufriedenheit und organisationales Commitment und somit auf die Kündigungsabsicht. Zusätzlich hat die Forschung gezeigt, dass auch Persönlichkeitsmerkmale einen entscheidenden Einfluss auf Arbeitseinstellungen haben (Drabe, 2015, S. 183; Judge, Bono & Locke, 2000, S. 242). Persönlichkeitsmerkmale beschreiben dauerhafte Muster von Gedanken, Emotionen und Verhaltensweisen, die über Zeit und Situationen hinweg relativ stabil sind (Bergner, 2020, S. 4). Diese Merkmale spielen eine grundlegende Rolle bei der Gestaltung der Einstellungen, Verhaltensweisen und Reaktionen einer Person auf ihr Arbeitsumfeld (Judge et al., 2017, S. 361). Eine Erweiterung des Modells um Persönlichkeitsmerkmale wäre eine Möglichkeit die Erklärungskraft und Vorhersagegenauigkeit zu erhöhen.

Vier der fünf Persönlichkeitsfaktoren nach McCrae und Costa (1987, S. 87 f.) zeigen sowohl Einflüsse auf die Arbeitszufriedenheit als auch das organisationale Commitment (Farrukh et al., 2017, S. 26; Judge et al., 2002b, S. 966). Der Faktor Offenheit für neue Erfahrungen zeigt keine signifikanten Einflüsse, könnte daher in einer weiteren Analyse vernachlässigt werden. Für eine einfachere Integration der Fünf-Faktoren der Persönlichkeit könnte bei dieser zudem wie bei Drabe (2015, S. 170 f.) mit einem Konstrukt höherer Ordnung gearbeitet werden. Neben dem Fünf-Faktoren Modell haben auch die Facetten des übergeordneten Konstruktes der zentralen Selbstbewertung einen Einfluss auf Arbeitszufriedenheit und darüber hinaus auf die Kündigungsabsicht (Judge & Bono, 2001, S. 83).

Besonders hoch ist der Zusammenhang mit Selbstwirksamkeit, diese hat den Vorteil, dass sie nicht stabil ist, sondern sich mit einfachen Maßnahmen erhöhen ließe (Judge & Bono, 2001, S. 83).

Eine Möglichkeit für weitere Forschungen besteht in der Prüfung der Gültigkeit für weiterer Populationen. Sousa-Poza und Sousa-Poza (2000, S. 517) haben bereits einen Vergleich verschiedener Länder in Bezug auf Arbeitszufriedenheit hergestellt. Die hier verwendeten Daten des Internationales Programms für Sozialerhebungen (engl. „international social survey programm"; ISSP) liefern eine gute Grundlage für eine solche Untersuchung (ISSP, 2023a). Das ISSP ist eine internationale Kooperation von Wissenschaftlerinnen und Wissenschaftlern aus verschiedenen Ländern. Das Programm wurde 1984 gegründet und hat das Ziel, vergleichende Studien zu sozialen, politischen und wirtschaftlichen Einstellungen sowie Verhalten durchzuführen. Es ermöglicht Wissenschaftlerinnen und Wissenschaftlern aus verschiedenen Ländern, Daten zu sammeln und zu vergleichen, um soziale Trends und Unterschiede zwischen verschiedenen Kulturen und Gesellschaften besser zu verstehen. Besonders von Interesse wäre hier der Fragebogen „Arbeitsorientierungen" (engl. „work orientations"), der in den Jahren 1989, 1997, 2005 und 2015 durchgeführt wurde und Variablen wie Arbeitszufriedenheit und Kündigungsabsicht beinhaltet (ISSP, 2023b). Publikationen, die den Datensatz im Zusammenhang diesen Variablen verwendet haben, sind zum Beispiel Drabe, Hauff und Richter (2015) oder Hauff, Richter und Tressin (2015). Der Vorteil einer Verwendung der Daten des ISSP besteht darin, dass hier deutlich längere zeitliche Abstände zwischen den Befragungen stattgefunden haben und somit auch ein längerer zeitlicher Vergleich möglich wäre. Zudem lassen sich mit dem Datensatz interkulturelle Vergleiche ziehen. Allerdings wäre zu bedenken, dass es sich, ähnlich wie beim Schweizer HR-Barometer, um Sekundärdaten handelt und daher die Operationalisierung des modifizierten Modells der Kündigungsabsicht angepasst werden müsste.

Die Prüfung der Gültigkeit des modifizierten Modells der Kündigungsabsicht in verschiedenen Populationen und Ländern, beispielsweise mittels des ISSP, kann dazu beitragen, das Verständnis der Zusammenhänge im modifizierten Modell der Kündigungsabsicht zu verbessern. Durch einen Vergleich des Modells in verschiedenen Ländern können kulturelle, soziale und wirtschaftliche Unterschiede berücksichtigt werden. Dies könnte Aufschluss darüber geben, inwieweit das modifizierte Modell der Kündigungsabsicht in unterschiedlichen Kontexten anwendbar ist und ob möglicherweise kulturspezifische Unterschiede bei den Einflussfaktoren und Ergebnissen bestehen.

Die vorliegende Untersuchung ist anhand von Sekundärdaten des Schweizer HR-Barometers durchgeführt wurden. Eine Alternative zur Verwendung von Sekundärdaten, wie dem Schweizer HR-Barometer oder dem ISSP wäre eine Untersuchung mit Primärdaten anhand eines explizit auf das modifizierte Modell der Kündigungsabsicht zugeschnittenen Fragebogens. Durch die Verwendung von Primärdaten und die Konstruktion eines eigenen Fragebogens besteht die Möglichkeit, das Messmodell weiter zu verbessern und somit verschiedenen diskutierten Limitationen zu begegnen. Es könnten alle fünf Aufgabenmerkmale des JDS mit einbezogen sowie die Anzahl der Items für die Kündigungsabsicht erhöht werden (Hackman & Oldham, 1975, S. 159). Auf diese Weise ließe sich eine erhöhte Reliabilität und Validität des Messmodells erzielen (Carpenter, 2018, S. 29).

Zudem könnten weitere Aspekte, wie normative und kalkulative Facetten des organisationalen Commitments mit einbezogen werden (Meyer & Allen, 1991, S. 61). Dies würde dabei helfen, ein umfassenderes Verständnis für das organisationale Commitment zu erhalten. Dadurch wird es möglich, die verschiedenen Dimensionen des Commitments besser zu erfassen und deren Beziehungen zur Arbeitszufriedenheit und Kündigungsabsicht genauer zu untersuchen.

Die Integration unterschiedlicher Erwartungen in den Fragebogen kann ebenfalls wichtige Einblicke liefern. Es könnten beispielsweise spezifische Erwartungen erfasst werden, die Mitarbeiterinnen und Mitarbeiter an ihr Unternehmen haben, wie beispielsweise die Erwartungen an Führungsunterstützung, ihren speziellen Arbeitsplatz oder Work-Life-Balance (siehe z. B. Drewniak, Drewniak & Posadzinska, 2020, S. 404; Kozjek, Tomaževič & Stare, 2014, S. 39; Young Lee, 2006, S. 348). Dies könnte dazu beitragen, die Rolle der erfüllten Erwartungen als Einflussfaktor auf die Arbeitszufriedenheit das organisationale Commitment und die Kündigungsabsicht genauer zu untersuchen.

Die zeitliche Stabilität des modifizierten Modells der Kündigungsabsicht wurde für die Jahre 2012, 2014, 2016, 2018 und 2020 nachgewiesen. Diese Ergebnisse wurden im Rahmen des Schweizer HR-Barometers ermittelt, das alle zwei Jahre eine ähnliche Untersuchung durchführt (Pfrombeck et al., 2020, S. 16). Angesichts dieser zeitlichen Abstände ist es empfehlenswert, in den kommenden Jahren regelmäßig weitere Prüfungen durchzuführen, um festzustellen, ob sich die beobachtete Stabilität auch zukünftig bestätigt. Dieser Ansatz gewährleistet, dass die Genauigkeit und Zuverlässigkeit des modifizierten Modells über einen noch längeren Zeitraum hinweg überprüft werden kann. Die Durchführung wiederholter Untersuchungen ermöglicht es, potenzielle Veränderungen oder

Schwankungen in der Kündigungsabsicht der Mitarbeiterinnen und Mitarbeiter zu erkennen und daraus abgeleitete Handlungsempfehlungen oder Strategien anzupassen, falls erforderlich (Ployhart & Vandenberg, 2010, S. 97).

Im Rahmen der MGA konnten keine replizierbaren Gruppenunterschiede festgestellt werden. Es ist jedoch auffällig, dass in den seltenen Fällen, in denen Unterschiede identifiziert wurden, diese hauptsächlich die Beziehung zwischen LMX und organisationalem Commitment betrafen. Diese Beobachtung wirft die Frage auf, ob es sinnvoll wäre, diese spezifische Verbindung unabhängig vom modifizierten Modell der Kündigungsabsicht zu untersuchen. Eine geeignete Analysemethode, um dies zu erreichen, wäre eine Moderationsanalyse (Becker, Cheah, Gholamzade, Ringle & Sarstedt, 2023, S. 333; Hair et al., 2022, S. 243 ff.). Diese ermöglicht es, potenzielle Moderatorvariablen zu identifizieren, die die Stärke oder Richtung der Beziehung zwischen LMX und organisationalem Commitment beeinflussen könnten. Moderationsanalysen zeigen, dass die Stärke der Beziehung zwischen zwei Konstrukten durch ein drittes Konstrukt (Moderator) beeinflusst wird. (Becker et al., 2023, S. 333; Hair et al., 2022, S. 243 ff.). Ein moderierender Effekt hilft, zu bestimmen, „wann" oder „für wen" ein Konstrukt ein Ergebnis erklärt und liefert wichtige Einblicke in die Beziehungen des Modells.

Zwei mögliche Moderatoren, die in diesem Zusammenhang betrachtet werden können, sind Arbeitsmarktfähigkeit und vorhandene alternative Jobangebote. Arbeitsmarktfähigkeit beschreibt die Fähigkeit einer Person, Beschäftigung zu finden und zu behalten oder bei Bedarf den Arbeitsplatz zu wechseln (Fugate et al., 2004, S. 16). Es kann angenommen werden, dass die individuelle Arbeitsmarktfähigkeit den Zusammenhang zwischen Arbeitszufriedenheit, organisationalem Commitment und Kündigungsabsicht moderiert. Wenn eine Person über eine hohe Arbeitsmarktfähigkeit verfügt, d. h. über relevante Fähigkeiten, Qualifikationen und Netzwerke, die ihre Beschäftigungsfähigkeit verbessern, hat das eine Bedeutung für die Kündigungsabsicht (Acikgoz et al., 2016, S. 676). Es ist möglich, dass Mitarbeiterinnen und Mitarbeiter mit niedriger Arbeitsmarktfähigkeit weniger anfällig für negative Arbeitsbedingungen sind und eher bereit sind, in einer Organisation zu bleiben, auch wenn sie mit ihrer Arbeit weniger zufrieden sind. Andererseits könnten Mitarbeiterinnen und Mitarbeiter mit hoher Arbeitsmarktfähigkeit eher geneigt sein, eine Kündigungsabsicht zu entwickeln, selbst wenn sie mit ihrer Arbeit zufrieden sind.

Ein weiterer relevanter Moderator ist das Vorhandensein von alternativen Jobangeboten, der auch bereits von Mobley in seinen ersten Überlegungen zu seinen Kündigungsabsichtsmodellen diskutiert wurde (Mobley, 1977, S. 238; Mobley et al., 1979, S. 517). Wenn Mitarbeiterinnen und Mitarbeiter alternative Jobangebote haben, d. h. Möglichkeiten, in anderen Organisationen zu arbeiten, kann dies den Einfluss von Arbeitszufriedenheit und organisationalem Commitment auf die Kündigungsabsicht beeinflussen (Hom & Griffeth, 1995, S. 46). Es kann angenommen werden, dass Mitarbeiterinnen und Mitarbeiter mit vielen alternativen Jobangeboten eher dazu neigen, eine Kündigungsabsicht zu entwickeln, selbst wenn sie mit ihrer aktuellen Arbeit zufrieden sind oder ein hohes organisationales Commitment haben.

Schlussbetrachtung 8

Abschließend werden die Forschungsziele und Ergebnisse der vorliegenden Arbeit reflektierend betrachtet. Die Beurteilung des Wertbeitrags dieser Arbeit orientiert sich hierbei an den in Kapitel 1 aufgestellten Forschungszielen. Das erste Ziel dieser Arbeit bestand in der Entwicklung und Prüfung eines modifizierten Modells der Kündigungsabsicht. Auf der Grundlage etablierter Modelle sollte diese Arbeit das Verständnis der komplexen Dynamik, die die Kündigungsabsicht von Mitarbeiterinnen und Mitarbeitern beeinflusst, verbessern. Außerdem sollten die zugrunde liegenden Faktoren beleuchtet werden, die die Entscheidung von Mitarbeiterinnen und Mitarbeiter, in einem Unternehmen zu bleiben oder es zu verlassen, beeinflussen. Die dafür verwendete Literaturbasis ermöglichte es, sowohl etablierte Modelle als auch neue Erkenntnisse miteinzubeziehen, und ermöglichte eine umfassende empirische Prüfung des neu aufgestellten modifizierten Modells der Kündigungsabsicht.

Für die hergeleiteten Hypothesen ließen sich zahlreiche empirische Belege finden, was verdeutlicht, dass viele der angenommenen Beziehungen bereits intensiv untersucht wurden und somit auf einer breiten Literaturbasis aufbauen. Der besondere Mehrwert des modifizierten Modells der Kündigungsabsicht besteht darin, dass in diesem Modell Faktoren aus sehr unterschiedlichen Ebenen miteinbezogen worden sind: Die Ebene des Arbeitskontextes, die motivationale Ebene und die soziale Ebene. Die Prüfung nicht nur einzelner Beziehungen, sondern der gesamten Dynamik dieser Ebenen in Form eines Strukturgleichungsmodells birgt dabei einen hochwertigen Erkenntnisgewinn. Auf diese Weise konnte die Bedeutung der Einflussfaktoren zueinander ins Verhältnis gesetzt werden sowie die Bedeutung der Mediatoren im modifizierten Modell der Kündigungsabsicht untersucht werden. Das erste Forschungsziel dieser Arbeit, die Entwicklung

J. S. Ehrlich, *Die Entwicklung, Analyse und Replikation eines modifizierten Modells der Kündigungsabsicht*, Betriebswirtschaftliche Forschung zur Unternehmensführung 66, https://doi.org/10.1007/978-3-658-46123-2_8

und Prüfung eines modifizierten Modells der Kündigungsabsicht, wurde somit erreicht.

Das zweite Forschungsziel bestand in der Überprüfung der Generalisierbarkeit der Ergebnisse. Die Generalisierbarkeit von Forschungsergebnissen ist ein Forschungsziel, das zwar erstrebenswert, aber realistisch gesehen schwer erreichbar ist. Dennoch konnte das Modell anhand der hohen Datenqualität sowie der umfassenden Analysen in Bezug auf die Robustheit wichtige Kriterien (siehe Abschnitt 6.2) erfüllen und somit auch das zweite Forschungsziel erreicht werden.

Die vorliegende Arbeit hat nicht nur ihre primären Forschungsziele erreicht, sondern sie trägt auch dazu bei, einen weiteren entscheidenden Beitrag zu Forschung und Praxis zu leisten. Das besondere Merkmal des modifizierten Modells der Kündigungsabsicht ist es, dass es verschiedene Variablen miteinander verknüpft, während es gleichzeitig einfach und verständlich ist. Dieser Aspekt bietet mehrere bedeutende Vorteile, insbesondere im Hinblick auf seine Anwendbarkeit in verschiedenen Kontexten wie spezifischen Branchen oder anderen Ländern. Darüber hinaus ermöglicht die einfache Struktur des Modells weitere Replikationen und Anwendungen in zukünftigen Forschungsarbeiten.

Die Komplexität des Phänomens der Kündigungsabsicht, das von zahlreichen Faktoren beeinflusst wird, kann dazu führen, dass konzeptionelle Modelle schwer nachvollziehbar und kompliziert sind. Das modifizierte Modell hingegen schafft es, diese Vielzahl von Einflüssen auf einfache Weise zu integrieren und somit eine bessere Übersicht und Verständlichkeit zu ermöglichen. Dies ist von großer Bedeutung, da ein leicht nachvollziehbares Modell die Chance erhöht, dass Personalverantwortliche oder Führungskräfte das Modell in der organisationalen Praxis erfolgreich anwenden können.

Ein weiterer entscheidender Vorteil des Modells ist seine hohe Anpassungsfähigkeit an verschiedene Kontexte. Da es die wesentlichen Einflussfaktoren der Kündigungsabsicht in einem vereinfachten Rahmen darstellt, kann es leicht auf verschiedene Branchen oder sogar auf unterschiedliche kulturelle und nationale Umfelder angewendet werden. Dies erhöht die Relevanz der Forschungsergebnisse und ermöglicht es, potentielle Zusammenhänge in verschiedenen Kontexten zu erkennen und darauf zu reagieren. Die Anwendung des Modells in verschiedenen Kontexten kann auch dazu beitragen, spezifische Herausforderungen oder Besonderheiten einzelner Bereiche zu identifizieren, was wiederum gezielte Interventionen und Maßnahmen ermöglicht, um die Bindung und Zufriedenheit von Mitarbeiterinnen und Mitarbeitern zu verbessern.

Ein besonders positiver Aspekt der Einfachheit und klaren Beziehungen des Modells liegt in seiner Reproduzierbarkeit und Verallgemeinerung. Die Daten, die im Rahmen des Schweizer HR-Barometers erhoben wurden, stehen für wissenschaftliche Forschungszwecke zur Verfügung. Dadurch erhalten Wissenschaftlerinnen und Wissenschaftler die Möglichkeit, das Modell erneut zu prüfen und zu replizieren. Die Zugänglichkeit der Daten sowie die genaue Erläuterung des Messmodells und des analytischen Vorgehens kommen einer weit verbreiteten Forderung in der aktuellen Debatte zum Thema offene Wissenschaft (engl. „open science") nach. Offenheit und Transparenz in der Forschung sind wichtige Prinzipien, um die Glaubwürdigkeit und Vertrauenswürdigkeit wissenschaftlicher Erkenntnisse zu stärken. Aufgrund der Verfügbarkeit der Daten können andere Forscherinnen und Forscher die Methoden und Ergebnisse kritisch hinterfragen, alternative Analysen durchführen und somit die Robustheit der Ergebnisse überprüfen.

Das Schweizer HR-Barometer ist zudem eine wiederkehrende Erhebung, die alle zwei Jahre durchgeführt wird. Diese periodische Durchführung bietet eine wertvolle Möglichkeit, neben der breiten Anwendbarkeit des Modells, in den kommenden Jahren weitere Prüfungen vorzunehmen und somit sowohl die zeitliche Entwicklung des Modells als auch seine Stabilität im Laufe der Zeit weiter zu verfolgen. Die vorliegende Arbeit leistet somit einerseits einen bedeutenden Beitrag zur Kündigungsforschung als eigenständige Untersuchung. Gleichzeitig kann sie jedoch auch als erster Schritt betrachtet werden, um das modifizierte Modell der Kündigungsabsicht kontinuierlich und regelmäßig im Verlauf der Zeit weiter zu prüfen.

Uncategorized References

Ababneh, K. I. (2020). Effects of met expectations, trust, job satisfaction, and commitment on faculty turnover intentions in the United Arab Emirates (UAE). *The International Journal of Human Resource Management, 31*(2), 303–334.

Abelson, M. A. (1987). Examination of avoidable and unavoidable turnover. *Journal of Applied Psychology, 72*(3), 382–386.

Acikgoz, Y., Sumer, H. C., & Sumer, N. (2016). Do employees leave just because they can? Examining the perceived employability-turnover intentions relationship. *The Journal of psychology, 150*(5), 666–683.

Agarwal, U. A., & Gupta, V. (2018). Relationships between job characteristics, work engagement, conscientiousness and managers' turnover intentions. *Personnel Review, 47*(2), 353–377.

Ahluwalia, L. (2020). Empowerment leadership and performance: Antecedents. *TECHNOBIZ: International Journal of Business, 3*(2), 35–39.

Ahmad, A. (2018). The relationship among job characteristics organizational commitment and employee turnover intentions: A reciprocation perspective. *Journal of Work-Applied Management.*

Ajzen, I. (1991). The theory of planned behavior. *Organizational Behavior and Human Decision Processes, 50*(2), 179–211.

Akkermans, J., & Tims, M. (2017). Crafting your career: How career competencies relate to career success via job crafting. *Applied Psychology, 66*(1), 168–195.

Albrecht, S. L., Bakker, A. B., Gruman, J. A., Macey, W. H., & Saks, A. M. (2015). Employee engagement, human resource management practices and competitive advantage. *Journal of Organizational Effectiveness: People and Performance, 2*(1), 7–35.

Alessandri, G., Borgogni, L., Schaufeli, W. B., Caprara, G. V., & Consiglio, C. (2015). From positive orientation to job performance: The role of work engagement and self-efficacy beliefs. *Journal of Happiness Studies, 16*(3), 767–788.

Alkahtani, A. H. (2015). Investigating factors that influence employees' turnover intention: A review of existing empirical works. *International Journal of Business and Management, 10*(12), 152–166.

J. S. Ehrlich, *Die Entwicklung, Analyse und Replikation eines modifizierten Modells der Kündigungsabsicht*, Betriebswirtschaftliche Forschung zur Unternehmensführung 66, https://doi.org/10.1007/978-3-658-46123-2

Allen, D. G., Bryant, P. C., & Vardaman, J. M. (2010). Retaining talent: Replacing misconceptions with evidence-based strategies. *Academy of Management Perspectives, 24*(2), 48–64.

Allen, D. G., & Griffeth, R. W. (2001). Test of a mediated performance-turnover relationship highlighting the moderating roles of visibility and reward contingency. *Journal of Applied Psychology, 86*(5), 1014–1024.

Allen, N. J., & Meyer, J. P. (1990). The measurement and antecedents of affective, continuance and normative commitment to the organization. *Journal of Occupational Psychology, 63*(1), 1–18.

Allen, N. J., & Meyer, J. P. (1996). Affective, continuance, and normative commitment to the organization: An examination of construct validity. *Journal of Vocational Behavior, 49*(3), 252–276.

Ampofo, E. T., Ameza-Xemalordzo, E. B., Ampofo, C., & Nkrumah, S. (2022). Psychological contract breach and affective organizational commitment in small-sized hotels. *Anatolia*, 1–14.

Anand, S., Hu, J., Liden, R. C., & Vidyarthi, P. R. (2011). Leader-member exchange: Recent research findings and prospects for the future. *The Sage handbook of leadership*, 311–325.

Anggraeni, A. (2018). The effect of psychological contract, perceived organizational support, and value congruence on organizational citizenship behavior: Social exchange theory perspectives. *Quality—Access to Success, 19*, 67–72.

Antonaki, X.-E., & Trivellas, P. (2014). Psychological contract breach and organizational commitment in the Greek banking sector: The mediation effect of job satisfaction. *Procedia-Social and Behavioral Sciences, 148*, 354–361.

Arnold, H. J., & Feldman, D. C. (1982). A multivariate analysis of the determinants of job turnover. *Journal of Applied Psychology, 67*(3), 350–360.

Arulrajah, A. A. (2017). Productivity and quality management through human resource management: A systematic review. *International Review of Management and Business Research, 6*(2), 419–437.

Arvey, R. D., Bouchard, T. J., Segal, N. L., & Abraham, L. M. (1989). Job satisfaction: Environmental and genetic components. *Journal of Applied Psychology, 74*, 187–192.

Ashforth, B. E., Harrison, S. H., & Corley, K. G. (2008). Identification in organizations: An examination of four fundamental questions. *Journal of Management, 34*, 325–374.

Ashforth, B. E., & Mael, F. (1989). Social identity theory and the organization. *Academy of Management Review, 14*(1), 20–39.

Ashforth, B. E., & Schinoff, B. S. (2016). Identity under construction: How individuals come to define themselves in organizations. *Annual Review of Organizational Psychology and Organizational Behavior, 3*(1), 111–137.

Astrauskaite, M., Notelaers, G., Medisauskaite, A., & Kern, R. M. (2015). Workplace harassment: Deterring role of transformational leadership and core job characteristics. *Scandinavian Journal of Management, 31*(1), 121–135.

Atkinson, J. W. (1957). Motivational determinants of risk-taking behavior. *Psychological Review, 64*, 359–372.

Atkinson, J. W. (1964). *An introduction to motivation*. Oxford, England: Van Nostrand.

Ausar, K., Kang, H. J. A., & Kim, J. S. (2016). The effects of authentic leadership and organizational commitment on turnover intention. *Leadership & Organization Development Journal*, 181–199.

Avolio, B. J., & Gardner, W. L. (2005). Authentic leadership development: Getting to the root of positive forms of leadership. *The Leadership Quarterly, 16*(3), 315–338.

Babbage, C. (1832). On the economy of machinery and manufactures. *The London, Edinburgh, and Dublin Philosophical Magazine and Journal of Science, 1*(3), 208–213.

Badura, K. L., Galvin, B. M., & Lee, M. Y. (2022). Leadership emergence: An integrative review. *Journal of Applied Psychology, 107*(11), 2069–2100.

Bagozzi, R. P., & Warshaw, P. R. (1990). Trying to consume. *Journal of Consumer Research, 17*(2), 127–140.

Baier, W., & Gruber, B. (2021). *Demografischer Wandel und betriebliches Übergangsmanagement*. Planegg: Schäffer-Poeschel.

Bailey, C., Madden, A., Alfes, K., & Fletcher, L. (2017). The meaning, antecedents and outcomes of employee engagement: A narrative synthesis. *International Journal of Management Reviews, 19*(1), 31–53.

Bakker, A. B., & Demerouti, E. (2007). The job demands-resources model: state of the art. *Journal of Managerial Psychology, 22*(3), 309–328.

Bakker, A. B., & Demerouti, E. (2017). Job demands-resources theory: Taking stock and looking forward. *Journal of Occupational Health Psychology, 22*, 273–285.

Barling, J., Christie, A., & Turner, N. (2008). Pseudo-transformational leadership: Towards the development and test of a model. *Journal of Business Ethics, 81*, 851–861.

Barnard, C. I. (1938/1968). *The functions of the executive* (Vol. 11). Cambridge: Harvard university press.

Baron, R., & Kenny, D. (1986). The moderator-mediator variable distinction in social psychological research: Conceptual, strategic, and statistical considerations. *Journal of Personality and Social Psychology, 51*, 1173–1182.

Barrick, M. R., Thurgood, G. R., Smith, A., & Courtright, S. H. (2015). Collective organizational engagement: linking motivational antecedents, strategic implementation, and firm performance. *Academy of Management Journal, 58*(1), 111–135.

Barrick, M. R., & Zimmerman, R. D. (2005). Reducing voluntary, avoidable turnover through selection. *Journal of Applied Psychology, 90*(1), 159–166.

Bass, B. M. (1990). From transactional to transformational leadership: Learning to share the vision. *Organizational Dynamics, 18*(3), 19–31.

Bass, B. M., & Steidlmeier, P. (1999). Ethics, character, and authentic transformational leadership behavior. *The Leadership Quarterly, 10*(2), 181–217.

Batt, R., & Colvin, A. J. (2011). An employment systems approach to turnover: Human resources practices, quits, dismissals, and performance. *Academy of Management Journal, 54*(4), 695–717.

Bayona, J. A., Caballer, A., & Peiro, J. M. (2015). The Work Design Questionnaire: Spanish version and validation. *Journal of Work and Organizational Psychology-Revista De Psicologia Del Trabajo Y De Las Organizaciones, 31*(3), 187–200.

Beal, D. J., Weiss, H. M., Barros, E., & MacDermid, S. M. (2005). An episodic process model of affective influences on performance. *Journal of Applied Psychology, 90*, 1054–1068.

Becker, H. S. (1960). Notes on the concept of commitment. *American Journal of Sociology, 66*(1), 32–40.

Becker, J.-M., Cheah, J.-H., Gholamzade, R., Ringle, C. M., & Sarstedt, M. (2023). PLS-SEM's most wanted guidance. *International Journal of Contemporary Hospitality Management, 35*(1), 321–346.

Becker, J.-M., Rai, A., & Rigdon, E. (2013). Predictive validity and formative measurement in structural equation modeling: Embracing practical relevance.

Becker, T., Klein, H., & Meyer, J. (2009). Commitment in organizations: Accumulated wisdom and new directions. In H. Klein, T. Becker, & J. P. Meyer (Hrsg.), *Commitment in organizations, accumulated wisdom and new directions* (S. 419–452).

Beehr, T. A., & Bennett, M. M. (2015). Working after retirement: Features of bridge employment and research directions. *Work, Aging and Retirement, 1*(1), 112–128.

Belias, D., & Koustelios, A. (2014). Organizational culture and job Satisfaction: A review. *International Review of Management and Marketing, 4*(2), 132–149.

Benkhoff, B. (1997). Disentangling organizational commitment. *Personnel Review, 26*(1/2), 114–131.

Benschop, N., Nuijten, A. L. P., Keil, M., Rohde, K. I. M., Lee, J. S., & Commandeur, H. R. (2021). Construal level theory and escalation of commitment. *Theory and Decision, 91*(1), 135–151.

Bergner, R. M. (2020). What is personality? Two myths and a definition. *New Ideas in Psychology, 57*, 100759.

Bernerth, J. B., Armenakis, A. A., Feild, H. S., Giles, W. F., & Walker, H. J. (2007). Leader-member social exchange (LMSX): Development and validation of a scale. *Journal of Organizational Behavior, 28*(8), 979–1003.

Bhal, K. T., & Ansari, M. A. (1996). Measuring quality of interaction between leaders and members. *Journal of Applied Social Psychology, 26*(11), 945–0972.

Bhatti, G. A., Islam, T., Mirza, H. H., & Ali, F. H. (2015). The relationships between LMX, job satisfaction and turnover intention. *Science International, 27*(2), 118–127.

Bilal, S., & Bashir, N. (2016). Effects of the realistic job previews on employees job satisfaction and met expectations. *International Journal of Business and Management, 11*, 219–227.

Bilgili, T. V., Calderon, C. J., Allen, D. G., & Kedia, B. L. (2017). Gone with the wind: A meta-analytic review of executive turnover, its antecedents, and postacquisition performance. *Journal of Management, 43*(6), 1966–1997.

Birnbaum, D., & Somers, M. J. (1993). Fitting job performance into turnover model: An examination of the form of the job performance-turnover relationship and a path model. *Journal of Management, 19*(1), 1–11.

Birnbaum, P. H., Farh, J.-l., & Wong, G. Y. (1986). The job characteristics model in Hong Kong. *Journal of Applied Psychology, 71*, 598–605.

Blanchard, K. H., Zigarmi, D., & Nelson, R. B. (1993). Situational leadership after 25 years: A retrospective. *Journal of Leadership & Organizational Studies, 1*(1), 21–36.

Bluedorn, A. C. (1982). A unified model of turnover from organizations. *Human Relations, 35*(2), 135–153.

Boer, D., Deinert, A., Homan, A. C., & Voelpel, S. C. (2016). Revisiting the mediating role of leader-member exchange in transformational leadership: The differential impact model. *European Journal of Work and Organizational Psychology, 25*(6), 883–899.

Bolino, M. C., Hsiung, H.-H., Harvey, J., & LePine, J. A. (2015). "Well, I'm tired of tryin'!" Organizational citizenship behavior and citizenship fatigue. *Journal of Applied Psychology, 100*, 56–74.

Bond, F. W., & Bunce, D. (2003). The role of acceptance and job control in mental health, job satisfaction, and work performance. *Journal of Applied Psychology, 88*, 1057–1067.

Bonett, D. G. (2012). Replication-extension studies. *Current Directions in Psychological Science, 21*(6), 409–412.

Bono, J. E., & Judge, T. A. (2004). Personality and transformational and transactional leadership: A meta-analysis. *Journal of Applied Psychology, 89*, 901–910.

Boon, C., & Biron, M. (2016). Temproal issues in person-organization fit, person-job fit, and turnover: The role of leader-member exchange. *Human Relations, 69*(12), 2177–2200.

Borg, I. (2003). Affektiver Halo in Mitarbeiterbefragungen. *Zeitschrift für Arbeits- und Organisationspsychologie A&O, 47*(1), 1–11.

Bosau, C. (2009). *Arbeitszufriedenheitsmessung im interkulturellen Vergleich.* (Dissertation). Universität zu Köln, Köln.

Bowling, N. A., Khazon, S., Meyer, R. D., & Burrus, C. J. (2015). Situational strength as a moderator of the relationship between job Satisfaction and job performance: A meta-analytic examination. *Journal of Business and Psychology, 30*(1), 89–104.

Brayfield, A. H., & Crockett, W. H. (1955). Employee attitudes and employee performance. *Psychological Bulletin, 52*, 396–424.

Brayfield, A. H., & Rothe, H. F. (1951). An index of job satisfaction. *Journal of Applied Psychology, 35*, 307–311.

Breaugh, J. A., & Billings, R. S. (1988). The realistic job preview: Five key elements and their importance for research and practice. *Journal of Business and Psychology, 2*, 291–305.

Breaugh, J. A., & Starke, M. (2000). Research on employee recruitment: So many studies, so many remaining questions. *Journal of Management, 26*(3), 405–434.

Bretz, R. D., & Judge, T. A. (1998). Realistic job previews: A test of the adverse self-selection hypothesis. *Journal of Applied Psychology, 83*(2), 330–337.

Brewer, C. S., Kovner, C. T., Greene, W., Tukov-Shuser, M., & Djukic, M. (2012). Predictors of actual turnover in a national sample of newly licensed registered nurses employed in hospitals. *Journal of Advanced Nursing, 68*(3), 521–538.

Brockner, J. (1992). The escalation of commitment to a failing course of action: Toward theoretical progress. *Academy of Management Review, 17*(1), 39–61.

Brown, M. E., Treviño, L. K., & Harrison, D. A. (2005). Ethical leadership: A social learning perspective for construct development and testing. *Organizational Behavior and Human Decision Processes, 97*(2), 117–134.

Brunner, B., Igic, I., Keller, A. C., & Wieser, S. (2019). Who gains the most from improving working conditions? Health-related absenteeism and presenteeism due to stress at work. *The European Journal of Health Economics, 20*, 1165–1180.

Bryant, P. C., & Allen, D. G. (2013). Compensation, benefits and employee turnover: HR strategies for retaining top talent. *Compensation & Benefits Review, 45*(3), 171–175.

Buchanan, B. (1974). Government managers, business executives, and organizational commitment. *Public Administration Review, 34*(4), 339–347.

Buengeler, C., Piccolo, R. F., & Locklear, L. R. (2021). LMX differentiation and group outcomes: A framework and review drawing on group diversity insights. *Journal of Management, 47*(1), 260–287.

Burns, J. M. (1979). *Leadership* (1st Harper paperback ed.. Aufl.). New York: New York: Harper & Row.

Caligiuri, P., Phillips, J., Lazarova, M., Tarique, I., & Burgi, P. (2001). The theory of met expectations applied to expatriate adjustment: the role of crosscultural training. *The International Journal of Human Resource Management, 12*(3), 357–372.

Call, M. L., Nyberg, A. J., Ployhart, R. E., & Weekley, J. (2015). The dynamic nature of collective turnover and unit performance: The impact of time, quality, and replacements. *Academy of Management Journal, 58*(4), 1208–1232.

Campion, M. A. (1991). Meaning and measurement of turnover: Comparison of alternative measures and recommendations for research. *Journal of Applied Psychology, 76*(2), 199–212.

Carpenter, S. (2018). Ten steps in scale development and reporting: A guide for researchers. *Communication Methods and Measures, 12*(1), 25–44.

Carr, J. Z., Schmidt, A. M., Ford, J. K., & DeShon, R. P. (2003). Climate perceptions matter: A meta-analytic path analysis relating molar climate, cognitive and affective states, and individual level work outcomes. *Journal of Applied Psychology, 88*, 605–619.

Carrión, G. C., Nitzl, C., & Roldán, J. L. (2017). Mediation analyses in partial least squares structural equation modeling: Guidelines and empirical examples. In H. Latan & R. Noonan (Hrsg.), *Partial Least Squares Path Modeling: Basic Concepts, Methodological Issues and Applications* (S. 173–195). Cham: Springer International Publishing.

Cascio, W. F. (2006). The economic impact of employee behaviors on organizational performance. *California Management Review, 48*(4), 41–59.

Caught, K., Shadur, M. A., & Rodwell, J. J. (2000). The measurement artifact in the organizational commitment questionnaire. *Psychological reports, 87*(3 Pt 1), 777–788.

Cenfetelli, R. T., & Bassellier, G. (2009). Interpretation of formative measurement in information systems research. *MIS Quarterly*, 689–707.

Cerasoli, C. P., Nicklin, J. M., & Ford, M. T. (2014). Intrinsic motivation and extrinsic incentives jointly predict performance: A 40-year meta-analysis. *Psychological Bulletin, 140*, 980–1008.

Chang, W.-J. A., Wang, Y.-S., & Huang, T.-C. (2013). Work design-related antecedents of turnover intention: A multilevel approach. *Human Resource Management, 52*(1), 1–26.

Chang, Y., & Edwards, J. K. (2015). Examining the relationships among self-efficacy, coping, and job satisfaction using social career cognitive theory: An SEM analysis. *Journal of Career Assessment, 23*(1), 35–47.

Chen, G., Ployhart, R. E., Cooper-Thomas, H., Anderson, N., & Bliese, P. D. (2011). The power of momentum: A new model of dynamic relationships between job satisfaction change and turnover intentions. *Academy of Management Journal, 54*(1), 159–181.

Chen, S. Y., Wu, W. C., Chang, C. S., & Lin, C. T. (2015). Job rotation and internal marketing for increased job satisfaction and organisational commitment in hospital nursing staff. *Journal of nursing management, 23*(3), 297–306.

Chen, Y., Wen, Z., Peng, J., & Liu, X. (2016). Leader-follower congruence in loneliness, LMX and turnover intention. *Journal of Managerial Psychology, 31*(4), 864–879.

Chernick, M. (2008). *Bootstrap methods: A guide for practitioners and researchers* (2. Aufl.).

Cheung, M. F. Y., & Wu, W.-p. (2012). Leader-member exchange and employee work outcomes in Chinese firms: the mediating role of job satisfaction. *Asia Pacific Business Review, 18*(1), 65–81.

Chiaburu, D. S., & Harrison, D. A. (2008). Do peers make the place? Conceptual synthesis and meta-analysis of coworker effects on perceptions, attitudes, OCBs, and performance. *Journal of Applied Psychology, 93*(5), 1082–1103.

Chin, W. W. (2010). How to write up and report PLS analyses. In V. Esposito Vinzi, W. W. Chin, J. Henseler, & H. Wang (Hrsg.), *Handbook of Partial Least Squares: Concepts, Methods and Applications* (S. 655–690). Berlin, Heidelberg: Springer Berlin Heidelberg.

Chin, W. W., & Dibbern, J. (2010). An introduction to a permutation based procedure for multi-group PLS analysis: Results of tests of differences on simulated data and a cross cultural analysis of the sourcing of information system services between germany and the USA. In V. Esposito Vinzi, W. W. Chin, J. Henseler, & H. Wang (Hrsg.), *Handbook of Partial Least Squares* (S. 171–193). Berlin, Heidelberg: Springer Berlin Heidelberg.

Choi, D., Oh, I.-S., & Colbert, A. E. (2015). Understanding organizational commitment: A meta-analytic examination of the roles of the five-factor model of personality and culture. *Journal of Applied Psychology, 100*(5), 1542–1567.

Chordiya, R., Sabharwal, M., & Goodman, D. (2017). Affective organizational commitment and job satisfaction: A cross-national comparative study. *Public Administration, 95*(1), 178–195.

Christian, M. S., Garza, A. S., & Slaughter, J. E. (2011). Work engangement: A quantitative review and test of its relations with task and contextual performance. *Personnel Psychology, 64*(1), 89–136.

Chung, M., & Jeon, A. (2020). Social exchange approach, job satisfaction, and turnover intention in the airline industry. *Service Business, 14*(2), 241–261.

Churchill, G. A., Ford, N. M., & Walker, O. C. (1974). Measuring the job satisfaction of industrial salesmen. *Journal of Marketing Research, 11*(3), 254–260.

Cialdini, R., Petrova, P., & Goldstein, N. (2004). The hidden cost of organizational dishonesty. *Sloan Management Review, 45*.

Clark, A. E. (1996). Job satisfaction in Britain. *British Journal of Industrial Relations, 34*(2), 189–217.

Clugston, M., Howell, J. P., & Dorfman, P. W. (2000). Does cultural socialization predict multiple bases and foci of commitment? *Journal of Management, 26*, 5–30.

Cohen, A. (2007). Commitment before and after: An evaluation and reconceptualization of organizational commitment. *Human Resource Management Review, 17*(3), 336–354.

Cohen, G., Blake, R. S., & Goodman, D. (2016). Does turnover intention matter? Evaluating the usefulness of turnover intention rate as a predictor of actual turnover rate. *Review of Public Personnel Administration, 36*(3), 240–263.

Cohen, J. (1988). *Statistical power analysis for the behavioral sciences* (2. Aufl.): Erlbaum.

Cole, M. S., & Bruch, H. (2006). Organizational identity strength, identification, and commitment and their relationships to turnover intention: does organizational hierarchy matter? *Journal of Organizational Behavior, 27*(5), 585–605.

Colquitt, J. A., Conlon, D. E., Wesson, M. J., Porter, C. O. L. H., & Ng, K. Y. (2001). Justice at the millennium: A meta-analytic review of 25 years of organizational justice research. *Journal of Applied Psychology, 86*, 425–445.

Connolly, J. J., & Viswesvaran, C. (2000). The role of affectivity in job satisfaction: A meta-analysis. *Personality and Individual Differences, 29*, 265–281.

Cook, J., & Wall, T. (1980). New work attitude measures of trust, organizational commitment and personal need non-fulfilment. *Journal of Occupational Psychology, 53*(1), 39–52.

Coomber, B., & Barriball, L. (2007). Impact of job satisfaction components on intent to leave and turnover for hospital-based nurses: A review of the research literature. *International Journal of Nursing Studies, 44*(2), 297–314.

Cooper-Hakim, A., & Viswesvaran, C. (2005). The construct of work commitment: Testing an integrative framework. *Psychological Bulletin, 131*(2), 241–259.

Cotton, J. L., & Tuttle, J. M. (1986). Employee turnover: A meta-analysis and review with implications for research. *Academy of Management Review, 11*(1), 55–70.

Cowton, C. J. (1998). The use of secondary data in business ethics research. *Journal of Business Ethics, 17*(4), 423–434.

Coyle-Shapiro, J., & Kessler, I. (2000). Consequences of the psychological contract for the employment relationship: A large acale survey. *Journal of Management Studies, 37*(7), 903–930.

Cramer, D. (1996). Job satisfaction and organizational continuance commitment: a two-wave panel study. *Journal of Organizational Behavior, 17*(4), 389–400.

Crawford, E. R., LePine, J. A., & Rich, B. L. (2010). Linking job demands and resources to employee engagement and burnout: A theoretical extension and meta-analytic test. *Journal of Applied Psychology, 95*, 834–848.

Cropanzano, R., Dasborough, M. T., & Weiss, H. M. (2017). Affective events and the development of leader-member exchange. *The Academy of Management Review, 42*(2), 233–258.

Cropanzano, R., & Mitchell, M. S. (2005). Social exchange theory: An interdisciplinary review. *Journal of Management, 31*(6), 874–900.

Curran, P. J., Hussong, A. M., Cai, L., Huang, W., Chassin, L., Sher, K. J., & Zucker, R. A. (2008). Pooling data from multiple longitudinal studies: the role of item response theory in integrative data analysis. *Dev Psychol, 44*(2), 365–380.

Currivan, D. B. (1999). The causal order of job satisfaction and organizational commitment in models of employee turnover. *Human Resource Management Review, 9*(4), 495–524.

Dalal, R. S. (2005). A meta-analysis of the relationship between organizational citizenship behavior and counterproductive work behavior. *Journal of Applied Psychology, 90*, 1241–1255.

Dalton, D. R., Krackhardt, D. M., & Porter, L. W. (1981). Functional turnover: An empirical assessment. *Journal of Applied Psychology, 66*(6), 716–721.

Dalton, D. R., & Todor, W. D. (1979). Turnover turned over: An expanded and positive perspective. *Academy of Management Review, 4*(2), 225–235.

Daly, C. J., & Dee, J. R. (2006). Greener pastures: Faculty turnover intent in urban public universities. *The Journal of Higher Education, 77*(5), 776–803.

Dansereau, F., Graen, G., & Haga, W. J. (1975). A vertical dyad linkage approach to leadership within formal organizations: A longitudinal investigation of the role making process. *Organizational Behavior & Human Performance, 13*, 46–78.

Davis-Kean, P. E., Jager, J., & Maslowsky, J. (2015). Answering developmental questions using secondary data. *Child Development Perspectives, 9*(4), 256–261.

De Dreu, C. K. W., & Weingart, L. R. (2003). Task versus relationship conflict, team performance, and team member satisfaction: A meta-analysis. *Journal of Applied Psychology, 88*, 741–749.

de Juana-Espinosa, S., & Rakowska, A. (2018). Public sector motivational practices and their effect on job satisfaction: country differences. *European Journal of Management and Business Economics, 27*(2), 141–154.

de Lange, A. H., Taris, T. W., Kompier, M. A. J., Houtman, I. L. D., & Bongers, P. M. (2003). "The very best of the millennium": Longitudinal research and the demand-control-(support) model. *Journal of Occupational Health Psychology, 8*, 282–305.

de Menezes, L. M., & Escrig, A. B. (2019). Managing performance in quality management. *International Journal of Operations & Production Management, 39*(11), 1226–1259.

De Vos, A., Buyens, D., & Schalk, R. (2003). Psychological contract development during organizational socialization: adaptation to reality and the role of reciprocity. *Journal of Organizational Behavior: The International Journal of Industrial, Occupational and Organizational Psychology and Behavior, 24*(2), 537–559.

DeCotiis, T. A., & Summers, T. P. (1987). A path analysis of a model of the antecedents and consequences of organizational commitment. *Human Relations, 40*, 445–470.

Demerouti, E., Bakker, A. B., Nachreiner, F., & Schaufeli, W. B. (2001). The job demands-resources model of burnout. *Journal of Applied Psychology, 86*, 499–512.

Denison, D. R. (1996). What is the difference between organizational culture and organizational Ccimate? A native's point of view on a decade of paradigm wars. *Academy of Management Review, 21*(3), 619–654.

Dhondt, S., Delano Pot, F., & Kraan, K. (2014). The importance of organizational level decision latitude for well-being and organizational commitment. *Team Performance Management, 20*(7/8), 307–327.

Diemer, H. (1917). Causes of "turnover" among college faculties. *The ANNALS of the American Academy of Political and Social Science, 71*(1), 216–224.

Dienesch, R. M., & Liden, R. C. (1986). Leader-member exchange model of leadership: A critique and further development. *Academy of Management Review, 11*(3), 618–634.

Dijkstra, T. K., & Henseler, J. (2015). Consistent partial least squares path modeling. *MIS Quarterly, 39*(2), 297–316.

Dinh, J. E., Lord, R. G., Gardner, W. L., Meuser, J. D., Liden, R. C., & Hu, J. (2014). Leadership theory and research in the new millennium: Current theoretical trends and changing perspectives. *The Leadership Quarterly, 25*(1), 36–62.

Doden, W., Grote, G., Staffelbach, B., Morf, M., Feierabend, A., Arnold, A., & Pfrombeck, J. (2014). *Schweizer Human-Relations Barometer 2014 [Dataset]*.

Doden, W., Morf, M., Arnold, A., Feierabend, A., Grote, G., & Staffelbach, B. (2014). *Schweizer Human-Relations-Barometer 2014—Arbeitserleben und Job Crafting*. Zürich: ETH Zürich und Universitäten Luzern und Zürich.

Doden, W., Morf, M., & Schmelzer, S. (2015). *Schweizer HR-Barometer Frühlingsnewsletter 2015: Angst um den Arbeitsplatz : Einflussfaktoren und Folgen in vier Ländern*. Retrieved from https://www.zora.uzh.ch/id/eprint/122532/

Dolbier, C. L., Webster, J. A., McCalister, K. T., Mallon, M. W., & Steinhardt, M. A. (2005). Reliability and validity of a single-item measure of job satisfaction. *American Journal of Health Promotion, 19*(3), 194–198.

Doolan, D. M., & Froelicher, E. S. (2009). Using an existing data set to answer new research questions: a methodological review. *Research and Theory for Nursing Practice, 23*(3), 203–215.

Dougherty, T. W., Bluedorn, A. C., & Keon, T. L. (1985). Precursors of employee turnover: A multiple-sample causal analysis. *Journal of Organizational Behavior, 6*(4), 259–271.

Douglas, P. H. (1918). The problem of labor turnover. *The American Economic Review, 8*(2), 306–316.

Drabe, D. (2015). *Strategisches Aging Workforce Management: Eine Untersuchung der Determinanten und Implikationen von Mitarbeiterzufriedenheit bei Beschäftigten unterschiedlichen Alters.* (63). Springer-Verlag, Wiesbaden.

Drabe, D., Hauff, S., & Richter, N. F. (2015). Job satisfaction in aging workforces: an analysis of the USA, Japan and Germany. *The International Journal of Human Resource Management, 26*(6), 783–805.

Drescher, M. A., Korsgaard, M. A., Welpe, I. M., Picot, A., & Wigand, R. T. (2014). The dynamics of shared leadership: building trust and enhancing performance. *Journal of Applied Psychology, 99*(5), 771–783.

Drewniak, R., Drewniak, Z., & Posadzinska, I. (2020). Leadership styles and employee expectations. *European Research Studies Journal, XXIII*(1), 398–411.

Dubin, R., Champoux, J. E., & Porter, L. W. (1975). Central life interests and organizational commitment of blue-collar and clerical workers. *Administrative Science Quarterly*, 411–421.

Dugoni, B. L., & Ilgen, D. R. (1981). Realistic job previews and the adjustment of new employees. *Academy of Management Journal, 24*(3), 579–591.

Dulebohn, J. H., Bommer, W. H., Liden, R. C., Brouer, R. L., & Ferris, G. R. (2012). A meta-analysis of antecedents and consequences of leader-member exchange: integrating the past with an eye toward the future. *Journal of Management, 38*(6), 1715–1759.

Dunham, R. B., Grube, J. A., & Castañeda, M. B. (1994). Organizational commitment: The utility of an integrative definition. *Journal of Applied Psychology, 79*, 370–380.

DuVernet, A. M., Dierdorff, E. C., & Wilson, M. A. (2015). Exploring factors that influence work analysis data: A meta-analysis of design choices, purposes, and organizational context. *The Journal of applied psychology, 100*(5), 1603–1631.

Earnest, D. R., Allen, D. G., & Landis, R. S. (2011). Mechanisms linking realistic job previews with turnover: A meta-analytic path analysis. *Personnel Psychology, 64*(4), 865–897.

Eguchi, H., Shimazu, A., Bakker, A. B., Tims, M., Kamiyama, K., Hara, Y., . . . Kawakami, N. (2016). Validation of the Japanese version of the job crafting scale. *Journal of Occupational Health, 58*(3), 231–240.

Ehrlich, J. (2021). Stetiger Wandel oder anhaltende Bedeutung—Wie beeinflusst die Laufbahnplanung die Kündigungsabsicht? *Wirtschaftspsychologie*(2020–4/2021–1), 54–61.

Ehrlich, J. (2022). Die Beziehung ist gut, das Vertrauen ist besser—Ein Führungsmodell der Mitarbeiterbindung. *Wirtschaftspsychologie, 22*(2), 90–103.

Eisenberger, R., Pierce, W. D., & Cameron, J. (1999). Effects of reward on intrinsic motivation—Negative, neutral, and positive: Comment on Deci, Koestner, and Ryan (1999). *Psychological Bulletin, 125*, 677–691.

Eisend, M., & Kuß, A. (2017). *Grundlagen empirischer Forschung*: Springer.

Erdheim, J., Wang, M., & Zickar, M. J. (2006). Linking the Big Five personality constructs to organizational commitment. *Personality and Individual Differences, 41*(5), 959–970.

Erdogan, B., & Bauer, T. N. (2010). Differentiated leader–member exchanges: The buffering role of justice climate. *Journal of Applied Psychology, 95*(6), 1104–1120.

Eurostat. (2022, 22.03.2023). European union labour force survey (EU LFS). Retrieved from https://www.cedefop.europa.eu/en/tools/skills-intelligence/job-turnover

Evanschitzky, H., Baumgarth, C., Hubbard, R., & Armstrong, J. S. (2007). Replication research's disturbing trend. *Journal of Business Research, 60*(4), 411–415.

Externbrink, K., & Keil, M. (2017). *Narzissmus, Machiavellismus und Psychopathie in Organisationen: Theorien, Methoden und Befunde zur dunklen Triade*: Springer Fachmedien Wiesbaden.

Farkas, A. J., & Tetrick, L. E. (1989). A three-wave longitudinal analysis of the causal ordering of satisfaction and commitment on turnover decisions. *Journal of Applied Psychology, 74*(6), 855–868.

Farr, J. L., O'Leary, B. S., & Bartlett, C. J. (1973). Effect of work sample test upon self-selection and turnover of job applicants. *Journal of Applied Psychology, 58*(2), 283–285.

Farrukh, M., Ying, C. W., & Mansori, S. (2017). Organizational commitment: an empirical analysis of personality traits. *Journal of Work-Applied Management, 9*(1), 18–34.

Federal Statistical Office. (2022). *Labour market indicators 2022—Comments on findings* Neuchâtel: Federal Statistical Office (FSO).

Feierabend, A., Tschopp, C., Arnold, A., Doden, W., Morf, M., Grote, G., & Staffelbach, B. (2012). *Schweizer HR-Barometer 2012 Fehlverhalten und Courage*. Zürich: ETH Zürich, Universität Luzern und Universität Zürich.

Feistel, M. (2008). *Strategisches Kundenbindungsmanagement: Modellrahmen und empirische Evidenz auf Basis einer kausalanalytischen Untersuchung in der Mineralölindustrie* (Vol. 58): Springer-Verlag.

Felfe, J. (2020). *Mitarbeiterbindung* (Vol. 28). Göttingen: Hogrefe Verlag GmbH & Company KG.

Felfe, J., Franke, F., Meyer, J. P., & Allen, D. G. (2012). *COMMIT Commitment-Skalen ; Fragebogen zur Erfassung von Commitment gegenüber Organisation, Beruf/Tätigkeit, Team, Führungskraft und Beschäftigungsform ; deutschsprachige Adaptation und Weiterentwicklung der Organizational Commitment Scale von J. P. Meyer und N. Allen ; Manual*: Huber, Hogrefe.

Ferreira, A. I., Martinez, L. F., Lamelas, J. P., & Rodrigues, R. I. (2017). Mediation of job embeddedness and satisfaction in the relationship between task characteristics and turnover. *International Journal of Contemporary Hospitality Management, 29*(1), 248–267.

Firestone, W. A. (1993). Alternative arguments for generalizing from data as applied to qualitative research. *Educational researcher, 22*(4), 16–23.

Fischer, L., & Lück, H. E. (2014). Allgemeine Arbeitszufriedenheit. *Zusammenstellung sozialwissenschaftlicher Items und Skalen (ZIS).*

Fisher, C. D. (2010). Happiness at work. *International Journal of Management Reviews, 12*(4), 384–412.

Fisher, C. D., & Gitelson, R. (1983). A meta-analysis of the correlates of role conflict and ambiguity. *Journal of Applied Psychology, 68*(2), 320–333.

Fisher, G. G., Matthews, R. A., & Gibbons, A. M. (2016). Developing and investigating the use of single-item measures in organizational research. *Journal of Occupational Health Psychology, 21*, 3–23.

Fisher, V. E., & Hanna, J. V. (1931). *The dissatisfied worker*. New York, NY, US: MacMillan Co.

Fleishman, E. A. (1953). The description of supervisory behavior. *Journal of Applied Psychology, 37*(1), 1.

Fleishman, E. A., Mumford, M. D., Zaccaro, S. J., Levin, K. Y., Korotkin, A. L., & Hein, M. B. (1991). Taxonomic efforts in the description of leader behavior: A synthesis and functional interpretation. *The Leadership Quarterly, 2*(4), 245–287.

Fliegauf, M. T. (2011). *Führung in Wirtschaft und Politik analogfähig oder unverträglich? ; Ein wissenschaftliches Plädoyer für transformationale Führung in der Politik* (Vol. 4).

Fornell, C., & Larcker, D. F. (1981). Evaluating structural equation models with unobservable variables and measurement error. *Journal of Marketing Research, 18*(1), 39–50.

Freese, C., & Schalk, R. (2008). How to measure the psychological contract? A critical criteria-based review of measures. *South African Journal of Psychology, 38*(2), 269–286.

Fried, Y., & Ferris, G. R. (1987). The validity of the job characteristics model: A review and meta-analysis. *Personnel Psychology, 40*(2), 287–322.

Froese, F. J., Peltokorpi, V., Varma, A., & Hitotsuyanagi-Hansel, A. (2019). Merit-based rewards, job satisfaction and voluntary turnover: moderating effects of employee demographic characteristics. *British Journal of Management, 30*(3), 610–623.

Frye, W. D., Kang, S., Huh, C., & Lee, M. J. (2020). What factors influence Generation Y's employee retention in the hospitality industry?: An internal marketing approach. *International Journal of Hospitality Management, 85*, 102352.

Fugate, M., Kinicki, A. J., & Ashforth, B. E. (2004). Employability: A psycho-social construct, its dimensions, and applications. *Journal of Vocational Behavior, 65*(1), 14–38.

Gajendran, R. S., & Joshi, A. (2012). Innovation in Globally Distributed Teams: The Role of LMX, Communication Frequency, and Member Influence on Team Decisions. *Journal of Applied Psychology, 97*(6), 1252–1261.

Gansser, O., & Godbersen, H. (2023). Vier-Komponenten-Modell der Mitarbeiterbindung. *Zusammenstellung sozialwissenschaftlicher Items und Skalen (ZIS).*

Ganster, D. C., & Rosen, C. C. (2013). Work stress and employee health: A multidisciplinary review. *Journal of Management, 39*(5), 1085–1122.

Gerhart, B. (1990). Voluntary turnover and alternative job opportunities. *Journal of Applied Psychology, 75*, 467–476.

Gerstner, C. R., & Day, D. V. (1997). Meta-analytic review of leader-member exchange theory: Correlates and construct issues. *Journal of Applied Psychology, 82*, 827–844.

Gibson, J. L., & Klein, S. M. (1970). Employee attitudes as a function of age and length of service: A reconceptualization. *Academy of Management Journal, 13*(4), 411–425.

Gillet, N., Vallerand, R. J., & Lafrenière, M.-A. K. (2012). Intrinsic and extrinsic school motivation as a function of age: the mediating role of autonomy support. *Social Psychology of Education, 15*(1), 77–95.

Gomm, R., Foster, P., & Hammersley, M. (2000). Case study method: Key issues, key texts. *Case study method*, 1–288.

Gottfredson, R. K., Wright, S. L., & Heaphy, E. D. (2020). A critique of the Leader-Member Exchange construct: Back to square one. *The Leadership Quarterly, 31*(6), 101385.

Graen, G. B., & Uhl-Bien, M. (1991). The transformation of professionals into self-managing and partially self-designing contributors: Toward a theory of leadership-making. *Journal of Management Systems, 3(3)*, 33–48.

Graen, G. B., & Uhl-Bien, M. (1995). Relationship-based approach to leadership: Development of leader-member exchange (LMX) theory of leadership over 25 years: Applying a multi-level multi-domain perspective. *The Leadership Quarterly, 6*(2), 219–247.

Graham, J. W. (1991). Servant-leadership in organizations: Inspirational and moral. *The Leadership Quarterly, 2*(2), 105–119.

Greenleaf, R. K. (1970). *The Servant as Leader*. Newton Centre, MA: The Robert K. Greenleaf Center.

Griep, Y., Cooper, C., Robinson, S. L., Rousseau, D. M., Hansen, S. D., Tomprou, M., . . . Linde, B. J. (2019). Psychological contracts : back to the future. In Y. Griep & C. Cooper (Hrsg.), *Handbook of research on the psychological contract at work.* (S. 397–414). Cheltenham, UK: Edward Elgar Publishing.

Griffeth, R. W., Hom, P. W., & Gaertner, S. (2000). A meta-analysis of antecedents and correlates of employee turnover: update, moderator tests, and research implications for the next millennium. *Journal of Management, 26*(3), 463–488.

Griffeth, R. W., Steel, R. P., Allen, D. G., & Bryan, N. (2005). The development of a multidimensional measure of job market cognitions: the employment opportunity index (EOI). *Journal of Applied Psychology, 90*(2), 335–349.

Grijalva, E., Harms, P. D., Newman, D. A., Gaddis, B. H., & Fraley, R. C. (2015). Narcissism and leadership: A meta-analytic review of linear and nonlinear relationships. *Personnel Psychology, 68*(1), 1–47.

Grote, G., Tschopp, C., Doden, W., Staffelbach, B., Feierabend, A., Arnold, A., & Morf, M. (2012). *Befragung von Angestellten zur Arbeits- und Beschäftigungssituation—2012 [Dataset].*

Hackman, J. R., & Lawler, E. E. (1971). Employee reactions to job characteristics. *Journal of Applied Psychology, 55*, 259–286.

Hackman, J. R., & Oldham, G. R. (1975). Development of the Job Diagnostic Survey. *Journal of Applied Psychology, 60*(2), 159–170.

Hackman, J. R., & Oldham, G. R. (1976). Motivation through the design of work: Test of a theory. *Organizational Behavior and Human Performance, 16*(2), 250–279.

Hackman, J. R., & Oldham, G. R. (1980). *Work Redesign.* Reading, Massachusetts: Addison-Wesley Publishing Company.

Hair, J. F., Hult, G. T. M., Ringle, C. M., Sarstedt, M., Richter, N., & Hauff, S. (2017). *Partial Least Squares Strukturgleichungsmodellierung (PLS-SEM): Eine anwendungsorientierte Einführung.*

Hair, J. F., Ringle, C. M., & Sarstedt, M. (2011). PLS-SEM: Indeed a silver bullet. *Journal of Marketing Theory and Practice, 19*(2), 139–152.

Hair, J. F., Ringle, C. M., & Sarstedt, M. (2012). Partial least squares: the better approach to structural equation modeling? *Long Range Planning 45*(5–6), 312–319.

Hair, J. F., Risher, J. J., Sarstedt, M., & Ringle, C. M. (2019). When to use and how to report the results of PLS-SEM. *European Business Review, 31*(1), 2–24.

Hair, J. F., Sarstedt, M., Hopkins, L., & G. Kuppelwieser, V. (2014). Partial least squares structural equation modeling (PLS-SEM). *European Business Review, 26*(2), 106–121.

Hair, J. F., Sarstedt, M., Matthews, L. M., & Ringle, C. M. (2016). Identifying and treating unobserved heterogeneity with FIMIX-PLS: part I—method. *European Business Review, 28*(1), 63–76.

Hair, J. F., Sarstedt, M., Ringle, C. M., & Gudergan, S. P. (2018). *Advanced issues in partial least squares structural equation modeling*. Thousand Oaks, CA: SAGE.

Hair, J. F. J., Hult, T. M., Ringle, C. M., & Sarstedt, M. (2022). *A Primer on Partial Least Squares Structural Equation Modeling (PLS-SEM)* (3. Aufl.). Los Angeles: SAGE.

Hakanen, J. J., Peeters, M. C. W., & Schaufeli, W. B. (2018). Different types of employee well-being across time and their relationships with job crafting. *Journal of Occupational Health Psychology, 23*(2), 289.

Halbesleben, J. R. B. (2010). A meta-analysis of work engagement: Relationships with burnout, demands, resources, and consequences. In A. B. Bakker & M. P. Leiter (Hrsg.), *Work engagement: A handbook of essential theory and research* (S. 102–117): Psychological Press.

Hallberg, U. E., & Schaufeli, W. B. (2006). "Same Same" but different? *European Psychologist, 11*(2), 119–127.

Harris, K. J., Wheeler, A. R., & Kacmar, K. M. (2009). Leader-member exchange and empowerment: Direct and interactive effects on job satisfaction, turnover intentions, and performance. *The Leadership Quarterly, 20*(3), 371–382.

Harter, J. K., Schmidt, F. L., & Hayes, T. L. (2002). Business-unit-level relationship between employee satisfaction, employee engagement, and business outcomes: A meta-analysis. *Journal of Applied Psychology, 87*, 268–279.

Hauff, S., Richter, N. F., & Tressin, T. (2015). Situational job characteristics and job satisfaction: The moderating role of national culture. *International business review, 24*(4), 710–723.

Hausknecht, J. P., Hiller, N. J., & Vance, R. J. (2008). Work-unit absenteeism: effects of satisfaction, commitment, labor market conditions, and time. *The Academy of Management Journal, 51*(6), 1223–1245.

Henseler, J., Ringle, C. M., & Sarstedt, M. (2015). A new criterion for assessing discriminant validity in variance-based structural equation modeling. *Journal of the Academy of Marketing Science, 43*(1), 115–135.

Henseler, J., Ringle, C. M., & Sarstedt, M. (2016). Testing measurement invariance of composites using partial least squares. *International Marketing Review, 33*(3), 405–431.

Herrbach, O. (2006). A matter of feeling? The affective tone of organizational commitment and identification. *Journal of Organizational Behavior, 27*.

Herscovitch, L., & Meyer, J. P. (2002). Commitment to organizational change: Extension of a three-component model. *Journal of Applied Psychology, 87*, 474–487.

Herzberg, F. (1968). *Work and the nature of man*: Crowell.

Herzberg, F., Mausner, B., & Synderman, B. B. (1959). *The motivation to work* (2. Aufl.). New York: John Wiley & Sons Cooperations.

Highhouse, S., & Becker, A. S. (1993). Facet measures and global job satisfaction. *Journal of Business and Psychology, 8*(1), 117–127.

Hlatywayo, C. K., Mhlanga, T. S., & Zingwe, T. (2013). Neuroticism as a determinant of job satisfaction among bank employees. *Mediterranean Journal of Social Sciences, 4*(13), 549.

Hoch, J. E., Bommer, W. H., Dulebohn, J. H., & Wu, D. (2018). Do ethical, authentic, and servant leadership explain variance above and beyond transformational leadership? A meta-analysis. *Journal of Management, 44*(2), 501–529.

Hochwarter, W. A., Ferris, G. R., Perrewé, P. L., Witt, L. A., & Kiewitz, C. (2001). A note on the nonlinearity of the age-job-satisfaction relationship. *Journal of Applied Social Psychology, 31*(6), 1223–1237.

Hofmans, J., Gelens, J., & Theuns, P. (2014). Enjoyment as a mediator in the relationship between task characteristics and work effort: An experience sampling study. *European Journal of Work and Organizational Psychology, 23*(5), 693–705.

Hollenbeck, J. R., & Williams, C. R. (1986). Turnover functionality versus turnover frequency: A note on work attitudes and organizational effectiveness. *Journal of Applied Psychology, 71*(4), 606–611.

Hom, P. W., Allen, D. G., & Griffeth, R. W. (2020). *Employee retention and turnover why employees stay or leave*. New York: Routledge, Taylor & Francis Group.

Hom, P. W., & Griffeth, R. W. (1991). Structural equations modeling test of a turnover theory: Cross-sectional and longitudinal analyses. *Journal of Applied Psychology, 76*(3), 350.

Hom, P. W., & Griffeth, R. W. (1995). *Employee Turnover*. Cincinnati,OH: South/Western: South-Western College Pub.

Hom, P. W., Griffeth, R. W., & Sellaro, C. L. (1984). The validity of Mobley's (1977) model of employee turnover. *Organizational Behavior and Human Performance, 34*(2), 141–174.

Hom, P. W., & Kinicki, A. J. (2001). Toward a greater understanding of how dissatisfaction drives employee turnover. *Academy of Management Journal, 44*(5), 975–987.

Hom, P. W., Lee, T. W., Shaw, J. D., & Hausknecht, J. P. (2017). One hundred years of employee turnover theory and research. *Journal of Applied Psychology, 102*(3), 530–545.

Hom, P. W., Mitchell, T. R., Lee, T. W., & Griffeth, R. W. (2012). Reviewing employee turnover: focusing on proximal withdrawal states and an expanded criterion. *Psychological Bulletin, 138*(5), 831–858.

Hom, P. W., Roberson, L., & Ellis, A. D. (2008). Challenging conventional wisdom about who quits: Revelations from corporate America. *Journal of Applied Psychology, 93*(1), 1–34.

Hong, Y., Liao, H., Hu, J., & Jiang, K. (2013). Missing link in the service profit chain: A meta-analytic review of the antecedents, consequences, and moderators of service climate. *Journal of Applied Psychology, 98*, 237–267.

Hrebiniak, L. G., & Alutto, J. A. (1972). Personal and role-related factors in the development of organizational commitment. *Administrative Science Quarterly, 17*(4), 555–573.

Hubbard, R., & Vetter, D. E. (1996). An empirical comparison of published replication research in accounting, economics, finance, management, and marketing. *Journal of Business Research, 35*(2), 153–164.

Huf, S. (2012). Fluktuation und Retention—Mitarbeiter im Unternehmen halten. *Personal quarterly, 64*(4), 46–49.

Hulin, C. L., Roznowski, M., & Hachiya, D. (1985). Alternative opportunities and withdrawal decisions: Empirical and theoretical discrepancies and an integration. *Psychological Bulletin, 97*(2), 233.

Hulin, C. L., & Smith, P. C. (1964). Sex differences in job satisfaction. *Journal of Applied Psychology, 48*, 88–92.

Hulin, C. L., & Smith, P. C. (1965). A linear model of job satisfaction. *Journal of Applied Psychology, 49*, 209–216.

Hult, C. (2005). Organizational commitment and person-environment fit in six western countries. *Organization Studies, 26*, 249–270.

Humm, J., Doden, W., Feierabend, A., Morf, M., Arnold, A., Grote, G., & Staffelbach, B. (2016). *Schweizer HR-Barometer 2016: Loyalität und Zynismus*. Zürich: ETH Zürich und Universität Zürich.

Humphrey, S. E., Nahrgang, J. D., & Morgeson, F. P. (2007). Integrating motivational, social, and contextual work design features: A meta-analytic summary and theoretical extension of the work design literature. *Journal of Applied Psychology, 92*(5), 1332–1356.

Hunt, J. W., & Saul, P. N. (1975). The relationship of age, tenure, and job satisfaction in males and females. *Academy of Management Journal, 18*(4), 690–702.

Ilgen, D. R., & Seely, W. (1974). Realistic expectations as an aid in reducing voluntary resignations. *Journal of Applied Psychology, 59*(4), 452–455.

Ilies, R., Fulmer, I. S., Spitzmuller, M., & Johnson, M. D. (2009). Personality and citizenship behavior: The mediating role of job satisfaction. *Journal of Applied Psychology, 94*, 945–959.

Ilies, R., Nahrgang, J. D., & Morgeson, F. P. (2007). Leader-member exchange and citizenship behaviors: A meta-analysis. *Journal of Applied Psychology, 92*, 269–277.

Ironson, G. H., Smith, P. C., Brannick, M. T., Gibson, W. M., & Paul, K. B. (1989). Construction of a job in general scale: A comparison of global, composite, and specific measures. *Journal of Applied Psychology, 74*, 193–200.

Irving, P. G., & Meyer, J. P. (1994). Reexamination of the met-expectations hypothesis: A longitudinal analysis. *Journal of Applied Psychology, 79*(6), 937–949.

Irving, P. G., & Meyer, J. P. (1995). On using direct measures of met expectations: A methodological note. *Journal of Management, 21*(6), 1159–1175.

Irving, P. G., & Montes, S. D. (2009). Met expectations: The effects of expected and delivered inducements on employee satisfaction. *Journal of Occupational and Organizational Psychology, 82*(2), 431–451.

ISSP. (2023a). The International Social Survey Programme Retrieved from https://www.gesis.org/en/issp/home

ISSP. (2023b). Work Orientations. Retrieved from https://www.gesis.org/en/issp/modules/issp-modules-by-topic/work-orientations

Iverson, R. D., & Roy, P. (1994). A causal model of behavioral commitment: Evidence from a study of australian blue-collar employees. *Journal of Management, 20*(1), 15–41.

Jaros, S. J., Jermier, J. M., Koehler, J. W., & Sincich, T. (1993). Effects of continuance, affective, and moral commitment on the withdrawal process: An evaluation of eight structural equation models. *Academy of Management Journal, 36*, 951–995.

Johnson, J. V., & Hall, E. M. (1988). Job strain, work place social support, and cardiovascular disease: a cross-sectional study of a random sample of the Swedish working population. *American journal of public health, 78*(10), 1336–1342.

Jöreskog, K. G., & Wold, H. (1982). The ML and PLS techniques for modeling with latent variables: historical and comparative aspects. In K. G. Jöreskog & H. Wold (Hrsg.), *Systems Under Indirect Observation: Part I* (S. 263–270). Amsterdam: North-Holland.

Joseph, D. L., Newman, D. A., & Sin, H.-P. (2011). Leader-member exchange (LMX) measurement: Evidence for consensus, construct breadth, and discriminant validity. In D. D. Bergh & D. J. Ketchen (Hrsg.), *Building Methodological Bridges* (Vol. 6, S. 89–135): Emerald Group Publishing Limited.

Judge, T. A., & Bono, J. E. (2001). Relationship of core self-evaluations traits--self-esteem, generalized self-efficacy, locus of control, and emotional stability--with job satisfaction and job performance: a meta-analysis. *Journal of Applied Psychology, 86*(1), 80–92.

Judge, T. A., Bono, J. E., Ilies, R., & Gerhardt, M. W. (2002a). Personality and leadership: A qualitative and quantitative Review. *Journal of Applied Psychology, 87*(4), 765–780.

Judge, T. A., Bono, J. E., & Locke, E. A. (2000). Personality and job satisfaction: The mediating role of job characteristics. *Journal of Applied Psychology, 85*(2), 237–249.

Judge, T. A., Heller, D., & Mount, M. K. (2002b). Five-factor model of personality and job satisfaction: a meta-analysis. *Journal of Applied Psychology, 87*(3), 530.

Judge, T. A., & Hulin, C. L. (1993). Job satisfaction as a reflection of disposition: A multiple source causal analysis. *Organizational Behavior and Human Decision Processes, 56*, 388–421.

Judge, T. A., & Piccolo, R. F. (2004). Transformational and transactional leadership: a meta-analytic test of their relative validity. *Journal of Applied Psychology, 89*(5), 755–768.

Judge, T. A., Piccolo, R. F., & Ilies, R. (2004). The forgotten ones? The validity of consideration and initiating structure in leadership research. *Journal of Applied Psychology, 89*(1), 36.

Judge, T. A., Piccolo, R. F., & Kosalka, T. (2009). The bright and dark sides of leader traits: A review and theoretical extension of the leader trait paradigm. *The Leadership Quarterly, 20*(6), 855–875.

Judge, T. A., Scott, B. A., & Ilies, R. (2006). Hostility, job attitudes, and workplace deviance: Test of a multilevel model. *Journal of Applied Psychology, 91*, 126–138.

Judge, T. A., Thoresen, C. J., Bono, J. E., & Patton, G. K. (2001). The job satisfaction-job performance relationship: A qualitative and quantitative review. *Psychological Bulletin, 127*, 376–407.

Judge, T. A., Weiss, H. M., Kammeyer-Mueller, J. D., & Hulin, C. L. (2017). Job attitudes, job satisfaction, and job affect: A century of continuity and of change. *Journal of Applied Psychology, 102*(3), 356–374.

Judge, T. A., Zang, S., & Glerum, D. (2020). Job satisfaction. In V. I. Sessa & N. A. Bowling (Hrsg.), *Essentials of Job Attitudes and Other Workplace Psychological Constructs* (S. 13–42). New York: Routledge.

Kacmar, K. M., & Ferris, G. R. (1989). Theoretical and methodological considerations in the age-job satisfaction relationship. *Journal of Applied Psychology, 74*, 201–207.

Kahaki, Z. R., Gharibi, V., Keshavarz, M., Cousins, R., & Mokarami, H. (2022). Persian version of the work design questionnaire: measurement of its psychometric characteristics. *Bmc Psychology, 10*(1).

Kahn, R. L., Wolfe, D. M., Quinn, R. P., Snoek, J. D., & Rosenthal, R. A. (1964). *Organizational Stress: Studies in Role Conflict and Ambiguity*: Wiley.

Kahn, W. A. (1990). Psychological conditions of personal engagement and disengagement at work. *Academy of Management Journal, 33*(4), 692–724.

Kanfer, R., Frese, M., & Johnson, R. E. (2017). Motivation related to work: A century of progress. *Journal of Applied Psychology, 102*, 338–355.

Kanter, R. M. (1968). Commitment and social organization: A study of commitment mechanisms in utopian communities. *American Sociological Review, 33*, 499–517.

Karasek, R. (1990). *Healthy work stress, productivity, and the reconstruction of working life* (Paperback edition Aufl.): Basic Books.

Karasek, R. A. (1979). Job demands, job decision latitude, and mental strain: Implications for job redesign. *Administrative Science Quarterly, 24*(2), 285–308.

Karsh, B., Booske, B. C., & Sainfort, F. (2005). Job and organizational determinants of nursing home employee commitment, job satisfaction and intent to turnover. *Ergonomics, 48*(10), 1260–1281.

Katsikea, E., Theodosiou, M., Perdikis, N., & Kehagias, J. (2011). The effects of organizational structure and job characteristics on export sales managers' job satisfaction and organizational commitment. *Journal of World Business, 46*(2), 221–233.

Katz, R. L. (1955). Skills of an effective administrator. *Harvard Business Review, 33*(1), 33–42.

Keaveney, S. M., & Nelson, J. E. (1993). Coping with organizational role stress: Intrinsic motivational orientation, perceived role benefits, and psychological withdrawal. *Journal of the Academy of Marketing Science, 21*(2), 113–124.

Keskes, I., Sallan, J. M., Simo, P., & Fernandez, V. (2018). Transformational leadership and organizational commitment. *Journal of Management Development, 37*(3), 271–284.

Kim, M., & Beehr, T. A. (2020). Empowering leadership: leading people to be present through affective organizational commitment? *The International Journal of Human Resource Management, 31*(16), 2017–2044.

Kim, S.-W., Price, J. L., Mueller, C. W., & Watson, T. W. (1996). The determinants of career intent among physicians at a U.S. Air Force hospital. *Human Relations, 49*, 947–976.

Kim, S. (2012). The impact of human resource management on state government IT employee turnover intentions. *Public Personnel Management, 41*(2), 257–279.

Kim, Y., & Kim, C. (2017). Impact of job characteristics on turnover intention and the mediating effects of job satisfaction: experiences of home visiting geriatric care workers in Korea. *Asia Pacific Journal of Social Work and Development, 27*(2), 53–68.

Kirkpatick, S. A., & Locke, E. (1991). Leadership: do traits matter? *Academy of Management Perspectives, 5*(2), 48–60.

Klein, H. J., Cooper, J. T., Molloy, J. C., & Swanson, J. A. (2014). The assessment of commitment: Advantages of a unidimensional, target-free approach. *Journal of Applied Psychology, 99*, 222–238.

Klein, H. J., & Park, H. M. (2020). Workplace commitments. In V. I. Sessa & N. A. Bowling (Hrsg.), *Essentials of Job Attitudes and Other Workplace Psychological Constructs* (S. 154–183). New York: Routledge.

Ko, J.-W., Price, J. L., & Mueller, C. W. (1997). Assessment of Meyer and Allen's three-component model of organizational commitment in South Korea. *Journal of Applied Psychology, 82*, 961–973.

Koslowsky, M., Sagie, A., Krausz, M., & Singer, A. D. (1997). Correlates of employee lateness: Some theoretical considerations. *Journal of Applied Psychology, 82*(1), 79–88.

Kowalski, B. (2003). The engagement gap. *Training, 40*(4), 62.

Kozjek, T., Tomaževič, N., & Stare, J. (2014). Work-life balance by area, actual situation and expectations—the overlapping opinions of employers and employees in Slovenia. *Organizacija, 47*(1), 35–51.

Kragt, D., & Guenter, H. (2018). Why and when leadership training predicts effectiveness. *Leadership & Organization Development Journal, 39*(3), 406–418.

Kraimer, M. L., Seibert, S. E., Wayne, S. J., Liden, R. C., & Bravo, J. (2011). Antecedents and outcomes of organizational support for development: The critical role of career opportunities. *Journal of Applied Psychology, 96*(3), 485–500.

Krasikova, D. V., Green, S. G., & Lebreton, J. M. (2013). Destructive leadership: A theoretical review, integration, and future research agenda. *Journal of Management, 39*(5), 1308–1338.

Landay, K., Harms, P., & Credé, M. (2019). Shall we serve the dark lords? A meta-analytic review of psychopathy and leadership. *Journal of Applied Psychology, 104*(1), 183–196.

Lapierre, L. M., & Hackett, R. D. (2007). Trait conscientiousness, leader-member exchange, job satisfaction and organizational citizenship behaviour: A test of an integrative model. *Journal of Occupational and Organizational Psychology, 80*(3), 539–554.

Latham, G. P., & Pinder, C. C. (2005). Work motivation theory and research at the dawn of the twenty-first century. *Annual Review of Psychology, 56*(1), 485–516.

Laulié, L., & Morgeson, F. P. (2021). The end is just the beginning: Turnover events and their impact on those who remain. *Personnel Psychology, 74*(3), 387–409.

Lawler, E. E., Cammann, C., Nadler, D., & Jenkins, D. (1975). Michigan organizational assessment questionnaire (MOAQ) [Database record]. In: APA PsycTests.

Lawler, E. E., & Hall, D. T. (1970). Relationship of job characteristics to job involvement, satisfaction, and intrinsic motivation. *Journal of Applied Psychology, 54*, 305–312.

Lawler, E. E., & Porter, L. W. (1967). The effect of performance on job satisfaction. *Industrial Relations, 7*, 20–28.

Lawler, E. E., Thye, Shane R., & Yoon, J. (2000). Emotion and group cohesion in productive exchange. *American Journal of Sociology, 106*(3), 616–657.

Lee, K. S., & Gao, T. (2005). Studying organizational commitment with the OCQ in the Korean retail context: Its dimensionality and relationships with satisfaction and work outcomes. *The International Review of Retail, Distribution and Consumer Research, 15*(4), 375–399.

Lee, R., & Wilbur, E. R. (1985). Age, education, job tenure, salary, job characteristics, and job satisfaction: A multivariate analysis. *Human Relations, 38*, 781–791.

Lee, T. W., Hom, P. W., Eberly, M. B., Li, J., & Mitchell, T. R. (2017). On the next decade of research in voluntary employee turnover. *Academy of Management Perspectives, 31*(3), 201–221.

Lee, T. W., & Mitchell, T. R. (1994). An alternative approach: The unfolding model of voluntary employee turnover. *Academy of Management Review, 19*(1), 51–89.

Lee, T. W., & Mowday, R. T. (1987). Voluntarily leaving an organization: An empirical investigation of Steers and Mowday's model of turnover. *Academy of Management Journal, 30*, 721–743.

Lemoine, G. J., Hartnell, C. A., & Leroy, H. (2019). Taking stock of moral approaches to leadership: An integrative review of ethical, authentic, and servant leadership. *Academy of Management Annals, 13*(1), 148–187.

LePine, J. A., Erez, A., & Johnson, D. E. (2002). The nature and dimensionality of organizational citizenship behavior: A critical review and meta-analysis. *Journal of Applied Psychology, 87*, 52–65.

Li, L., Zhu, Y., & Park, C. (2018). Leader–member exchange, sales performance, job satisfaction, and organizational commitment affect turnover intention. *Social Behavior and Personality: an international journal, 46*(11), 1909–1922.

Liden, R. C., & Maslyn, J. M. (1998). Multidimensionality of leader-member exchange: An empirical assessment through scale development. *Journal of Management, 24*(1), 43–72.
Liengaard, B. D., Sharma, P. N., Hult, G. T. M., Jensen, M. B., Sarstedt, M., Hair, J. F., & Ringle, C. M. (2021). Prediction: Coveted, yet forsaken? Introducing a cross-validated predictive ability test in partial least squares Path modeling. *Decision Sciences, 52*(2), 362–392.
Liu, D., Mitchell, T. R., Lee, T. W., Holtom, B. C., & Hinkin, T. R. (2012). When employees are out of step with coworkers: How job satisfaction trajectory and dispersion influence individual-and unit-level voluntary turnover. *Academy of Management Journal, 55*(6), 1360–1380.
Liu, Y.-L., Keeling, K. A., & Papamichail, K. N. (2018). Maximising the credibility of realistic job preview messages: the effect of jobseekers' decision-making style on recruitment information credibility. *The International Journal of Human Resource Management, 29*(7), 1330–1364.
Locke, E. A. (1969). What is job satisfaction? *Organizational Behavior and Human Performance, 4*(4), 309–336.
Lodahl, T. M., & Kejnar, M. (1965). The definition and measurement of job involvement. *Journal of Applied Psychology, 49*, 24–33.
Lohmöller, J.-B. (1987). Predictive vs. structural modeling: Pls vs. ml. In *Latent variable path modeling with partial least squares* (S. 199–226): Springer.
Lohmöller, J.-B. (1989). *Latent variable path modeling with partial least squares*. Heidelberg: Physica.
Lok, P., & Crawford, J. (2004). The effect of organisational culture and leadership style on job satisfaction and organisational commitment. *Journal of Management Development, 23*(4), 321–338.
Lord, R. G., Day, D. V., Zaccaro, S. J., Avolio, B. J., & Eagly, A. H. (2017). Leadership in applied psychology: Three waves of theory and research. *Journal of Applied Psychology, 102*(3), 434–451.
Lord, R. G., de Vader, C. L., & Alliger, G. M. (1986). A meta-analysis of the relation between personality traits and leadership perceptions: An application of validity generalization procedures. *Journal of Applied Psychology, 71*, 402–410.
Louis, M. R. (1980). Surprise and sense making: What newcomers experience in entering unfamiliar organizational settings. *Administrative Science Quarterly*, 226–251.
Lu, C.-q., Sun, J.-w., & Du, D.-y. (2016). The relationships between employability, emotional exhaustion, and turnover intention: The moderation of perceived career opportunity. *Journal of Career Development, 43*(1), 37–51.
Lundquist, A. (1958). Absenteeism and job turnover as a consequence of unfavorable job adjustment. *Acta Sociologica, 3*(1), 119–131.
Luthans, F., & Avolio, B. J. (2003). Authentic leadership development. In K. S. Cameron, J. E. Dutton, & R. E. Quinn (Hrsg.), *Positive organizational scholarship* (S. 241–258). San Francisco, CA: Berret-Koehler.
Lynch, J., Bradlow, E., Huber, J., & Lehmann, D. (2015). Reflections on the replication corner: In praise of conceptual replications. *International Journal of Research in Marketing, 32*.

M. Abu Elanain, H. (2014). Leader-member exchange and intent to turnover: Testing a mediated-effects model in a high turnover work environment. *Management Research Review, 37*(2), 110–129.

Macey, W. H., & Schneider, B. (2008). The meaning of employee engagement. *Industrial and Organizational Psychology, 1*(1), 3–30.

MacKenzie, S. B., Podsakoff, P. M., & Ahearne, M. (1998). Some possible antecedents and consequences of in-role and extra-role salesperson performance. *Journal of Marketing, 62*(3), 87–98.

Maden, C., Ozcelik, H., & Karacay, G. (2016). Exploring employees' responses to unmet job expectations: The moderating role of future job expectations and efficacy beliefs. *Personnel Review, 45*(1), 4–28.

Mael, F., & Ashforth, B. E. (1992). Alumni and their Alma mater: A partial test of the reformulated model of organizational identification. *Journal of Organizational Behavior, 13*, 103–123.

Maertz, C. P., & Campion, M. A. (1998). 25 years of voluntary turnover research: A review. *Management Journal, 35*, 1036–1054.

Magaji, N., Akpa, V., & Akinlabi, B. (2017). Assessment of the effect of job enrichment on employee commitment in selected private universities in South-West Nigeria. *Funai Journal of Accounting, Business and Finance (FUJABF), 1*(1), 262–271.

Maier, G. W., & Woschée, R. (2008). Deutsche Fassung des Organizational Commitment Questionnaire (OCQ-G). *Zusammenstellung sozialwissenschaftlicher Items und Skalen (ZIS).*

Makarius, E. E., Stevens, C. E., & Tenhiälä, A. (2017). Tether or stepping stone? The relationship between perceived external reputation and collective voluntary turnover rates. *Organization Studies, 38*(12), 1665–1686.

Mann, R. D. (1959). A review of the relationships between personality and performance in small groups. *Psychological Bulletin, 56*, 241–270.

March, J. G., & Simon, H. A. (1958). *Organizations*. Oxford, England: Wiley.

Marcus, B., Taylor, O. A., Hastings, S. E., Sturm, A., & Weigelt, O. (2016). The structure of counterproductive work behavior: A review, a structural meta-analysis, and a primary study. *Journal of Management, 42*, 203–233.

Martilla, J. A., & James, J. C. (1977). Importance-performance analysis. *Journal of Marketing, 41*(1), 77–79.

Martin, R., Guillaume, Y., Thomas, G., Lee, A., & Epitropaki, O. (2016). Leader–member exchange (LMX) and performance: A meta-analytic review. *Personnel Psychology, 69*(1), 67–121.

Martin, T. N. (1979). A contextual model of employee turnover intentions. *Academy of Management Journal, 22*(2), 313–324.

Martínez-Tur, V., Moliner, C., & Maniezki, A. (2020). Organizational justice. In V. I. Sessa & N. A. Bowling (Hrsg.), *Essentials of job attitudes and other workplace psychological constructs* New York: Routledge.

Martocchio, J. J., & Jimeno, D. I. (2003). Employee absenteeism as an affective event. *Human Resource Management Review, 13*(2), 227–241.

Maslach, C., Schaufeli, W. B., & Leiter, M. P. (2001). Job burnout. *Annual Review of Psychology, 52*(1), 397–422.

Mason, C. M., & Griffin, M. A. (2003). Group absenteeism and positive affective tone: A longitudinal study. *Journal of Organizational Behavior: The International Journal of Industrial, Occupational and Organizational Psychology and Behavior, 24*(6), 667–687.

Mathieu, C., Fabi, B., Lacoursière, R., & Raymond, L. (2016). The role of supervisory behavior, job satisfaction and organizational commitment on employee turnover. *Journal of Management & Organization, 22*(1), 113–129.

Mathieu, J. E., & Zajac, D. M. (1990). A review and meta-analysis of the antecedents, correlates, and consequences of organizational commitment. *Psychological Bulletin, 108*, 171–194.

Matthaei, B. D. (2019). *Tapping the power of employee perceptions.* (Dissertation). Ludwig-Maximilian Universität München, München.

Matthews, L. (2017). Applying multigroup analysis in PLS-SEM: A step-by-step process. In H. Latan & R. Noonan (Hrsg.), *Partial Least Squares Path Modeling: Basic Concepts, Methodological Issues and Applications* (S. 219–243). Cham: Springer International Publishing.

Matthiesen, K., Muster, J., & Laudenbach, P. (2022). *Die Humanisierung der Organisation: Wie man dem Menschen gerecht wird, indem man den Großteil seines Wesens ignoriert.* München: Franz Vahlen.

Matzler, K., Bailom, F., Hinterhuber, H. H., Renzl, B., & Pichler, J. (2004). The asymmetric relationship between attribute-level performance and overall customer satisfaction: a reconsideration of the importance–performance analysis. *Industrial marketing management, 33*(4), 271–277.

McCrae, R. R., & Costa, P. T. (1987). Validation of the five-factor model of personality across instruments and observers. *Journal of Personality and Social Psychology, 52*, 81–90.

McGregor, D. (1960). *The human side of enterprise.* New York: McGraw-Hill Book Company.

McQuaid, R. W., & Lindsay, C. (2005). The concept of employability. *Urban studies, 42*(2), 197–219.

Meglino, B. M., DeNisi, A. S., Youngblood, S. A., & Williams, K. J. (1988). Effects of realistic job previews: A comparison using an enhancement and a reduction preview. *Journal of Applied Psychology, 73*(2), 259.

Mercurio, Z. A. (2015). Affective commitment as a core essence of organizational commitment: an integrative literature review. *Human Resource Development Review, 14*(4), 389–414.

Methot, J. R., Rosado-Solomon, E. H., & Allen, D. G. (2018). The network architecture of human capital: A relational identity perspective. *Academy of Management Review, 43*(4), 723–748.

Meyer, J. P., & Allen, N. J. (1991). A three-component conceptualization of organizational commitment. *Human Resource Management Review, 1*(1), 61–89.

Meyer, J. P., Allen, N. J., & Smith, C. A. (1993). Commitment to organizations and occupations: Extension and test of a three-component conceptualization. *Journal of Applied Psychology, 78*(4), 538–551.

Meyer, J. P., & Parfyonova, N. M. (2010). Normative commitment in the workplace: A theoretical analysis and re-conceptualization. *Human Resource Management Review, 20*(4), 283–294.

Meyer, J. P., Stanley, D. J., Herscovitch, L., & Topolnytsky, L. (2002). Affective, continuance, and normative commitment to the organization: A meta-analysis of antecedents, correlates, and consequences. *Journal of Vocational Behavior, 61*(1), 20–52.

Meyer, J. P., Stanley, D. J., Jackson, T. A., McInnis, K. J., Maltin, E. R., & Sheppard, L. (2012). Affective, normative, and continuance commitment levels across cultures: A meta-analysis. *Journal of Vocational Behavior, 80*(2), 225–245.

Michaels, C. E., & Spector, P. E. (1982). Causes of employee turnover: A test of the Mobley, Griffeth, Hand, and Meglino model. *Journal of Applied Psychology, 67*(1), 53–59.

Miraglia, M., & Johns, G. (2021). The social and relational dynamics of absenteeism from work: A multilevel review and integration. *Academy of Management Annals, 15*(1), 37–67.

Mitchell, T. R., Holtom, B. C., & Lee, T. W. (2001). How to keep your best employees: Developing an effective retention policy. *Academy of Management Perspectives, 15*(4), 96–108.

Mitchell, T. R., Holtom, B. C., Lee, T. W., Sablynski, C. J., & Erez, M. (2001). Why people stay: Using job embeddedness to predict voluntary turnover. *Academy of Management Journal, 44*(6), 1102–1121.

Mobley, W. H. (1977). Intermediate linkages in the relationship between job satisfaction and employee turnover. *Journal of Applied Psychology, 62*(2), 237–240.

Mobley, W. H., Griffeth, R. W., Hand, H. H., & Meglino, B. M. (1979). Review and conceptual analysis of the employee turnover process. *Psychological Bulletin, 86*(3), 493–522.

Mobley, W. H., Horner, S. O., & Hollingsworth, A. T. (1978). An evaluation of precursors of hospital employee turnover. *Journal of Applied Psychology, 63*, 408–414.

Moon, K., Loyalka, P., Bergemann, P., & Cohen, J. (2022). The hidden cost of worker turnover: attributing product reliability to the turnover of factory workers. *Management Science, 68*(5), 3755–3767.

Moquin, R., Riemenschneider, C. K., & Wakefield, R. L. (2019). Psychological contract and turnover intention in the information technology profession. *Information Systems Management, 36*(2), 111–125.

Morgeson, F. P., & Humphrey, S. E. (2006). The work design questionnaire (WDQ): Developing and validating a comprehensive measure for assessing job design and the nature of work. *Journal of Applied Psychology, 91*(6), 1321–1339.

Morris, M. G., & Venkatesh, V. (2010). Job characteristics and job satisfaction: Understanding the role of enterprise resource planning system implementation. *MIS Quarterly*, 143–161.

Morrison, E. W. (2002). Newcomers' relationships: The role of social network ties during socialization. *Academy of Management Journal, 45*(6), 1149–1160.

Morrison, E. W., & Robinson, S. L. (1997). When employees feel betrayed: A model of how psychological contract violation develops. *The Academy of Management Review, 22*, 226–256.

Morrow, P. C. (1983). Concept redundancy in organizational research: The case of work commitment. *Academy of Management Review, 8*(3), 486–500.

Mount, M., Ilies, R., & Johnson, E. (2006). Relationship of personality traits and counterproductive work behaviors: The mediating effects of job satisfaction. *Personnel Psychology, 59*, 591–622.

Mowday, R. T., Koberg, C. S., & McArthur, A. W. (1984). The psychology of the withdrawal process: A cross-validation test of mobley's intermediate linkages model of turnover in two samples. *Academy of Management Journal, 27*(1), 79–94.

Mowday, R. T., Porter, L. W., & Steers, R. M. (2013). *Employee-organization linkages: The psychology of commitment, absenteeism, and turnover*: Academic press.

Mowday, R. T., Steers, R. M., & Porter, L. W. (1979). The measurement of organizational commitment. *Journal of Vocational Behavior, 14*(2), 224–247.

Mumford, M. D., Zaccaro, S. J., Harding, F. D., Jacobs, T. O., & Fleishman, E. A. (2000). Leadership skills for a changing world: Solving complex social problems. *The Leadership Quarterly, 11*(1), 11–35.

Na-Nan, K., Panich, T., Thipnete, A., & Kulsingh, R. (2016). Influence of job characteristics, organizational climate, job satisfaction and employee engagement that affect the organizational citizenship behavior of teachers in Thailand. *The Social Sciences, 11*(18), 4523–4533.

Naumann, E. (1993). Antecedents and consequences of satisfaction and commitment among expatriate managers. *Group & Organization Management, 18*, 153–187.

Navarro, C., & Bass, C. (2006). The cost of employee absenteeism. *Compensation & Benefits Review, 38*(6), 26–30.

Nazir, S., Shafi, A., Qun, W., Nazir, N., & Tran, Q. D. (2016). Influence of organizational rewards on organizational commitment and turnover intentions. *Employee Relations, 38*(4), 596–619.

Nemanick, R. C., & Munz, D. C. (1997). Extraversion and neuroticism, trait mood, and state affect: A hierarchical relationship? *Journal of Social Behavior and Personality, 12*(4), 1079–1092.

Neuberger, O., & Allerbeck, M. (1978). *Messung und Analyse von Arbeitszufriedenheit: Erfahrungen mit dem„ Arbeitsbeschreibungsbogen (ABB)"*. Bern [u.a.]: Verlag H. Huber.

Newman, J. E. (1974). Predicting absenteeism and turnover: A field comparison of Fishbein's model and traditional job attitude measures. *Journal of Applied Psychology, 59*(5), 610–615.

Ng, T. W. H. (2015). The incremental validity of organizational commitment, organizational trust, and organizational identification. *Journal of Vocational Behavior, 88*, 154–163.

Ng, T. W. H., Sorensen, K. L., & Yim, F. H. K. (2009). Does the job satisfaction-job performance relationship vary across cultures? *Journal of Cross-Cultural Psychology, 40*, 761–796.

Nguyen, H., Groth, M., & Johnson, A. (2016). When the going gets tough, the tough keep working: Impact of emotional labor on absenteeism. *Journal of Management, 42*(3), 615–643.

Nguyen, N., & Stinglhamber, F. (2021). Emotional labor and core self-evaluations as mediators between organizational dehumanization and job satisfaction. *Current Psychology, 40*(2), 831–839.

Nitzl, C., Roldan, J. L., & Cepeda, G. (2016). Mediation analysis in partial least squares path modeling. *Industrial Management & Data Systems, 116*(9), 1849–1864.

Nixon, A. E., Mazzola, J. J., Bauer, J., Krueger, J. R., & Spector, P. E. (2011). Can work make you sick? A meta-analysis of the relationships between job stressors and physical symptoms. *Work & Stress, 25*(1), 1–22.

Northouse, P. G. (2021). *Leadership: Theory and practice* (9. Aufl.). Thousand Oaks, California: Sage publications.
O'Reilly, C. A., & Chatman, J. (1986). Organizational commitment and psychological attachment: The effects of compliance, identification, and internalization on prosocial behavior. *Journal of Applied Psychology, 71*, 492–499.
O'Reilly, C. A., Chatman, J., & Caldwell, D. F. (1991). People and organizational culture—A profile comparison approach to assessing person-organization fit. *Academy of Management Journal, 34*(3), 487–516.
O'Donohue, W., Hutchings, K., & Hansen, S. D. (2018). Psychological contracts: enhancing understanding of the expatriation experience. *The International Journal of Human Resource Management, 29*(8), 1379–1401.
Oldham, G. R., & Fried, Y. (2016). Job design research and theory: Past, present and future. *Organizational Behavior and Human Decision Processes, 136*, 20–35.
Oldham, G. R., & Hackman, J. R. (2010). Not what it was and not what it will be: The future of job design research. *Journal of Organizational Behavior, 31*(2/3), 463–479.
Ostroff, C. (1992). The relationship between satisfaction, attitudes, and performance: An organizational level analysis. *Journal of Applied Psychology, 77*, 963–974.
Painter-Morland, M. (2008). Systemic leadership and the emergence of ethical responsiveness. *Journal of Business Ethics, 82*, 509–524.
Parker, S. K., Morgeson, F. P., & Johns, G. (2017). One hundred years of work design research: Looking back and looking forward. *Journal of Applied Psychology, 102*, 403–420.
Paul, J. P., Robertson, K. B., & Herzberg, F. (1969). Job enrichment pays off. *Harvard Business Review, 47*, 61–78.
Paul, T., & Schyns, B. (2014). Deutsche Leader-Member Exchange Skala (LMX MDM). *Zusammenstellung sozialwissenschaftlicher Items und Skalen (ZIS)*.
Paulhus, D. L., & Williams, K. M. (2002). The dark triad of personality: Narcissism, Machiavellianism, and psychopathy. *Journal of Research in Personality, 36*(6), 556–563.
Peltokorpi, V., Allen, D. G., & Froese, F. (2015). Organizational embeddedness, turnover intentions, and voluntary turnover: The moderating effects of employee demographic characteristics and value orientations. *Journal of Organizational Behavior, 36*(2), 292–312.
Pfrombeck, J., Feierabend, A., Schärrer, L., Kornblum, A., Grote, G., & Staffelbach, B. (2020). *Schweizer HR-Barometer 2020: Digitalisierung und Generationen*. Zürich: ETH Zürich, Universität Luzern und Universität Zürich.
Pfrombeck, J., Feierabend, A., Schärrer, L., Kornblum, A., Grote, G., & Staffelbach, B. . (2020). *Schweizer Human Relations Barometer 2020: Digitalisierung und Generationen [Dataset]*.
Pfrombeck, J., Schärrer, L., Feierabend, A., Roth, M., Grote, G., & Staffelbach, B. (2018).*Schweizer HR-Barometer 2018: Integration und Diskriminierung*. Zürich: ETH Zürich, Universität Luzern und Universität Zürich
Pfrombeck, J., Schärrer, L., Feierabend, A., Roth, M., Grote, G., & Staffelbach, B. (2018). *Schweizer Human-Relations-Barometer 2018: Integration und Diskriminierung [Dataset]*.
Piening, E. P., Baluch, A. M., & Salge, T. O. (2013). The relationship between employees' perceptions of human resource systems and organizational performance: Examining mediating mechanisms and temporal dynamics. *Journal of Applied Psychology, 98*, 926–947.

Ployhart, R. E., & Vandenberg, R. J. (2010). Longitudinal research: the theory, design, and analysis of change. *Journal of Management, 36*(1), 94–120.

Podsakoff, N. P., Spoelma, T. M., Chawla, N., & Gabriel, A. S. (2019). What predicts within-person variance in applied psychology constructs? An empirical examination. *Journal of Applied Psychology, 104*, 727–754.

Podsakoff, N. P., Whiting, S. W., Podsakoff, P. M., & Blume, B. D. (2009). Individual- and organizational-level consequences of organizational citizenship behaviors: A meta-analysis. *Journal of Applied Psychology, 94*, 122–141.

Podsakoff, P. M., MacKenzie, S. B., Lee, J.-Y., & Podsakoff, N. P. (2003). Common method biases in behavioral research: a critical review of the literature and recommended remedies. *Journal of Applied Psychology, 88*(5), 879.

Popovich, P., & Wanous, J. P. (1982). The realistic job preview as a persuasive communication. *Academy of Management Review, 7*(4), 570–578.

Popper, K. (1935). *Logik der Forschung*. Oxford, England: Springer.

Porter, L. W., & Smith, F. J. (1970). *The etiology of organizational commitment (unpublished paper)*. Irvine, CA.

Porter, L. W., & Steers, R. M. (1973). Organizational, work, and personal factors in employee turnover and absenteeism. *Psychological Bulletin, 80*(2), 151–176.

Porter, L. W., Steers, R. M., Mowday, R. T., & Boulian, P. V. (1974). Organizational commitment, job satisfaction, and turnover among psychiatric technicians. *Journal of Applied Psychology, 59*(5), 603–609.

Preacher, K. J., & Hayes, A. F. (2008). Asymptotic and resampling strategies for assessing and comparing indirect effects in multiple mediator models. *Behavior Research Methods, 40*(3), 879–891.

Premru, M., Cerne, M., & Batistic, S. (2022). The road to the future: A multi-technique bibliometric review and development projections of the leader-member exchange (LMX) research. *Sage Open, 12*(2), 1–19.

Price, J. L. (1977). *The study of turnover*. Iowa: Iowa State Univ. Press.

Price, J. L., & Bluedorn, A. C. (1979). Test of a causal model of turnover from organizations. *International yearbook of organization studies*, 217–236.

Price, J. L., & Mueller, C. W. (1981). A causal model of turnover for nurses. *Academy of Management Journal, 24*(3), 543–565.

Raeder, S., Wittekind, A., Inauen, A., & Grote, G. (2009). Testing a Psychological Contract Measure in a Swiss Employment Context. *Swiss Journal of Psychology, 68*(4), 177–188.

Raharjo, K., Nurjannah, N., Solimun, S., & Achmad Rinaldo Fernandes, A. (2018). The influence of organizational culture and job design on job commitment and human resource performance. *Journal of Organizational Change Management, 31*(7), 1346–1367.

Ramli, Y., Soelton, M., & Khotimah, N. (2020). The effect of job characteristics towards the organizational commitment of the employees. *International Journal of Emerging Trends in Social Sciences, 8*(1), 1–9.

Randolph-Seng, B., Cogliser, C. C., Randolph, A. F., Scandura, T. A., Miller, C. D., & Smith-Genthôs, R. (2016). Diversity in leadership: race in leader-member exchanges. *Leadership & Organization Development Journal, 37*(6), 750–773.

Rayton, B. A., & Yalabik, Z. Y. (2014). Work engagement, psychological contract breach and job satisfaction. *The International Journal of Human Resource Management, 25*(17), 2382–2400.

Raza, M., Pakistan, L. W., & Nawaz, M. M. (2011). Impact of job enlargement on employees' job satisfaction, motivation and organizational commitment: Evidence from public sector of pakistan. *International Journal of Business and Social Science, 2*(18).

Reilly, G., Nyberg, A. J., Maltarich, M., & Weller, I. (2014). Human capital flows: Using context-emergent turnover (CET) theory to explore the process by which turnover, hiring, and job demands affect patient satisfaction. *Academy of Management Journal, 57*(3), 766–790.

Reinbacher, P. (2021). Führung als System. *Gruppe. Interaktion. Organisation. Zeitschrift für Angewandte Organisationspsychologie (GIO), 52*(4), 693–704.

Rhodes, S. R. (1983). Age-related differences in work attitudes and behavior: A review and conceptual analysis. *Psychological Bulletin, 93*, 328–367.

Rich, B. L., Lepine, J. A., & Crawford, E. R. (2010). Job engagement: antecedents and effects on job performance. *Academy of Management Journal, 53*(3), 617–635.

Rigdon, E. E., Sarstedt, M., & Ringle, C. M. (2017). On comparing results from CB-SEM and PLS-SEM: Five perspectives and five recommendations. *Marketing: ZFP–Journal of Research and Management, 39*(3), 4–16.

Riketta, M. (2008). The causal relation between job attitudes and performance: A meta-analysis of panel studies. *Journal of Applied Psychology, 93*, 472–481.

Ringle, C. M., & Sarstedt, M. (2016). Gain more insight from your PLS-SEM results: The importance-performance map analysis. *Industrial Management & Data Systems, 116*(9), 1865–1886.

Ringle, C. M., Sarstedt, M., Mitchell, R., & Gudergan, S. P. (2020). Partial least squares structural equation modeling in HRM research. *The International Journal of Human Resource Management, 31*(12), 1617–1643.

Ringle, C. M., Sarstedt, M., Sinkovics, N., & Sinkovics, R. R. (2023). A perspective on using partial least squares structural equation modelling in data articles. *Data in Brief, 48*, 1–21.

Ringle, C. M., Wende, S., & Becker, J.-M. (2022). SmartPLS4. Oststeinbek. Retrieved from https://www.smartpls.com/

Rischke, J. (2021). *Fluktuationsmanagement*. Planegg: Schäffer-Poeschel.

Roberson, Q. M., Collins, C. J., & Oreg, S. (2005). The effects of recruitment message specificity on applicant attraction to organizations. *Journal of Business and Psychology, 19*, 319–339.

Robinson, S. L. (1996). Trust and breach of the psychological contract. *Administrative Science Quarterly, 41*(4), 574–599.

Robinson, S. L., & Morrison, E. W. (1995). Psychological contracts and OCB: The effect of unfulfilled obligations on civic virtue behavior. *Journal of Organizational Behavior, 16*(3), 289–298.

Robinson, S. L., & Morrison, E. W. (2000). The development of psychological contract breach and violation: a longitudinal study. *Journal of Organizational Behavior, 21*(5), 525–546.

Robinson, S. L., & Rousseau, D. M. (1994). Violating the psychological contract: Not the exception but the norm. *Journal of Organizational Behavior, 15*(3), 245–259.

Robledo, E., Zappalà, S., & Topa, G. (2019). Job crafting as a mediator between work engagement and wellbeing outcomes: A time-lagged study. *International Journal of Environmental Research and Public Health, 16*(8), 1–15.

Rockstuhl, T., Dulebohn, J. H., Ang, S., & Shore, L. M. (2012). Leader-member exchange (LMX) and culture: A meta-analysis of correlates of LMX across 23 countries. *Journal of Applied Psychology, 97*(6), 1097–1130.

Roose, J. (2010). Der Index kultureller Ähnlichkeit. In *Berliner Studien zur Soziologie Europas (BSSE)* (Vol. 21). Berlin: Freie Universität Berlin.

Ross, I. C., & Zander, A. (1957). Need satisfactions and employee turnover. *Personnel Psychology, 10*(3), 327–338.

Rosso, B. D., Dekas, K. H., & Wrzesniewski, A. (2010). On the meaning of work: A theoretical integration and review. *Research in Organizational Behavior, 30*, 91–127.

Rothausen, T. J., & Henderson, K. E. (2019). Meaning-based job-related well-being: exploring a meaningful work conceptualization of job satisfaction. *Journal of Business and Psychology, 34*(3), 357–376.

Rousseau, D. M. (1990). New hire perceptions of their own and their employer's obligations: A study of psychological contracts. *Journal of Organizational Behavior, 11*(5), 389–400.

Rousseau, D. M. (1995). *Psychological contracts in organizations: Understanding written and unwritten agreements*. Thousand Oaks, CA, US: Sage Publications, Inc.

Rousseau, D. M., & Fried, Y. (2001). Location, location, location: Contextualizing organizational research. *Journal of Organizational Behavior*, 1–13.

Rousseau, D. M., Hansen, S. D., & Tomprou, M. (2018). A dynamic phase model of psychological contract processes. *Journal of Organizational Behavior, 39*(9), 1081–1098.

Rubenstein, A. L., Eberly, M. B., Lee, T. W., & Mitchell, T. R. (2018). Surveying the forest: A meta-analysis, moderator investigation, and future-oriented discussion of the antecedents of voluntary employee turnover. *Personnel Psychology, 71*(1), 23–65.

Rudolph, C. W., Katz, I. M., Lavigne, K. N., & Zacher, H. (2017). Job crafting: A meta-analysis of relationships with individual differences, job characteristics, and work outcomes. *Journal of Vocational Behavior, 102*, 112–138.

Rutherford, B., Boles, J., Hamwi, G. A., Madupalli, R., & Rutherford, L. (2009). The role of the seven dimensions of job satisfaction in salesperson's attitudes and behaviors. *Journal of Business Research, 62*(11), 1146–1151.

Saks, A. M. (2006). Antecedents and consequences of employee engagement. *Journal of Managerial Psychology, 21*(7), 600–619.

Saks, A. M., & Gruman, J. A. (2020). Employee engagement. In V. I. Sessa & N. A. Bowling (Hrsg.), *Essentials of Job Attitudes and Other Workplace Psychological Constructs* (S. 242–271). New York: Routledge.

Saks, A. M., Uggerslev, K. L., & Fassina, N. E. (2007). Socialization tactics and newcomer adjustment: A meta-analytic review and test of a model. *Journal of Vocational Behavior, 70*(3), 413–446.

Salamin, A., & Hom, P. W. (2005). In search of the elusive U-shaped performance-turnover relationship: Are high performing Swiss bankers more liable to quit? *Journal of Applied Psychology, 90*(6), 1204–1216.

Sarstedt, M., Hair, J., & Ringle, C. (2022). "PLS-SEM: indeed a silver bullet"—retrospective observations and recent advances. *Journal of Marketing Theory and Practice*, 1–15.

Sarstedt, M., Henseler, J., & Ringle, C. M. (2011). Multigroup analysis in partial least squares (PLS) path modeling: alternative methods and empirical results. In M. Sarstedt, M. Schwaiger, & C. R. Taylor (Hrsg.), *Measurement and Research Methods in International Marketing* (Vol. 22, S. 195–218): Emerald Group Publishing Limited.

Sarstedt, M., & Mooi, E. (2019). *A concise guide to market research—The Process, Data, and Methods Using IBM SPSS Statistics* (3. Aufl.). Heidelberg: Springer Berlin.

Sarstedt, M., Radomir, L., Moisescu, O. I., & Ringle, C. M. (2022). Latent class analysis in PLS-SEM: A review and recommendations for future applications. *Journal of Business Research, 138*, 398–407.

Sarstedt, M., & Ringle, C. M. (2010). Treating unobserved heterogeneity in PLS path modeling: a comparison of FIMIX-PLS with different data analysis strategies. *Journal of Applied Statistics, 37*(8), 1299–1318.

Sarstedt, M., Ringle, C. M., & Hair, J. F. (2017). Treating unobserved heterogeneity in PLS-SEM: A multi-method approach. In H. Latan & R. Noonan (Hrsg.), *Partial Least Squares Path Modeling: Basic Concepts, Methodological Issues and Applications* (S. 197–217). Cham: Springer International Publishing.

Saud, T. R. (2020). The effect of job characteristics on organizational commitment: The role of growth need strength in Nepali IT companies. *Journal of Business and Management Research, 3*(1–2), 39–56.

Schaufeli, W. B., Salanova, M., González-Romá, V., & Bakker, A. B. (2002). The measurement of engagement and burnout: A two sample confirmatory factor analytic approach. *Journal of Happiness Studies, 3*(1), 71–92.

Schaufeli, W. B., & Taris, T. W. (2014). A critical review of the job demands-resources model: Implications for improving work and health. In G. F. Bauer & O. Hämmig (Hrsg.), *Bridging occupational, organizational and public health: A transdisciplinary approach* (S. 43–68).

Schaumberg, R. L., & Flynn, F. J. (2017). Clarifying the link between job satisfaction and absenteeism: The role of guilt proneness. *Journal of Applied Psychology, 102*(6), 982–992.

Schiemann, W. A. (2009). *Reinventing talent management: How to maximize performance in the new marketplace*: John Wiley & Sons.

Schleicher, D. J., Watt, J. D., & Greguras, G. J. (2004). Reexamining the job satisfaction-performance relationship: The complexity of attitudes. *Journal of Applied Psychology, 89*, 165–177.

Schneider, B., Yost, A. B., Kropp, A., Kind, C., & Lam, H. (2018). Workforce engagement: What it is, what drives it, and why it matters for organizational performance. *Journal of Organizational Behavior, 39*(4), 462–480.

Schriesheim, C. A., Castro, S. L., & Cogliser, C. C. (1999). Leader-member exchange (LMX) research: A comprehensive review of theory, measurement, and data-analytic practices. *The Leadership Quarterly, 10*(1), 63–113.

Schriesheim, C. A., Neider, L. L., Scandura, T. A., & Tepper, B. J. (1992). Development and preliminary validation of a new scale (LMX-6) to measure leader-member exchange in organizations. *Educational and Psychological Measurement, 52*(1), 135–147.

Schulte, P., & Vainio, H. (2010). Well-being at work—overview and perspective. *Scandinavian Journal of Work, Environment & Health, 36*(5), 422–429.

Schyns, B. (2002). Überprüfung einer deutschsprachigen Skala zum Leader-Member-Exchange-Ansatz. *Zeitschrift für Differentielle und Diagnostische Psychologie, 23*(2), 235–245.

Schyns, B., & Schilling, J. (2013). How bad are the effects of bad leaders? A meta-analysis of destructive leadership and its outcomes. *The Leadership Quarterly, 24*(1), 138–158.

Sharma, P. N., Liengaard, B. D., Hair, J. F., Sarstedt, M., & Ringle, C. M. (2022). Predictive model assessment and selection in composite-based modeling using PLS-SEM: extensions and guidelines for using CVPAT. *European Journal of Marketing, ahead-of-print*(ahead-of-print).

Sharp, K. (1998). The case for case studies in nursing research: the problem of generalization. *Journal of Advanced Nursing, 27*(4), 785–789.

Sheehan, E. P. (1993). The effects of turnover on the productivity of those who stay. *The Journal of Social Psychology, 133*(5), 699–706.

Sheldon, M. E. (1971). Investments and involvements as mechanisms producing commitment to the organization. *Administrative Science Quarterly, 16*(2), 143–150.

Shibly, S. A. (2019). Mapping the holistic impact of realistic job preview-pre-recruitment phase, post-recruitment phase and marketing spillover effect. *Journal of Organizational Psychology, 19*(1), 70–78.

Shirom, A., & Melamed, S. (2006). A comparison of the construct validity of two burnout measures in two groups of professionals. *International Journal of Stress Management, 13*, 176–200.

Shmueli, G., Ray, S., Velasquez Estrada, J. M., & Chatla, S. B. (2016). The elephant in the room: Predictive performance of PLS models. *Journal of Business Research, 69*(10), 4552–4564.

Shockley, K. M., & Singla, N. (2011). Reconsidering work-family interactions and satisfaction: A meta-analysis. *Journal of Management, 37*, 861–886.

Sin, H.-P., Nahrgang, J. D., & Morgeson, F. P. (2009). Understanding why they don't see eye to eye: An examination of leader–member exchange (LMX) agreement. *Journal of Applied Psychology, 94*(4), 1048–1057.

Singh, P., & Loncar, N. (2010). Pay satisfaction, job satisfaction and turnover intent. *Relations industrielles, 65*(3), 470–490.

Sirota, D. (2014). *The Enthusiastic Employee: How Companies Profit by Giving Workers what They Want*: Pearson.

Sjöström, O., & Holst, D. (2002). Validity of a questionnaire survey: response patterns in different subgroups and the effect of social desirability. *Acta Odontologica Scandinavica, 60*(3), 136–140.

Smith, A.-. (1801). *An inquiry into the nature and causes of the wealth of nations*: Printed and sold by J. Decker.

Smith, P. C., Kendall, L. M., & Hulin, C. L. (1969). *The measurement of satisfaction in work and retirement: A strategy for the study of attitudes*: Rand Mcnally.

Snyder, R. A., & Dietrich, F. H. (1992). Age/Job satisfaction: assessment of the shape of the relationship from a systems perspective. *Personnel Review, 21*(1), 39–45.

Son, J., Park, O., Bae, J., & Ok, C. (2020). Double-edged effect of talent management on organizational performance: the moderating role of HRM investments. *The International Journal of Human Resource Management, 31*(17), 2188–2216.

Sonenshein, S., Dutton, J. E., Grant, A. M., Spreitzer, G. M., & Sutcliffe, K. M. (2013). Growing at work: employees' interpretations of progressive self-change in organizations. *Organization Science, 24*(2), 552–570.

Sonnentag, S. (2015). Dynamics of well-being. *Annual Review of Organizational Psychology and Organizational Behavior, 2*(1), 261–293.

Soomro, M. A. (2020). Demographics and turnover intentions: Can there be any link? *Annals of Contemporary Developments in Management & HR (ACDMHR), 2*(3), 9–14.

Sousa-Poza, A., & Sousa-Poza, A. A. (2000). Well-being at work: a cross-national analysis of the levels and determinants of job satisfaction. *The Journal of Socio-Economics, 29*(6), 517–538.

Spector, P. E. (1997). *Job satisfaction: Application, assessment, causes, and consequences* (Vol. 3): Sage.

Spector, P. E., Fox, S., Penney, L. M., Bruursema, K., Goh, A., & Kessler, S. (2006). The dimensionality of counterproductivity: Are all counterproductive behaviors created equal? *Journal of Vocational Behavior, 68*(3), 446–460.

Staw, B. M. (1980). The consequences of turnover. *Journal of Occupational Behaviour, 1*(4), 253–273.

Staw, B. M., & Ross, J. (1985). Stability in the midst of change: A dispositional approach to job attitudes. *Journal of Applied Psychology, 70*, 469–480.

Steel, R. P., & Lounsbury, J. W. (2009). Turnover process models: Review and synthesis of a conceptual literature. *Human Resource Management Review, 19*(4), 271–282.

Steers, R. M. (1977). Antecedents and outcomes of organizational commitment. *Administrative Science Quarterly, 22*, 46–56.

Steers, R. M., & Mowday, R. T. (1981). Employer turnover and post-decision accomodation processes. In L. L. Cummings & B. M. Staw (Hrsg.), *Research in Organizational Behavior* (Vol. 3, S. 235–281). Greenwich: CT.

Stegmann, S., van Dick, R., Ullrich, J., Charalambous, J., Menzel, B., Egold, N., & Wu, T. T.-C. (2010). Der Work Design Questionnaire: Vorstellung und erste Validierung einer Deutschen version. *Zeitschrift für Arbeits- und Organisationspsychologie, 54*, 1–28.

Stiehl, S. K., Felfe, J., Elprana, G., & Gatzka, M. B. (2015). The role of motivation to lead for leadership training effectiveness. *International Journal of Training and Development, 19*(2), 81–97.

Stogdill, R. M. (1948). Personal factors associated with leadership: A survey of the literature. *Journal of Psychology, 26*, 35–71.

Stogdill, R. M. (1974). *Handbook of leadership: A survey of theory and research.* New York, NY, US: Free Press.

Stogdill, R. M., & Shartle, C. L. (1948). Methods for determining patterns of leadership behavior in relation to organization structure and objectives. *Journal of Applied Psychology, 32*, 286–291.

Sullivan, S. E., & Al Ariss, A. (2019). Employment after retirement: A review and framework for future research. *Journal of Management, 45*(1), 262–284.

Taber, T. D., & Taylor, E. (1990). A review and evaluation of the psychometric properties of the job diagnostic survey. *Personnel Psychology, 43*(3), 467–500.

Takeuchi, R., Chen, G., & Lepak, D. P. (2009). Through the looking glass of a social system: Cross-level effects of high-performance work systems on employees's attitudes. *Personnel Psychology, 62*(1), 1–29.

Taris, T. W., Kessler, S. R., & Kelloway, E. K. (2021). Strategies addressing the limitations of cross-sectional designs in occupational health psychology: What they are good for (and what not). *Work & Stress, 35*(1), 1–5.

Taylor, F. W. (1911). *The principles of scientific management* (Reprint Aufl.): Engineering & Management Press.

Tepper, B. J. (2007). Abusive supervision in work organizations: review, synthesis, and research agenda. *Journal of Management, 33*(3), 261–289.

Tetrick, L. E., & Farkas, A. J. (1988). A longitudinal examination of the dimensionality and stability of the organizational commitment questionnaire (OCQ). *Educational and Psychological Measurement, 48*, 723–735.

Tett, R. P., & Meyer, J. P. (1993). Job satisfaction, organizational commitment, turnover intention, and turnover: Path analyses based on meta-analytic findings. *Personnel Psychology, 46*(2), 259–293.

Thoresen, C., Kaplan, S., Barsky, A., Warren, C., & Chermont, K. (2003). The affective underpinnings of job perceptions and attitudes: A meta-analytic review and integration. *Psychological Bulletin, 129*, 914–945.

Thorndike, E. L. (1917). The curve of work and the curve of satisfyingness. *Journal of Applied Psychology, 1*, 265–267.

Tian, A. Y., Ahammad, M. F., Tarba, S. Y., Pereira, V., Arslan, A., & Khan, Z. (2021). Investigating employee and organizational performance in a cross-border acquisition—A case of withdrawal behavior. *Human Resource Management, 60*(5), 753–769.

Tims, M., B. Bakker, A., & Derks, D. (2014). Daily job crafting and the self-efficacy—performance relationship. *Journal of Managerial Psychology, 29*(5), 490–507.

Tims, M., & Bakker, A. B. (2010). Job crafting: towards a new model of individual job redesign. *SA Journal of Industrial Psychology, 36*(2), 1–9.

Tims, M., Bakker, A. B., & Derks, D. (2012). Development and validation of the job crafting scale. *Journal of Vocational Behavior, 80*(1), 173–186.

Tims, M., Bakker, A. B., & Derks, D. (2013). The impact of job crafting on job demands, job resources, and well-being. *Journal of Occupational Health Psychology, 18*, 230–240.

Tnay, E., Othman, A. E. A., Siong, H. C., & Lim, S. L. O. (2013). The influences of job satisfaction and organizational commitment on turnover intention. *Procedia—Social and Behavioral Sciences, 97*, 201–208.

Todorova, G., Bear, J. B., & Weingart, L. R. (2014). Can conflict be energizing? A study of task conflict, positive emotions, and job satisfaction. *Journal of Applied Psychology, 99*, 451–467.

Ton, Z., & Huckman, R. S. (2008). Managing the impact of employee turnover on performance: The role of process conformance. *Organization Science, 19*(1), 56–68.

Topa, G., Aranda-Carmena, M., & De-Maria, B. (2022). Psychological contract breach and outcomes: A systematic review of reviews. *International Journal of Environmental Research and Public Health, 19*(23), 1–22.

Tsang, E. W. (2014). Generalizing from research findings: The merits of case studies. *International Journal of Management Reviews, 16*(4), 369–383.

Tsang, E. W. (2016). *The philosophy of management research*: Taylor & Francis.

Tsang, E. W. K., & Kwan, K.-M. (1999). Replication and theory development in organizational science: A critical realist perspective. *The Academy of Management Review, 24*(4), 759–780.

Tsang, E. W. K., & Williams, J. N. (2012). Generalization and Induction: Misconceptions, Clarification, and a classification of induction. *MIS Quarterly, 36*(3), 729–748.

Turner, A. N., & Lawrence, P. R. (1965). *Industrial jobs and the worker an investigation of response to task attributes*: Harvard Univ., Div. of Research.

Urban, J., Groskurth, K., & Schmidt, I. (2023). Organizational commitment scale (ISSP). *Zusammenstellung sozialwissenschaftlicher Items und Skalen (ZIS).*

Valaei, N., & Rezaei, S. (2016). Job satisfaction and organizational commitment. *Management Research Review, 39*(12), 1663–1694.

Van der Doef, M., & Maes, S. (1999). The job demand-control (-support) model and psychological well-being: A review of 20 years of empirical research. *Work & Stress, 13*(2), 87–114.

Van der Heijden, B., & Spurk, D. (2019). Moderating role of LMX and proactive coping in the relationship between learning value of the job and employability enhancement among academic staff employees. *Career Development International, 24*(2), 163–186.

Van Solinge, H., & Henkens, K. (2008). Adjustment to and satisfaction with retirement: Two of a kind? *Psychology and aging, 23*(2), 422–434.

Vandenberg, R. J., & Lance, C. E. (1992). Examining the causal order of job satisfaction and organizational commitment. *Journal of Management, 18*, 153–167.

Vandenberg, R. J., & Scarpello, V. (1990). The matching model: An examination of the processes underlying realistic job previews. *Journal of Applied Psychology, 75*, 60–67.

Vannier, S. A., & O'Sullivan, L. F. (2018). Great expectations: Examining unmet romantic expectations and dating relationship outcomes using an investment model framework. *Journal of Social and Personal Relationships, 35*(8), 1045–1066.

Verbruggen, M., & Van Emmerik, H. (2020). When staying is dissatisfying: Examining when and why turnover cognitions affect stayers' career satisfaction. *Journal of Management, 46*(4), 530–559.

Viel-Ruma, K., Houchins, D., Jolivette, K., & Benson, G. (2010). Efficacy beliefs of special Educators: The relationships among collective efficacy, teacher self-efficacy, and job satisfaction. *Teacher Education and Special Education, 33*(3), 225–233.

Vroom, V. H. (1964). *Work and motivation.* Oxford, England: Wiley.

Vroom, V. H., & Deci, E. L. (1971). The stability of post-decision dissonance: A follow-up study of the job attitudes of business school graduates. *Organizational Behavior and Human Performance, 6*(1), 36–49.

Wagner, S. H. (2020). Attitude theory and job attitudes. In V. I. Sessa & N. A. Bowling (Hrsg.), *Essentials of Job Attitudes and Other Workplace Psychological Constructs.* New York: Routledge.

Wang, M., Beal, D. J., Chan, D., Newman, D. A., Vancouver, J. B., & Vandenberg, R. J. (2016). Longitudinal research: A panel discussion on conceptual issues, research design, and statistical techniques. *Work, Aging and Retirement, 3*(1), 1–24.

Wang, M., Olson, D. A., & Shultz, K. S. (2012). *Mid and late career issues: An integrative perspective*: Routledge.

Wang, M., & Wanberg, C. R. (2017). 100 years of applied psychology research on individual careers: From career management to retirement. *Journal of Applied Psychology, 102*(3), 546–563.

Wang, X., Ma, L., & Zhang, M. (2014). Transformational leadership and agency workers' organizational commitment: The mediating effect of organizational justice and job characteristics. *Social Behavior and Personality: an international journal, 42*(1), 25–36.

Wanous, J. P., Poland, T. D., Premack, S. L., & Davis, K. S. (1992). The effects of met expectations on newcomer attitudes and behaviors: A review and meta-analysis. *Journal of Applied Psychology, 77*(3), 288–297.

Wanous, J. P., Reichers, A. E., & Hudy, M. J. (1997). Overall job satisfaction: how good are single-item measures? *Journal of Applied Psychology, 82*(2), 247–252.

Ward, L. B., Athos, A. G., & Holtz, J. (1972). *Student expectations of corporate life: Implications for management recruiting*: Harvard University, Graduate School of Business Administration, Division of Research.

Watson, D., & Clark, L. A. (1997). Extraversion and its positive emotional core. In R. Hogan, J. Johnson, & S. Briggs (Hrsg.), *Handbook of Personality Psychology* (S. 767–793). San Diego: Academic Press.

Wegman, L. A., Hoffman, B. J., Carter, N. T., Twenge, J. M., & Guenole, N. (2018). Placing job characteristics in context: Cross-temporal meta-analysis of changes in job characteristics since 1975. *Journal of Management, 44*(1), 352–386.

Weiss, D. J., Dawis, R. V., & England, G. W. (1967). Manual for the minnesota satisfaction questionnaire. *Minnesota Studies in Vocational Rehabilitation, 22*, 120–120.

Weiss, D. J., Dawis, R. V., England, G. W., & Lofquist, L. H. (1977). Minnesota satisfaction questionnaire-short form. *Educational and Psychological Measurement*.

Weiss, H. M. (2002). Deconstructing job satisfaction: Separating evaluations, beliefs and affective experiences. *Human Resource Management Review, 12*(2), 173–194.

Weiss, H. M., & Beal, D. J. (2005). Reflections on affective events theory. In *The effect of affect in organizational settings*: Emerald Group Publishing Limited.

Weiss, H. M., & Cropanzano, R. (1996). Affective events theory: A theoretical discussion of the structure, causes and consequences of affective experiences at work. In *Research in organizational behavior: An annual series of analytical essays and critical reviews, Vol. 18.* (S. 1–74). US: Elsevier Science/JAI Press.

Weiss, H. M., Nicholas, J. P., & Daus, C. S. (1999). An examination of the joint effects of affective experiences and job beliefs on job satisfaction and variations in affective experiences over time. *Organizational Behavior and Human Decision Processes, 78*(1), 1–24.

Weitz, J. (1956). Job expectancy and survival. *Journal of Applied Psychology, 40*(4), 245–247.

Weng, Q., & McElroy, J. C. (2012). Organizational career growth, affective occupational commitment and turnover intentions. *Journal of Vocational Behavior, 80*(2), 256–265.

Whitman, D. S., Van Rooy, D. L., & Viswesvaran, C. (2010). Satisfaction, citizenship behaviors, and performance in work units: A meta-analysis of collective construct relations. *Personnel Psychology, 63*(1), 41–81.

Williams, L. J., & Hazer, J. T. (1986). Antecedents and consequences of satisfaction and commitment in turnover models: A reanalysis using latent variable structural equation methods. *Journal of Applied Psychology, 71*(2), 219–231.

Williams, M. L., McDaniel, M. A., & Nguyen, N. T. (2006). A meta-analysis of the antecedents and consequences of pay level satisfaction. *Journal of Applied Psychology, 91*, 392–413.

Wolfram, H.-J., & Mohr, G. (2014). Führungsbeziehungsqualität Version MitarbeiterInnen. *Zusammenstellung sozialwissenschaftlicher Items und Skalen (ZIS).*

Wright, T. A., & Cropanzano, R. (2000). Psychological well-being and job satisfaction as predictors of job performance. *Journal of Occupational Health Psychology, 5*, 84–94.

Wrzesniewski, A., & Dutton, J. E. (2001). Crafting a job: Revisioning employees as active crafters of their work. *Academy of Management Review, 26*(2), 179–201.

Wu, C.-H., Weisman, H., Yoshikawa, K., & Lee, H.-J. (2020). Organizational Identification. In V. I. Sessa & N. A. Bowling (Hrsg.), *Essentials of Job Attitudes and Other Workplace Psychological Constructs* (S. 129–155). New York: Routledge.

Yahaya, R., & Ebrahim, F. (2016). Leadership styles and organizational commitment: literature review. *Journal of Management Development, 35*(2), 190–216.

Yang, W.-N., Johnson, S., & Niven, K. (2018). "That's not what I signed up for!" A longitudinal investigation of the impact of unmet expectation and age in the relation between career plateau and job attitudes. *Journal of Vocational Behavior, 107*, 71–85.

Young Lee, S. (2006). Expectations of employees toward the workplace and environmental satisfaction. *Facilities, 24*(9/10), 343–353.

Yücel, I. (2012). Examining the relationships among job satisfaction, organizational commitment, and turnover intention: An empirical study. *International Journal of Business and Management, 7*, 44–58.

Zaccaro, S. J., Dubrow, S., & Kolze, M. (2018). *Leader traits and attributes* (3. Aufl.). Thousand Oaks, California: SAGE Publications, Inc.

Zaccaro, S. J., Rittman, A. L., & Marks, M. A. (2001). Team leadership. *The Leadership Quarterly, 12*(4), 451–483.

Zhang, J., Wu, Q., Miao, D., Yan, X., & Peng, J. (2014). The impact of core self-evaluations on job satisfaction: The mediator role of career commitment. *Social Indicators Research, 116*(3), 809–822.

Zhao, H., Wayne, S. J., Glibkowski, B. C., & Bravo, J. (2007). The impact of psychological breach on work-related outcomes: A metaanalysis. *Personnel Psychology, 60*(3), 647–680.

Zimmerman, R. D., Swider, B. W., Woo, S. E., & Allen, D. G. (2016). Who withdraws? Psychological individual differences and employee withdrawal behaviors. *Journal of Applied Psychology, 101*(4), 498–512.

MIX
Papier aus verantwortungsvollen Quellen
Paper from responsible sources
FSC® C105338

FSC
www.fsc.org

If you have any concerns about our products,
you can contact us on
ProductSafety@springernature.com

In case Publisher is established outside the EU,
the EU authorized representative is:
Springer Nature Customer Service Center GmbH
Europaplatz 3, 69115 Heidelberg, Germany

Printed by Libri Plureos GmbH
in Hamburg, Germany